AutoUni – Schriftenreihe

Band 177

Reihe herausgegeben von

Volkswagen Aktiengesellschaft, Volkswagen Group Academy, Wolfsburg, Deutschland

Lukas Kille

Numerische Untersuchung der Fremdverschmutzung im Bereich der Seitenscheibe und des Außenspiegels bei leichten Nutzfahrzeugen

Lukas Kille
Wolfsburg, Deutschland

Dissertation, angenommen von der Technischen Universität Chemnitz, Deutschland, 2024

ISSN 1867-3635 ISSN 2512-1154 (electronic)
AutoUni – Schriftenreihe
ISBN 978-3-658-48921-2 ISBN 978-3-658-48922-9 (eBook)
https://doi.org/10.1007/978-3-658-48922-9

Die Deutsche Nationalbibliothek verzeichnet diese Publikation in der Deutschen Nationalbibliografie; detaillierte bibliografische Daten sind im Internet über https://portal.dnb.de abrufbar.

Planung/Lektorat: Friederike Lierheimer
Springer Vieweg ist ein Imprint der eingetragenen Gesellschaft Springer Fachmedien Wiesbaden GmbH und ist ein Teil von Springer Nature.
Die Anschrift der Gesellschaft ist: Abraham-Lincoln-Str. 46, 65189 Wiesbaden, Germany

Wenn Sie dieses Produkt entsorgen, geben Sie das Papier bitte zum Recycling.

Danksagung

Diese Dissertation ist im Rahmen meiner dreijährigen Doktorandenzeit in der Nutzfahrzeugentwicklung im Doktorandenprogramm der Volkswagen AG in Zusammenarbeit mit der Strömungsmechanik Professur der TU Chemnitz entstanden. Ich möchte allen danken, die mich während dieser durchaus anstrengenden Zeit begleitet, unterstützt und motiviert haben.

Vor allem möchte ich mich bei meinem Doktorvater Prof. Dr.-Ing. Günter Wozniak für die Betreuung bedanken. Durch sein umfassende Fachkenntnis im Bereich der Zerstäubungstechnik konnte er mich bei der Analyse der auftretenden Abriss- und Zerfallsprozesse unterstützen. Des Weiteren möchte ich für das umfangreiche und zielführende Feedback während der gesamten Zeit bedanken.

Ebenfalls möchte ich Prof. Dr.-Ing. Janusz A. Szymczyk von der FH Stralsund für das gegebene Feedback und die Übernahme des Zweitprüfers danken.

Dr. Oliver Sommer danke ich für die Unterstützung bei den Messungen und den vielen Hinweisen und zielführenden Diskussionen für diese Arbeit und darüber hinaus.

Diese Arbeit wäre ohne Dr. Veith Strohbücker und Dr. Reinhold Niesner nicht möglich gewesen, welche mich stetig durch unsere Diskussionen herausgefordert haben und die Grundausrichtung dieser Arbeit mit gelegt haben. Ebenfalls geht ein Dank an alle VW-Kollegen, durch welche diese Arbeit deutlich weiter und inhaltlich besser aufgestellt ist. Hierbei konnte ich mich stets auf das geballte Wissen im Bereich der Verschmutzungssimulation verlassen, wovon die Ergebnisse dieser Arbeit profitiert haben.

Meiner Ehefrau Isabelle Kille möchte ich für ihre durchgehende Unterstützung vor allem in den herausfordernden Zeiten danken. Sie hat mich in allen

Lebenslagen unterstützt und mich auch dazu motiviert, immer weiterzumachen, bis zum Abschluss der Dissertation. Hierfür hat sie auch Ihre eigenen Ziele zurückgesteckt.

Zuletzt möchte ich mich bei meinen Doktorandenkollegen, meiner Familie, meinen Eltern und meiner Schwester bedanken, die durch Ihre Motivation und ihren Glauben an mich eine konstante Motivation waren. Bei der Korrektur dieser Arbeit ward ihr stets motiviert dabei, auch wenn immer die gleichen Fehler aufgetreten sind.

Wolfsburg
Februar 2025

Lukas Kille

Disclamer

Ergebnisse, Meinungen und Schlüsse dieser Publikation sind nicht notwendigerweise die der Volkswagen Aktiengesellschaft.

Zusammenfassung

In den vergangenen Jahren hat die Bedeutung von Untersuchungen der Verschmutzung an Kraftfahrzeugen zugenommen. Dies kann auf verschiedene Ursachen zurückgeführt werden. Zum einen steht der Aspekt des Komforts und der Sicherheit immer weiter im Fokus der Automobilentwicklung. Zum anderen wird durch die immer stärkere Automatisierung der Fahrzeuge (Assistenzsysteme und autonom fahrende Fahrzeuge) die Anforderung gestellt, dass Sensoren sauber bleiben. Um schon früh im Fahrzeugentstehungsprozess Abschätzungen über die resultierende Verschmutzung geben zu können, werden immer mehr simulative Verfahren genutzt.

Ziel dieser Arbeit ist die Erarbeitung eines Simulationsmodelles zur Ermittlung der Seitenscheiben und Spiegelverschmutzung durch am Spiegel abreißende Tropfen (Fremdverschmutzung durch Regen und Gischt anderer Verkehrsteilnehmender). Zu diesem Zweck werden verschiedene Validierungsmessungen und Simulationen gezeigt.

Um die Gesamtfahrzeugverschmutzung einer realen Fahrt zu untersuchen, werden Windkanalversuche durchgeführt, bei welchen die Gischtfahrt hinter einem vorausfahrenden Fahrzeug untersucht werden. Da sich bei dieser Methode unterschiedliche Verschmutzungsphänomene aus verschiedenen Quellen (A-Säulen-Überlauf, Tropfenabriss am Außenspiegel, Tropfenabriss am Spiegeldreieck) überlagern, werden zusätzliche Versuche durchgeführt. Für ein Gesamtfahrzeug werden Untersuchungen durchgeführt, bei denen das Wasser lokal direkt auf das Spiegelgehäuse aufgebracht wird. Mittels Highspeed-Kameras werden die auftretenden Tropfenabriss- und sekundären Zerfallsprozesse der Wassertropfen hinter dem Spiegel ermittelt. Zur Charakterisierung des entstehenden Tropfenfeldes werden mittels Schattenverfahren die Tropfengrößen in unterschiedlichen Messebenen hinter dem Spiegel vermessen. Zur vereinfachten Untersuchung von beeinflussenden Parametern auf den Tropfenabriss werden zusätzliche Untersuchungen an einer generischen Abrisskante durchgeführt. Parameter wie der Abrisskantenradius, der Volumenstrom und die Art des Fluids werden variiert. Resultierend hieraus werden ebenfalls die Tropfenbildungsprozesse und die Tropfengrößen ermittelt.

Um in Zukunft nicht für jedes Fahrzeug diese aufwendigen Untersuchungen wiederholen zu müssen, wurde eine Simulationsmethode untersucht, mit welcher der Tropfenabriss am Außenspiegel simuliert werden kann. Hierfür wird ein dreidimensionales Volume of Fluid Modell genutzt, welches das Wasser als dreidimensionale Phase mit freier Oberfläche zur umgebenden Luftströmung darstellt. In diesen Simulationen werden wie bei den Versuchen die Abrissprozesse und Positionen und die Tropfengrößen hinter dem Spiegel untersucht. Ergänzend zu den Volume of Fluid Simulationen werden Simulationen mit einem Lagrange-Ansatz durchgeführt, welche einen geringeren Rechenaufwand benötigen. Somit lassen sich schnell Parameteruntersuchungen für die Seitenscheiben- und Spiegelverschmutzung realisieren. Die genutzten Tropfengrößen, welche als Input für die Simulation benötigt werden, werden aus den Versuchen abgeleitet.

Zum Abschluss der Arbeit werden die simulativen und experimentellen Ergebnisse miteinander verglichen und ein kurzer Ausblick für zukünftige Verbesserungen und weitere Untersuchungsschwerpunkte gegeben.

Inhaltsverzeichnis

1 Einleitung 1
1.1 Motivation, Vorgehen, Ziel 1
1.2 Fahrzeugverschmutzung 3
1.3 Stand der Forschung 7
1.3.1 Numerische Untersuchungen 7
1.3.2 Experimentelle Untersuchungen 16
1.4 Ergebnisse Standard-Verschmutzungs-Windkanalversuche 25

2 Theorie 29
2.1 Numerik 29
2.1.1 Physikalische Grundlagen 29
2.1.2 Luftströmungssimulation 34
2.1.3 Tropfensimulation 42
2.2 Grundlagen der Tropfenbildung 50
2.3 Grundlagen des Tropfenfluges 53

3 Experimentelle Untersuchungen der Tropfenbildung 57
3.1 Versuchsanlagen und Messtechnik 57
3.1.1 Windkanal 57
3.1.2 Highspeed-Video-Technik 59
3.1.3 Schattenverfahren 59
3.1.4 Messung von Fluideigenschaften 61
3.1.5 Kontaktwinkelmessgerät 62

3.2 Untersuchung des Tropfenabrisses und Zerfall an einem Außenspiegel ... 63
3.2.1 Tropfenabriss an der Spiegelkante ... 66
3.2.2 Tropfenzerfall hinter dem Spiegel ... 71
3.2.3 Tropfengrößen hinter dem Spiegel ... 76
3.3 Untersuchung des Tropfenabrisses und Zerfall an einer generischen Kante ... 85
3.3.1 Fluideigenschaften der untersuchten Flüssigkeiten ... 86
3.3.2 Tropfenabriss an einer generischen Kante ... 88
3.3.3 Tropfenzerfall hinter einer generischen Kante ... 94
3.3.4 Tropfengrößen hinter einer generischen Kante ... 95
3.4 Vergleich der Spiegel- und Plattenversuche ... 105

4 Volume-of-Fluid Simulation des Gesamtfahrzeuges ... 107
4.1 Simulationsaufbau ... 107
4.2 Detektion und Messung der Tropfen ... 110
4.3 Tropfenbildung hinter dem Spiegel ... 114
4.3.1 Abrissprozesse in der Simulation ... 114
4.3.2 Einfluss der Geschwindigkeit auf den Tropfenabriss ... 116
4.3.3 Einfluss des Injektors auf den Tropfenabriss ... 117
4.4 Tropfengrößen hinter dem Seitenspiegel ... 120
4.5 Spiegelglasverschmutzung ... 122
4.6 Vergleich zwischen der Simulation und dem Versuch ... 122

5 Lagrange-Simulationen des Gesamtfahrzeuges ... 127
5.1 Simulationsaufbau ... 128
5.2 Parameterstudien zur Spiegelglas- und Seitenscheibenverschmutzung ... 130
5.2.1 Einfluss der Injektionsposition und Luftgeschwindigkeit ... 130
5.2.2 Einfluss des Injektionswinkel ... 135
5.2.3 Sekundärer Tropfenzerfall ... 138
5.2.4 Geschwindigkeitseinfluss ... 141
5.2.5 Injektionsposition am Spiegelfuß und der Innenseite des Spiegels ... 145
5.2.6 Direkte Verschmutzung durch das Sprühgestell ... 148
5.3 Vergleiche zwischen den Simulationen und dem Versuch ... 149

6 Zusammenfassung, Schlussfolgerungen und Ausblick 153
6.1 Zusammenfassung 153
6.2 Schlussfolgerung 154
6.3 Ausblick 159

Literatur 161

Abkürzungsverzeichnis

1D	eindimensional
2D	zweidimensional
3D	dreidimensional
ABS	Acrylnitril Butadien-Styrol-Copolymer
AD	Autonomous Driving
BC	Boundaryconditions
CAD	Computer Aided Design
CCL	Connected Component Labeling
CFD	Computational Fluid Dynamics
CFL-Zahl	Courant-Friedrichs-Lewy-Zahl
DDES	Delayed Detached Eddy Simulation
DES	Detached Eddy Simulation
DGL	Differenzialgleichung
DiVeAn	digitale Verschmutzungsanalyse
DNS	direkte numerische Simulation
DOF	Depth-of-Field
EWM	Externes Wassermanagement
FAS	Fahrerassistenzsysteme
FDM	Fused Deposition Modeling
FPM	Finite Pointset Methode
FVM	Finite-Volumen-Methode
HRIC	High Resolution Interface Capturing
IDDES	Improved Delayed Detached Eddy Simulation
Kfz	Kraftfahrzeug

LDV	Laser-Doppler Velocimetry
LED	Light-Emitting Diode
LES	Large-Eddy-Simulation
Oh-Zahl	Ohnesorge-Zahl
Pkw	Personenkraftwagen
PDA	Phasen Doppler Anemometer
PIV	Particle-Image Velocimetry
RANS	Reynolds-Averaged Navier-Stokes
Re-Zahl	Reynolds-Zahl
RL	Refinement Level
S-A	Spalart-Allmaras
SST	Shear-stress-Transport
St-Zahl	Stokes-Zahl
SUV	Sport Utility Vehicle
TAB	Taylor Analogy Breakup
VOF	Volume of Fluid
We-Zahl	Weber-Zahl
WMLES	Wall-Modeled Large Eddy Simulation

Abbildungsverzeichnis

Abb. 1.1 Spiegelglasverschmutzung 2
Abb. 1.2 Unterteilung der Verschmutzungsarten anhand der jeweiligen Quellen nach [5] 4
Abb. 1.3 Phänomene der Seitenscheiben- und Spiegelverschmutzung 5
Abb. 1.4 Seitenspiegelverschmutzung 6
Abb. 1.5 Bezeichnung der Bauteile eines Spiegels 7
Abb. 1.6 Einbringung des Wassers in Windkanalversuchen in Abhängigkeit der untersuchten Verschmutzungsart 17
Abb. 1.7 Algorithmus zur Ermittlung des Verschmutzungsgrads und der Häufigkeitsverteilung 18
Abb. 1.8 Abrisskantengeometrien nach Maroteaux et al. [41] 20
Abb. 1.9 Vier aufeinander folgende Zeitschritte der Spiegelglasverschmutzung im Windkanal bei unterschiedlichen Geschwindigkeiten 26
Abb. 1.10 Vier aufeinander folgende Zeitschritte der Seitenscheibenverschmutzung im Windkanal bei unterschiedlichen Geschwindigkeiten 27
Abb. 2.1 Partikeldynamik anhand der Stokes Zahl 45
Abb. 2.2 Aufprallmechanismen auf einer ebenen Oberfläche im Bai-Gosman-Modell nach [66, 67] 49
Abb. 2.3 Zerfallsmechanismen am Rotationszerstäuber, a) Abtropfen b) Strahl-, Ligamenten- oder Fadenzerfall c) laminarer Lamellenzerfall d) turbulenter Lamellenzerfall nach [69] 52

Abb. 2.4 Prozesse des Sekundärzerfalls in Abhängigkeit von der We-Zahl mit $Oh < 0{,}1$ nach [70, 71] 53
Abb. 3.1 Aufbau eines geschlossenen Windkanals nach Göttinger Bauart 58
Abb. 3.2 Doppelpulsaufnahme des Schattenverfahrens zur Ermittlung der Tropfengeschwindigkeit aller sichtbaren Tropfen; 1. Zeitpunkt schwarz, 2. Zeitpunkt blau 60
Abb. 3.3 Bestimmung des Kontaktwinkels am Beispiel eines Tropfens auf einem Spiegelgehäuse 63
Abb. 3.4 Kontaktwinkel auf einer Oberfläche, links: hydrophil, rechts: hydrophob 63
Abb. 3.5 Ablenkung des Wasserstrahls auf dem Spiegelgehäuse 64
Abb. 3.6 Messaufbauten des Tropfenabrisses am Spiegel nach [73] a) Prinzipskizze b) Highspeed-Versuchsaufbau c) Versuchsaufbau des Schattenverfahren 65
Abb. 3.7 Erläuterung der Visualisierung der Highspeed-Ergebnisse 65
Abb. 3.8 Positionen der Messebenen des Schattenverfahrens im Windkanal hinter dem Außenspiegel 66
Abb. 3.9 Geschwindigkeitseinfluss auf den Abrissbereich des lokal auf den Spiegel aufgebrachten Wassers am Außenspiegel (Draufsicht). Kombination eines CAD-Spiegels und eines Versuchsbildes 67
Abb. 3.10 Geschwindigkeitseinfluss auf den Abrissbereich des durch ein Sprühgestell aufgebrachten fluoreszierenden Wassers im Windkanal am Außenspiegel 68
Abb. 3.11 Drei aufeinander folgende Zeitschritte der einzelnen Abrissmechanismen am Außenspiegel nach [73] 70
Abb. 3.12 Drei aufeinander folgende Zeitschritte der einzelnen sekundären Zerfallsmechanismen hinter dem Außenspiegel [73] 72
Abb. 3.13 Verteilung der visuell identifizierten Zerfallsprozesse in Abhängigkeit der Geschwindigkeit hinter einem Außenspiegel nach [73] 76
Abb. 3.14 Charakteristische Durchmesser D_{10} und D_{30} des Tropfenfeldes hinter dem Seitenspiegel mit zugehörigen Standardabweichungen (multipliziert mit Faktor 30) in Abhängigkeit der Messebene und Luftgeschwindigkeit nach [73] 78

Abb. 3.15 Tropfenhistogramme für verschiedene Messebenen (Position siehe Abbildung 3.8) hinter dem Seitenspiegel in Abhängigkeit der Luftgeschwindigkeit nach [73] 80
Abb. 3.16 Kumulatives Tropfendurchmesserhistogramm für verschiedene Messebenen und Luftgeschwindigkeiten nach [73] 82
Abb. 3.17 Histogramme des Flugwinkels und der Tropfengeschwindigkeit in verschiedenen Ebenen und für unterschiedliche Luftgeschwindigkeiten nach [73] 83
Abb. 3.18 Stokes-Zahl hinter dem Spiegel für verschiedene Tropfendurchmesser d bei 120 km/h in einem instationären Strömungszustand. (Simulation) 85
Abb. 3.19 Fließ- und Viskositätskurven der untersuchten Flüssigkeiten 87
Abb. 3.20 Aufbau der generischen Abrisskante hinter dem Kalibrierwindkanal 89
Abb. 3.21 Messaufbau des Tropfenabrissversuchs hinter der generischen Platte (Seitenansicht und Ansicht von unten) nach [74] 90
Abb. 3.22 Seitenansicht des Tropfenabrisses von Wasser von der generischen Platte bei 100 km/h (a)–(e) und 60 km/h (f) für unterschiedliche Abrisskantenradien [74] 91
Abb. 3.23 Vergleich der Anfangsposition des Tropfenabrisses bei 60 km/h für einen Volumenstrom von (a) 1,8 ml/s und (b) 2,6 ml/s bei einem Plattenradius von $R = 20\,\text{mm}$ [74] 91
Abb. 3.24 Abrissprozesse am Beispiel von Wasser hinter der generischen Platte in vier aufeinanderfolgenden Zeitschritten [74] 93
Abb. 3.25 Einteilung der Tropfenzerfallsmechanismen in Abhängigkeit der Weber-Zahl und der Ohnesorge-Zahl nach Hsiang und Faeth [95] 94
Abb. 3.26 Position der Messebenen des Schattenverfahrens hinter der generischen Platte 96

Abb. 3.27 Charakteristischer Durchmesser D_{30} des Tropfenfeldes von Wasser hinter der generischen Platte mit zugehörigen Standardabweichungen (multipliziert mit Faktor 300) für verschiedene Luftgeschwindigkeiten bei einem Plattendurchmesser von $R = 1\,\text{mm}$ nach [74] 97
Abb. 3.28 Charakteristischer Durchmesser D_{30} des Tropfenfeldes hinter der generischen Platte mit zugehörigen Standardabweichungen (multipliziert mit Faktor 300) für die verschiedene untersuchte Fluide bei einem Plattenradius von $R = 2{,}5\,\text{mm}$, 100 km/h Luftgeschwindigkeit und $\dot{V} = 2{,}6\,\text{ml/s}$ Volumenstrom nach [74] 98
Abb. 3.29 Charakteristischer Durchmesser D_{30} des Tropfenfeldes von Wasser hinter der generischen Platte mit zugehörigen Standardabweichungen (multipliziert mit Faktor 300) bei einer Luftgeschwindigkeit von 100 km/h für verschiedene Plattenradien R nach [74] 99
Abb. 3.30 Tropfenhistogramme hinter der generischen Platte in Messebene 3 für verschiedene Luftgeschwindigkeiten bei einem Plattenradius von $R = 2{,}5\,\text{mm}$ mit Wasser und einem Volumenstrom von $\dot{V} = 1{,}8\,\text{ml/s}$ nach [74] 100
Abb. 3.31 Tropfenhistogramme hinter der generischen Platte für unterschiedliche Messebenen, Plattenradien R, Volumenströme und Flüssigkeiten nach [74] 102
Abb. 3.32 Tropfenhistogramm bei verschiedenen Volumenströmen und Messebenen bei 100 km/h Luftgeschwindigkeit bei einem Plattenradius $R = 2{,}5\,\text{mm}$ 103
Abb. 3.33 Geschwindigkeitshistogramm der an der Platte abgerissenen Tropfen 104
Abb. 4.1 Bereich der simulierten Windkammer in der VOF-Simulation (x:73 m; y: 63 m, z: 33 m); Fahrzeug befindet sich in x und y in der Mitte 108
Abb. 4.2 Verfeinerungsregionen des Rechennetzes in der VOF-Simulation um den Außenspiegel 109
Abb. 4.3 Vergleich der Positionierung des Wasserschlauches auf dem Außenspiegel 110
Abb. 4.4 Vertikale Messebene zur Detektion der VOF-Tropfen hinter dem Außenspiegel 111

Abb. 4.5 Algorithmus zur Detektion und Messung der VOF-Tropfen nach [97] 112
Abb. 4.6 Schema zur räumliche Detektion der VOF-Tropfen nach [97] 113
Abb. 4.7 Schema zur zeitliche Detektion der VOF-Tropfen nach [97] 114
Abb. 4.8 Tropfenabriss am Außenspiegel in der Simulation 114
Abb. 4.9 Drei aufeinander folgende Zeitschritte der einzelnen Abrissmechanismen am Außenspiegel aus der VOF-Simulation 115
Abb. 4.10 Geschwindigkeitseinfluss auf den Abrissbereich des lokal auf den Spiegel aufgebrachten Wassers im Windkanal (rot) und in der VOF-Simulation (blau) an der Unterkante des Spiegels (Draufsicht) 116
Abb. 4.11 Einfluss der Injektionsposition auf den Tropfenabrissbereich. (Gelb: Versuchsposition, rot: Versuchsposition um 5 mm nach innen verschoben, weiß: Position wie bei dem roten Schlauch die Injektionsfläche ist jedoch senkrecht zur Oberfläche) 118
Abb. 4.12 Einfluss des Injektionsmassenstroms auf den Tropfenabrissbereich bei der Injektionsgeometrie aus den Windkanalversuchen und einer Geschwindigkeit von 120 km/h. (Schwarz: 0,012 kg/s, grau: 0,010 kg/s, weiß: 0,005 kg/s) 119
Abb. 4.13 Tropfenhistogramme in der VOF-Simulation mithilfe des modifizierten Algorithmus für verschiedene Luftgeschwindigkeiten 120
Abb. 4.14 Berechnetes Gesamtvolumen des Wassers in der Messebene in Abhängigkeit der Luftgeschwindigkeit und des Zeitschrittes in der VOF-Simulation nach zwei Sekunden simulierter Zeit 121
Abb. 4.15 Spiegelglasverschmutzung der VOF-Simulation in vier aufeinanderfolgenden Zeitschritten für unterschiedliche Luftgeschwindigkeiten 124
Abb. 5.1 Tropfenfeld hinter dem Spiegel in der Lagrange-Simulation 127
Abb. 5.2 Prinzipskizze eines Kegelinjektors zur Einbringung von Tropfen in eine Lagrange-Simulation 128

Abb. 5.3 Wasservolumen von auf der Seitenscheibe und dem Außenspiegel auftreffenden Tropfen bei geschwindigkeitsabhängiger und -unabhängiger Injektionsposition mit einem Injektionswinkel von 10° 131
Abb. 5.4 Spiegelglasverschmutzung in vier aufeinanderfolgenden Zeitpunkten mit verschiedenen Injektionsmodellen und Luftgeschwindigkeiten bei einem Injektionswinkel von $\alpha_I = 10°$ (Lagrange-Simulation) 133
Abb. 5.5 Seitenscheibenverschmutzung in vier aufeinanderfolgenden Zeitpunkten mit verschiedenen Injektionsmodellen und Luftgeschwindigkeiten bei einem Injektionswinkel von $\alpha_I = 10°$ (Lagrange-Simulation) 134
Abb. 5.6 Gemittelte Wandschubspannungen auf der Seitenscheibe ... 135
Abb. 5.7 Wasservolumen von auf der Seitenscheibe und dem Außenspiegel auftreffenden Tropfen bei unterschiedlichen Injektionswinkeln für 120 km/h 136
Abb. 5.8 Verschmutzung in vier aufeinanderfolgenden Zeitpunkten mit unterschiedlichen Injektionswinkeln bei einer Luftgeschwindigkeit von 120 km/h (Lagrange-Simulation) 137
Abb. 5.9 Wasservolumen von auf der Seitenscheibe und dem Außenspiegel auftreffenden Tropfen mit und ohne sekundären Tropfenzerfall bei unterschiedlichen Luftgeschwindigkeiten und einem Injektionswinkel von 60° bei einer geschwindigkeitsabhängigen Injektion 138
Abb. 5.10 Verschmutzung in vier aufeinanderfolgenden Zeitpunkten mit einem Injektionswinkel von 60° bei unterschiedlichen Luftgeschwindigkeiten ohne sekundären Zerfall (Lagrange-Simulation) 140
Abb. 5.11 Verschmutzung in vier aufeinanderfolgenden Zeitpunkten mit einem Injektionswinkel von 60° bei unterschiedlichen Luftgeschwindigkeiten (Lagrange-Simulation) 143
Abb. 5.12 Tropfengrößenverteilung auf dem Spiegelglas bei einer Luftgeschwindigkeit von 120 km/h 144
Abb. 5.13 Alternative Injektionspositionen am Spiegelgehäuse 145

Abb. 5.14 Wandschubspannung am Außenspiegel in Fahrzeugkoordinate Y 146
Abb. 5.15 Verschmutzung in vier aufeinanderfolgenden Zeitpunkten mit alternativen Injektionspositionen bei 120 km/h (Lagrange-Simulation) 147
Abb. 5.16 Vergleich von vier aufeinanderfolgende Zeitpunkten der Spiegelglasverschmutzung im Versuch und in der Simulation bei 80 km/h 150

Tabellenverzeichnis

Tab. 1.1 Einfluss der Fluideigenschaften auf den Tropfenzerfall 25
Tab. 3.1 Gemessene Fluideigenschaften (Viskosität, Dichte, Oberflächenspannung) der genutzten Flüssigkeiten bei 25 °C mit Standardabweichung 87
Tab. 3.2 Berechnete dimensionslose Kennzahlen des Tropfenzerfalls für einen Tropfen mit einem Durchmesser von 1 mm bei einer Relativgeschwindigkeit von 100 km/h und den gemessenen Fluideigenschaften aus Tabelle 3.1 88
Tab. 5.1 Projizierte Frontalflächen der einzelnen relevanten Spiegelflächen für die Tropfenabrissbereiche 146

Nomenklatur

Griechische Symbole

Symbol	Beschreibung
α_F	Flugwinkel des Tropfens zur Hauptströmung
α_I	Injektionswinkel des Kegelinjektors
α_i	Volumenanteil Volume of Fluid
α_t	Phasengrenzwert
α_{Blend}	Blending Funktion des HRIC Verfahrens
β, β^*	numerischer Parameter des SST-Modells
β_K	Winkel des Verschmutzungskeils
β_S	Verhältnis zwischen der Reynolds-Zahl (Re-Zahl) des Partikel und der Scherströmung
$\dot{\gamma}$	Scherrate
γ	numerische Konstante des SST-Modells
Δ_{xWand}	maximaler Abstand zur Oberfläche in X-Richtung
Δ_{yWand}	maximaler Abstand zur Oberfläche in Y-Richtung
Δ_{zWand}	maximaler Abstand zur Oberfläche in Z-Richtung
Δ_{free}	maximale Zellbreite bei unendlichem Wandabstand
Δ_{LES}	charakteristisches Längenmaß LES
Δ_{SGS}	Sub-Grid-Scale Länge

Symbol	Beschreibung
Δ_t	Zeitschrittweite
Δ_x	Netzauflösung
η	dynamische Viskosität
η_c	dynamische Viskosität der kontinuierlichen Phase
Θ	numerische Konstante des SST-Modells
θ	Kontaktwinkel
λ	Wärmeleitfähigkeit
ν	kinematische Viskosität
ν_t	Wirbelviskosität
ν_{Tr}	kinematische Viskosität des Tropfens
ξ_f	korrigierter normalisierter Oberflächenwert
$\xi_f^{Blending}$	Normalisierter Oberflächenwert des Blending Partners
$\xi_f^{Compression}$	Normalisierter Oberflächenwert des Drucks
ρ	Dichte
ρ_C	Dichte der kontinuierlichen Phase
ρ_f	Dichte des Flüssigkeitsfilms
ρ_{Fl}	Dichte des Flüssigkeit
ρ_{Tr}	Dichte des Partikels
σ	Grenzflächen-/ Oberflächenspannung
σ_k, σ_ω, $\sigma_{\omega 2}$	numerische Konstante des SST-Modells
τ	Spannung; Schubspannung
τ_f	Fluid-Zeitmaß
τ_{Tr}	Partikelrelaxationszeit
τ_{vis}	viskoser Spannungstensor
Φ	beliebige Strömungsgröße
φ	Geschwindigkeitspotential
φ_{ben}	Benetzungswinkel
Ω	Wirbelstärke
ω	Gradient des Geschwindigkeitsfeldes
ω_{rot}	Winkelgeschwindigkeit
ω_{dis}	spezifische Dissipationsrate

Mathematische Operatoren

Symbol	Beschreibung
$\bar{\Phi}$	Mittelwert einer beliebigen physikalischen Größe Φ
$\Delta\Phi$	Änderung eines beliebigen physikalischen Wertes Φ
$\dot{\Phi}$	Ableitung einer beliebigen physikalischen Größe Φ
$\int_S$	Oberflächenintegral
$\int_V$	Volumenintegral
Φ'	zeitliche Änderung/ Ableitung einer beliebigen physikalischen Größe Φ
Δ	Laplace-Operator
∇	Nabla-Operator
∂	Partieller Ableitungsoperator
grad	Gradient
rot	Rotation

Lateinische Symbole

Symbol	Beschreibung
A	Fläche
a und b	Index des charakteristischen Durchmessers
a_1	numerische Konstante des SST-Modells
C_{DES}	numerische Konstante des DES-Modells
C_D	Widerstandsbeiwert
C_{LS}	Koeffizient der Schubkraft für den Auftrieb
C_w	numerische Konstante des IDDES-Modells
CFL	Courant-Friedrichs-Lewy-Zahl
$\tilde{d}$	abgeleitete Netzgröße des DES-Modells
d	Durchmesser
D_{10}	arithmetisches Mittel der Tropfendurchmesser
D_{30}	volumetrisches Mittel der Tropfendurchmesser
D_{ab}	charakteristischer Tropfendurchmesser
d_{Git}	Gittergröße

Symbol	Beschreibung
D_i	Mittlerer Tropfendurchmesser in dem iten Tropfendurchmesserbereich
d_{Tr}	Partikeldurchmesser
d_w	Wandabstand
E	Energie
E_{in}	innere Energie
E_{kin}	kinetische Energie
E_{pot}	potenzielle Energie
E_{tot}	totale Energie
$\tilde{f}_d$	numerische Parameter des DDES-Modells
$\underline{f}$	Kraftdichte
$\underline{F}$,F	Kraft
F_1, F_2	Blending-Funktion im SST-Menter k-ω Modell
F_A	Auftriebskraft
F_D	Widerstandskraft
F_{ext}	externe Kraft
f_e	numerische Parameter des WMLES-Modells
$F_{g,F}$	Gewichtskraft in der Flüssigkeit
$F_{g,L}$	Gewichtskraft in der Luft
F_g	Gewichtskraft
F_i	Volumenanteil (Volume of Fluid)
$F_{k-\varepsilon}$	Funktion nach dem $k-\varepsilon$ Modell
$F_{k-\omega}$	Funktion nach dem $k-\omega$ Modell
F_K	Kapillarkraft
F_{LS}	Auftriebskraft durch Scherung
F_{max}	maximale Kraft
F_O	Oberflächenkraft
F_p	Druckkraft
F_R	Reibungskraft
F_{tan}	Tangentialkraft
F_V	Volumenkraft
$\underline{g}$	Erdbeschleunigung
G	Filterkern das LES-Modells

Symbol	Beschreibung
h	Höhe
h_{Abriss}	Kantenhöhe beim Abriss
h_f	Filmschichtdicke
h_{max}	maximale Zellbreite
h_{wn}	Netzweite in der wandnormalen Richtung
$h_{x,\,y,\,z}$	Zellbreite in kartesische Richtung
k	turbulente kinetische Energie
l	Länge
l_{hyb}	hybrides Längenmaß
l_{LES}	Längenmaß des LES Modells
l_{RANS}	Längenmaß des RANS Modells
M	Moment
m	Masse
$m_{K,F}$	Masse der Kugel in der Flüssigkeit
$m_{K,L}$	Masse der Kugel in der Luft
m_{Tr}	Partikelmasse
$\underline{n}$	Normalenvektor
N_i	Anzahl an Tropfen in dem iten Tropfendurchmesserbereich
$N_{Tropfen}$	Tropfenanzahl
Oh	Ohnesorge-Zahl
p	Druck
$\dot{Q}$, q	Wärmestrom
R, r	Radius
Re	Reynolds-Zahl
Re_S	Reynolds-Zahl der Scherströmung
Re_{Tr}	Reynolds-Zahl eines Partikels
S_u	Quellen und Senken des Flüssigkeitsfilms in einer Netzzelle
St	Stokes-Zahl
T	Temperatur
t	Zeit
t_{i-1}	letzter Zeitschritt
t_{i-2}	vorletzter Zeitschritt

Symbol	Beschreibung
t_i	aktueller Zeitschritt
u, v, w	Geschwindigkeitsbeträge in kartesischen Koordinatenrichtung x, y, z
u_{inner}	spezifische innere Energie
$\dot{V}$	Volumenstrom
v_{rel}	Relativgeschwindigkeit zwischen Partikel und umgebender Strömung
$\underline{V}$	Geschwindigkeitsfeld
$\underline{v}$	Geschwindigkeitsvektor
$\underline{v}_{Tr}$	Geschwindigkeitsvektor eine Partikels
$\underline{v}_c$	Geschwindigkeitsvektor der kontinuierlichen Phase
$\underline{v}_f$	Geschwindigkeitsvektor des Flüssigkeitsfilms
V	Volumen
V_K	Volumen der Kugel
$\dot{W}$	Leistung
We	Weber-Zahl
$\underline{x}_{Tr0}$	Position des Partikels zum Zeitpunkt $t = 0$
$\underline{x}_{Tr}$	Position des Partikels
x	1. kartesische Koordinatenrichtung
y	2. kartesische Koordinatenrichtung
y_{blend}	Übergangskoeffizient für die Berechnung des Widerstandsbeiwertes
z	3. kartesische Koordinatenrichtung

Einleitung 1

1.1 Motivation, Vorgehen, Ziel

Verschmutzung beschreibt eine Ablagerung von Wassertropfen auf einer Fahrzeugoberfläche. Diese Tropfen sorgen für eine Beeinträchtigung der Sicht des Fahrenden und bei automatisierten Fahrzeugen zu einer teilweisen oder kompletten Blockade der Sensoren.

Die Verbesserung des Verschmutzungsverhaltens von Personenkraftwagen (Pkw) hat in den letzten Jahren an Bedeutung gewonnen, was auf unterschiedliche Aspekte zurückzuführen ist. Für den Fahrenden steht bei der Spiegelglas- und Seitenscheibenverschmutzung (siehe Abbildung 1.1) ein guter Überblick über den Verkehr im Fokus. Durch eine geringere Verschmutzung kann die Anstrengung des Fahrendens, welche aus (Teil-)Verdeckung von anderen Verkehrsteilnehmenden oder durch Blendung aus der Verschmutzung resultiert, reduziert werden. Somit ergibt sich aus der Verringerung der Verschmutzung eine Erhöhung der Sicht und infolgedessen der Sicherheit des Fahrenden.

Zusätzlich steigt die Anzahl an Fahrerassistenzsysteme (FAS) und Autonomous Driving (AD) Systeme (zu Deutsch automatisierte Fahrsysteme) in Fahrzeugen in den letzten Jahren bis heute stark an. Für diese Systeme sind saubere Sensoren von äußerster Wichtigkeit, um die Funktionsfähigkeit der Systeme und Fahrbereitschaft der Fahrzeuge bei allen Wetterbedingungen aufrechtzuerhalten. Die Verbesserung des Verschmutzungsverhaltens von Kraftfahrzeugen (Kfz) wurde bisher vor allem erst spät im Entwicklungsprozess mit Versuchen (Windkanal, Straße) durchgeführt. Hierdurch sind Änderungen am Fahrzeug sehr teuer und können häufig erst in Nachfolgeprojekten eingebracht werden. Um diese späte Optimierung zu beschleunigen, gibt es erste Ansätze, Simulationen zur Verschmutzung in einer frühen Entwicklungsphase durchzuführen.

L. Kille, *Numerische Untersuchung der Fremdverschmutzung im Bereich der Seitenscheibe und des Außenspiegels bei leichten Nutzfahrzeugen*, AutoUni – Schriftenreihe 177, https://doi.org/10.1007/978-3-658-48922-9_1

Abb. 1.1 Spiegelglasverschmutzung. (Simulationsergebnis)

Ziel dieser Arbeit ist die Entwicklung einer Simulationsmethode zur virtuellen Abbildung der Seitenscheiben- und Spiegelglasverschmutzung. Vor allem die physikalische Tropfenentstehung (Tropfenabriss am Spiegel und Sekundärzerfall in der Luft) und die daraus resultierenden Tropfengrößen stehen im Fokus. Diese Punkte sind in der Literatur noch nicht untersucht worden. Zu diesem Zweck wurden im ersten Schritt Gesamtfahrzeugversuche an einem Testfahrzeug im Windkanal durchgeführt, um initiale Verschmutzungsergebnisse zu erhalten. Im Anschluss an diese Gesamtfahrzeugverschmutzungsversuche werden Untersuchungen zum Tropfenabriss am Außenspiegel durchgeführt. Hierfür wird Wasser direkt auf die Spiegeloberfläche aufgebracht und verläuft durch die Strömung und Gravitation über diese. Der Tropfenabriss hinter dem Spiegel wird mittels Highspeed-Kameras untersucht und die physikalischen Phänomene werden identifiziert. Mithilfe derselben Messtechnik werden die sekundären Zerfallsprozesse der Tropfen in der Luft nach dem Abriss vom Spiegel untersucht. Die Tropfengrößen des so entstehenden Tropfenfeldes werden mittels eines Schattenverfahrens aufgezeichnet und ausgewertet. Dieselben Messverfahren werden ebenfalls in einem generischen Versuch verwendet, welcher den Tropfenabriss an der Unterkante des Außenspiegels mit einer generischen Kante möglichst realitätsnah nachbildet. Zu diesem Zweck wird eine Abrisskante im Luftstrahl eines Kalibrierwindkanales positioniert und das Wasser auf die Unterseite der Platte (Träger der Abrisskante) aufgebracht. An dieser Kante können unterschiedliche Parameter und deren Einfluss auf den Tropfenabriss sowie das resultierende Tropfenfeld untersucht werden, welches im Windkanal mit einem Gesamtfahrzeug deutlich mehr Aufwand (finanziell und zeitlich) bedeuten würde.

Im Anschluss an die experimentellen Untersuchungen werden zusätzlich die Simulationsergebnisse dargestellt. Eine dreidimensionale (3D)-Strömungssimulation wird durchgeführt, um den Tropfenabriss am Spiegelgehäuse nachzubilden und die entstehenden Abrissprozesse und Tropfengrößen zu identifizieren und mit den experimentellen Daten zu vergleichen. Zum Abschluss werden Lagrange-Simulationen eingesetzt, welche im Vergleich zu den 3D-Tropfensimulationen eine geringere Netz- und Zeitauflösung benötigen und somit eine Ersparnis an Rechenkapazität und Berechnungszeit bedeuten. Mittels dieser Simulationsmethode kann die Verschmutzung der Seitenscheibe und des Seitenspiegels mithilfe der im Experiment ermittelten Tropfengrößen untersucht werden.

1.2 Fahrzeugverschmutzung

Zur Einordnung dieser Arbeit soll zu Beginn die Verschmutzung an einem Kfz erläutert werden. Wenn im weiteren Verlauf von Verschmutzung gesprochen wird, beschreibt dies die Ablagerung von Wasser auf einer Fahrzeugoberfläche. Dieses Wasser kann Schmutzpartikel enthalten, welche nach dem Verdunsten des Wassers auf der Oberfläche sichtbar sind. In den hier gezeigten Untersuchungen, sowohl experimentell als auch simulativ, wird reines Wasser genutzt, welchem ggf. ein Mittel zur Sichtbarmachung beigemischt ist.

In Abbildung 1.2 sind die an einem Fahrzeug auftretenden Verschmutzungen anhand ihrer Quelle in Eigen- und Fremdverschmutzung unterteilt [1]. Die erste Quelle (Abbildung 1.2: (1)) ist die Eigenverschmutzung. Bei dieser nehmen die eigenen Reifen das Wasser-Schmutzgemisch von einer nassen Fahrbahnoberfläche auf und durch den Tropfenabriss am rotierenden Reifen bildet sich ein feines Spray an Wassertropfen, welches in die Fahrzeugumströmung gelangt. Die beim Abriss entstehenden Tropfen besitzen einen Durchmesser zwischen 0,1 mm und 0,3 mm [2]. Dieses Wasser kann sich an der Seite und vor allem am Heck des Fahrzeuges absetzen. Das Ziel bei der Verbesserung der Eigenverschmutzung ist die Reduktion der verschmutzten Flächen. Im Fokus stehen die Türgriffe und die Heckscheibe, da diese den größten Einfluss auf den Komfort und die Sicht auf den rückwärtigen Verkehr für den Fahrenden haben.

Die zweite Verschmutzungsquelle ist das direkte Auftreffen von Regentropfen auf das Fahrzeug (Abbildung 1.2: (2)), welche die erste Art der Fremdverschmutzung beschreibt. Regentropfen besitzen in Abhängigkeit von der Regenrate unterschiedliche Durchmesser, bei kleinen Regenraten liegt der Durchmesser (Peak) bei etwa 0.7 mm. Mit einer Steigerung der Regenrate steigt dieser Durchmesserpeak auf etwa 1 mm bis 1,2 mm [3] mit einem maximal möglichen Regentropfendurchmesser von 6 mm [4].

Die dritte Verschmutzungsart (Abbildung 1.2: (3)) ist die Fremdverschmutzung, welche aus dem aufgewirbelten Wasser anderer Verkehrsteilnehmender resultiert [5]. Bei der Eigenverschmutzung fliegen viele der aufgewirbelten Tropfen an dem Erzeugerfahrzeug vorbei und bilden ein Sprühfeld aus Tropfen (Gischt). Dieses Sprühfeld besitzt einen Durchmesserpeak zwischen 0,15 mm und 0,2 mm [6]. Wenn ein Fahrzeug durch dieses Tropfenfeld fährt, lagern sich die Tropfen auf der Fahrzeugoberfläche ab und verschmutzen diese. Vor allem der vordere Teil des Fahrzeuges (z. B. Frontscheibe, Motorhaube, Kühlergrill) werden verschmutzt, gleichermaßen der Seitenspiegel und die Seitenscheibe.

Abb. 1.2 Unterteilung der Verschmutzungsarten anhand der jeweiligen Quellen nach [5]

Die Verschmutzung der Seitenscheibe und des -spiegels können anhand von Abbildung 1.3a in unterschiedliche Quellen unterteilt werden: A-Säulenüberlauf, Verschmutzungskeil, Verschmutzungswirbel, Spiegelglasverschmutzung. Das auf der Frontscheibe landende Wasser wird durch den Scheibenwischer zur A-Säule transportiert, wo am Übergang zwischen Scheibe und A-Säule häufig eine Wasserfangleiste genutzt wird, um das aufkommende Wasservolumen auf das Dach des Fahrzeuges zu transportieren. Wenn zu viel Wasser auftritt oder keine Wasserfangleiste vorhanden ist, läuft das Wasser über die A-Säule auf die Seitenscheibe. Die Wasserfangleiste wird bei Nutzfahrzeugen häufig aus Kostengründen oder aus Gründen des Strömungswiderstandes (c_D) entfallen gelassen. Dieses Phänomen wird A-Säulenüberlauf genannt. Das so auf die Seitenscheibe gelangende Wasser wird häufig durch den an der A-Säule entstehenden Wirbel im Bereich der A-Säule gehalten (siehe Abbildung 1.3a grüner Bereich) und stellt bei der Verschmutzung der Seitenscheibe einen Großteil des Wasservolumens dar.

Das Wasser aus dem A-Säulenüberlauf kann ebenfalls durch den Spalt zwischen A-Säule und Tür nach unten laufen, wo es am Spiegeldreieck aus der Fuge austritt und sich als Rinnsal auf der Seitenscheibe ausbreitet (siehe Abbildung 1.3a roter Bereich). Dieses Rinnsal wird durch die Gravitationskraft und die Umströmung des Fahrzeuges parabelförmig nach unten abgeleitet.

Des Weiteren kann auf der Seitenscheibe der sogenannte Verschmutzungskeil (siehe Abbildung 1.3a blauer Bereich) ermittelt werden. Um den Verschmutzungskeil zu quantifizieren, kann der in Abbildung 1.3b dargestellte Winkel genutzt werden. Der Verschmutzungskeil basiert auf unterschiedlichen Quellen. Die Wassertropfen, welche auf die Vorderseite des Außenspiegels gelangen, können zerplatzen und ein feines Spray bilden. Dieses Spray wird zwischen dem Spiegel und dem Spiegeldreieck durch die Luft transportiert und kann auf der Seitenscheibe landen und den Verschmutzungskeil bilden. Zusätzlich kann das Wasser aus Tropfenabrissen an dem Spiegelgehäuse und -fuß resultieren.

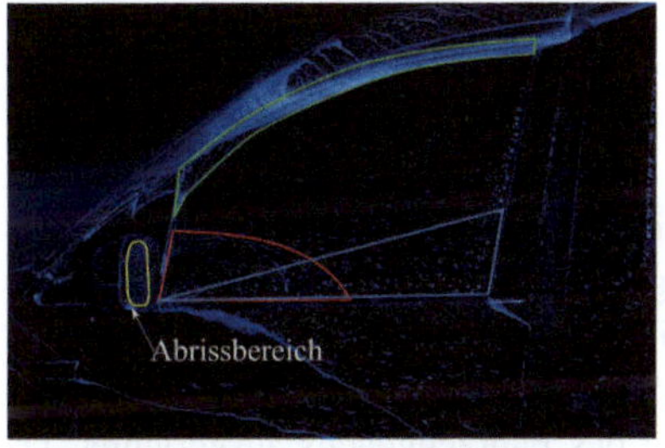

(a) Unterscheidung der an der Seitenscheibe und dem Seitenspiegel auftretenden Verschmutzungsphänomene (grün: A-Säulenüberlauf; blau: Verschmutzungskeil; rot: Verschmutzungswirbel; gelb: Spiegelglasverschmutzung)

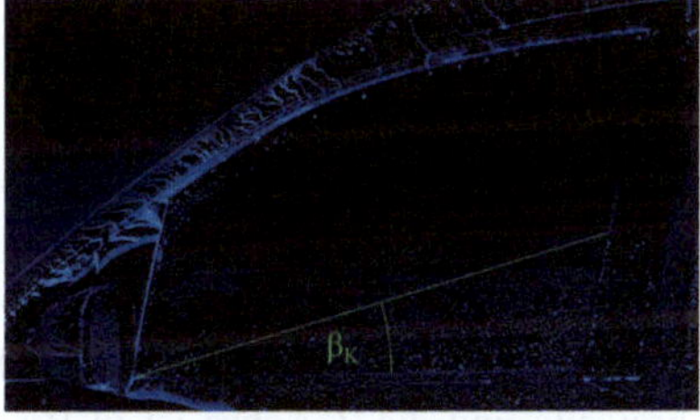

(b) Winkel zur Quantifizierung des Verschmutzungskeils

Abb. 1.3 Phänomene der Seitenscheiben- und Spiegelverschmutzung

Der letzte Verschmutzungsbereich ist der Seitenspiegel (siehe Abbildung 1.3a gelber Bereich). Die Verschmutzung des Seitenspiegels resultiert ebenfalls aus vom Spiegelgehäuse abreißenden Tropfen. Das Wasser gelangt als Regen- oder Spraytropfen auf die Vorderseite des Spiegelgehäuses. Von hier aus laufen die Tropfen als Rinnsale oder seltener als zusammenhängender Film auf die Rückseite und die

Unterkante des Spiegels. In diesem Bereich sammeln sich die Tropfen zu einem Wasserpool und reißen am Spiegelgehäuse ab (Abrissbereich sichtbar in Abbildung 1.3a in der unteren linken Ecke des Spiegels/hellblaue Ansammlung). Beim Abriss können die Tropfen direkt auf das Spiegelglas gerichtet werden oder dem Nachlauf folgen und langsamer umgelenkt werden (siehe Abbildung 1.4). Der Nachlauf beschreibt ein Gebiet mit verminderter Strömungsenergie hinter dem Spiegel, in welchem sich ein Spiegelwirbel bzw. Rezirkulationsgebiet ausbildet. Dieser Wirbel lenkt die Tropfen um, wodurch diese entgegen der Hauptströmungsrichtung auf das Spiegelglas gelangen können.

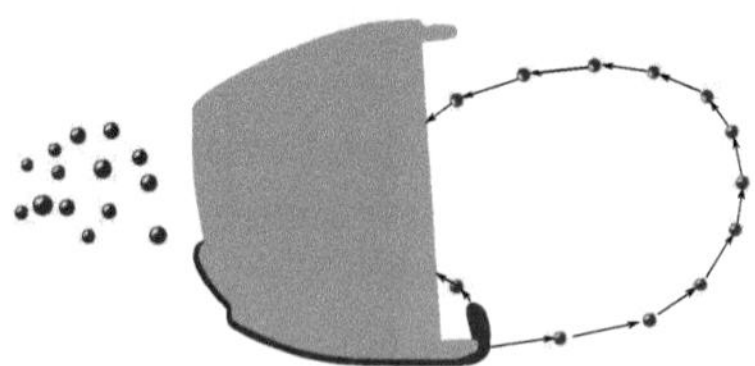

Abb. 1.4 Seitenspiegelverschmutzung

Fahrzeugkoordinatensystem
Zur Beschreibung der Verschmutzungsentwicklung am Fahrzeug werden fahrzeugbezogene Koordinaten und Bezeichnungen genutzt. Die Basis des Koordinatensystems liegt in der Mitte der Vorderachse. Die X-Achse ist entgegen der Fahrtrichtung (in Richtung Fahrzeugheck) gerichtet. Die Y-Achse ist in Richtung der Beifahrerseite und die Z-Achse ist in Richtung des Fahrzeugdachs ausgerichtet. Da sich der Fahrerspiegel, welcher in allen Untersuchungen betrachtet wird, im negativen Y-Achsenbereich befindet, bezeichnet eine innere Position einen größeren Y-Achsenwert als eine äußere.

Die Strömungsgeschwindigkeiten in den fahrzeugbezogenen Koordinaten $\underline{u}$, $\underline{v}$ und $\underline{w}$ sind anhand der zuvor erläuterten Achsen ausgerichtet. Die Strömungsgeschwindigkeit $\underline{u}$ ist an der X-Achse ausgerichtet, die Geschwindigkeit $\underline{v}$ an der Y-Achse und die Geschwindigkeit $\underline{w}$ an der Z-Achse.

Bestandteile des Außenspiegels
In Abbildung 1.5 sind die Bestandteile des Spiegels erläutert. Das Spiegelgehäuse bezeichnet den Bereich des Außenspiegels, der alle Bauteile umhüllt. In diesem befindet sich die Mechanik zum Verstellen des Spiegelglases. Der Spiegelfuß

bezeichnet den Steg zwischen Fahrzeugkarosse und Außenspiegel. Das Spiegeldreieck befindet sich an der Fahrzeugkarosse und beinhaltet die Befestigung des Spiegels an der Karosse. Das Wasser reißt vor allem an der unteren Kante des Spiegelgehäuses ab.

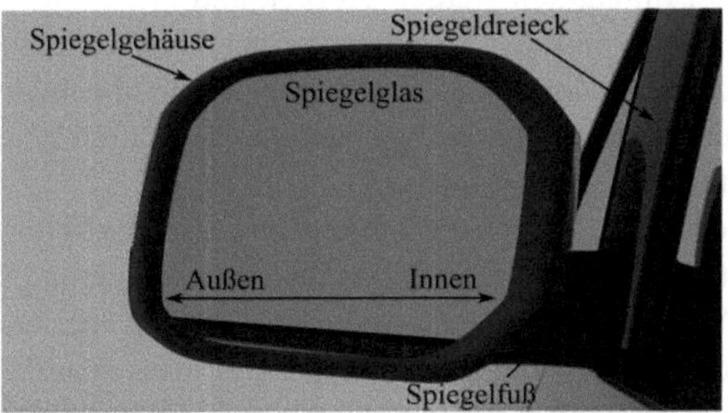

Abb. 1.5 Bezeichnung der Bauteile eines Spiegels

1.3 Stand der Forschung

In dem folgenden Abschnitt wird eine Übersicht der relevanten Literatur gegeben, diese ist in einen simulativen und experimentellen Abschnitt unterteilt. Im Fokus stehen die für diese Arbeit relevanten Veröffentlichungen. Eine allgemeine Zusammenfassung des Themas Externes Wassermanagement (EWM) geben Gaylard et al. [7], Ade et al. [8] und Hagemeier et al. [5].

1.3.1 Numerische Untersuchungen

Um die Verschmutzung an einem Kfz in der frühen Entwicklungsphase zu untersuchen, werden schon seit einiger Zeit erste Computational Fluid Dynamics (CFD) Simulationen genutzt. Hierbei werden die Fahrzeuge in einem virtuellen Windkanal in einer CFD Simulation mit Verschmutzung beaufschlagt, welche anhand physikalischer Modelle das Fahrzeug verschmutzen. Eine große Herausforderung hierbei ist die Abbildung aller relevanten Einflüsse, wie zum Beispiel der turbulenten Strömung. Eine Auswahl der bereits durchgeführten Simulationen wird im Folgenden vorgestellt.

Karbon und Longman [9] führen 1998 erste CFD-Simulationen der Verschmutzung an einem Gesamtfahrzeug durch. Die Simulation wird in drei Teile getrennt. Im ersten Schritt wird die Umströmung des Fahrzeuges im Windkanal simuliert. Aus diesem Gesamtströmungsgebiet wird im zweiten Schritt ein Bereich um die A-Säule, den Außenspiegel und die Seitenscheibe ausgewählt und weiter untersucht. Zum Abschluss der Simulation werden Tropfen und Fluidfilme in den Ausschnitt eingebracht, um Regen und den Scheibenwischer nachzubilden. Ausgehend von diesem letzten Schritt werden zehn Sekunden reale Zeit abgebildet und die auf der Seitenscheibe auftretenden Rinnsale nachgebildet, wodurch eine grobe Abschätzung der Verschmutzung getroffen wird.

Kruse und Chen [10] führen eine Untersuchung zum EWM (engl. external water management) mittels eines benutzerspezifischen Euler-Lagrange Simulationsansatzes durch. Ein Augenmerk liegt auf der vom Außenspiegel resultierenden Verschmutzung. In den Untersuchungen wird gezeigt, dass sich das Wasser auf der Spiegeloberfläche vor allem an der unteren Außenkante des Spiegelgehäuses sammelt. Aus diesem Bereich reißen die meisten Tropfen ab. Die abgerissenen Tropfen werden in der Simulation durch die Strömung in Richtung des Fahrzeuges (positive Y-Richtung) befördert und landen vor allem unterhalb der Seitenscheibe im Bereich des Handgriffes auf dem Fahrzeug.

Hagemeier et al. [5] geben einen Überblick über simulative Möglichkeiten zur Bestimmung der Fahrzeugverschmutzung und eine Literaturanalyse zu durchgeführten Simulationen und Versuchen im Bereich des EWM. Im Bereich der CFD werden verschiedene Methoden und Ansätze vorgestellt, wobei alle auf drei Punkte abzielen. Die Simulation der Luftströmung mit gut aufgelöster Grenzschicht, die Simulation des Tropfenfluges und die Simulation des Filmverlaufs auf der Oberfläche.

Gaylard et al. [11] führen 2012 ähnliche Untersuchungen wie Karbon und Longman auf Basis eines Land Rover durch. Im ersten Schritt wird die Tropfenverteilung eines Sprühgestells im Windkanal und im Anschluss in der Simulation ermittelt. Die so entstandenen Mengenverteilungen werden verglichen und zeigen eine gute Übereinstimmung. Daraufhin wird das Sprühgestell in der Simulation genutzt, um die Fremdverschmutzung eines Fahrzeuges nachzubilden. Bei den gezeigten Ergebnisse stimmen die Bereiche, in denen der A-Säulenüberlauf in der Simulation auftritt, gut mit Windkanalergebnissen überein.

Jilesen et al. [12–16], Dasarathan et al. [17] und Gaylard et al. [18] stellen in mehreren Arbeiten die Abbildung des A-Säulenüberlaufs in der Simulation nach. Der Einfluss der Luftgeschwindigkeit zwischen 80 km/h und 100 km/h auf die Ausbildung des Rinnsals auf der Seitenscheibe wird in Versuch und Simulation untersucht. Darüber hinaus wird an einem Reisebus die Seitenscheibenverschmutzung reproduziert. Hierfür wird Regen mittels Lagrange-Tropfen vor dem Fahrzeug erzeugt, die an der Fahrzeugoberfläche in einen Flüssigkeitsfilm übergehen, der dort gravitations- und scherbedingt über der Oberfläche verläuft. Bei der Überschreitung einer kritischen Filmhöhe werden aus dem Film Lagrange-Tropfen in die Luftströmung eingebracht, um den Tropfenabriss aus einem Film zu simulieren.

Zusätzlich zu der Basisuntersuchung werden geometrische Änderungen am Fahrzeug vorgenommen und in der Simulation und dem Versuch verglichen. Gleiche Auswirkungen der Geometrien auf die Verschmutzung können beobachtet werden, was auf eine gute Übereinstimmung der Simulation mit den realen Bedingungen im Versuch schließen lässt.

Als letztes wird der Einfluss des Scheibenwischers auf die Seitenscheibenverschmutzung bei einem Pkw untersucht. Der Scheibenwischer wird in der ersten Phase als Kraftrandbedingung auf den Flüssigkeitsfilm aufgeprägt und in der zweiten Phase als Geometrie in die Strömung eingebracht. In der ersten Phase der Simulation kann gezeigt werden, dass durch die Aktivierung des Scheibenwischers deutlich mehr Wasser auf die Seitenscheibe gelangt als ohne den Scheibenwischer, wobei auch die Bereiche des A-Säulenüberlaufs abgebildet werden. Mit einem geometrischen Wischer wird das Wischer-Zurückziehen (engl. „Wiper Drawback“) in der zweiten Simulationsphase untersucht. Beim Wischer-Zurückziehen wird Wasser vom Rand der Frontscheibe durch den Scheibenwischer zurück auf die Scheibe gezogen. In der Simulation kann der Bereich des Zurückziehens aus dem Versuch wiedergegeben werden, wobei der Wasserfilm in der Simulation der Wischerbewegung nicht perfekt folgt, wodurch der verschmutzte Bereich in der Simulation kleiner ausfällt als im Versuch.

Kabanovs et al. [19–22] beschäftigen sich mit der Verschmutzung im Heckbereich von generischen Modellen (Windsor Modell und Sport Utility Vehicle (SUV)-Modell). Für eine ausreichend genaue Simulation des Nachlaufs eines Fahrzeuges wird eine instationäre Simulation benötigt, um alle Effekte abzubilden. Bei der Analyse der Tropfen zeigt sich, dass Tropfen mit einer Stokes-Zahl (St-Zahl) größer als eins, welche einen hohen Impuls aufweisen, leicht in den Nachlauf eindringen und durch die umgekehrte Strömung im Nachlauf auf das Fahrzeug auftreffen. Tropfen mit einer geringeren St-Zahl verlassen die Hauptströmung lediglich vereinzelt und gelangen somit nur in einer geringen Anzahl in den Nachlauf und auf den Körper. Die kleinsten Tropfen hingegen können, durch ihre Eigenschaft der Hauptströmung gut zu folgen, den Nachlauf nicht direkt erreichen. Durch instatonäre Strömungsänderungen gelangen diese teilweise trotzdem in den Nachlauf, sind dort in Wirbeln gebunden und gelangen somit selten auf den Fahrzeugkörper. Des Weiteren wird der Einfluss der Heckgeometrie auf die Verschmutzung im Windkanal und in der

Simulation untersucht. Zu diesem Zweck wird ein Tropfeninjektor direkt hinter dem Reifen positioniert und die Verschmutzung auf dem Heck des Modells analysiert. In der Simulation werden zusätzlichen Modellen (Tropfenzerfall, Verdunstung, Tropfeninteraktion) genutzt, um den Einfluss auf die Verschmutzung zu bestimmen. Verdunstung und Tropfeninteraktion (Zusammenschluss von Tropfen) verringern vor allem die Anzahl an kleinen Tropfen. Dies führt zur Annäherung der Ergebnisse aus Simulation und Windkanaluntersuchung. Die Zerfalls- und Kollisionsmodelle werden als nicht nötig angesehen, da die genutzten Punktinjektoren durch einen Flächeninjektor stromabwärts hinter dem Reifen ersetzt werden. Die Tropfendurchmesser und Strömungsgrößen werden vorangehend mittels eines Phasen Doppler Anemometer (PDA) im Versuch ermittelt. Die resultierenden Simulationen bilden die Versuchsergebnisse gut ab.

Strohbücker et al. [2, 23, 24] entwickeln ein neues Simulationsverfahren des Tropfenaufwirbelprozesses mittels der Finite Pointset Methode (FPM). Der physikalische Prozess des Tropfenabrisses am Reifen wird sowohl im Versuch als auch in der Simulation abgebildet und in beiden Methoden kann ein Ligamentenzerfall (siehe Abbildung Abbildung 3.11a) beobachtet werden. Bei dem Ligamentenzerfall bildet sich vom Reifen ausgehend ein Wasserfaden, welcher einschnürt und in Tropfen zerfällt. Zusätzlich zu dem Abrissprozess wird die Anzahl und Größe an Tropfen in unterschiedlichen Bereichen um den Reifen gemessen, um die Experimente und Simulationen miteinander zu vergleichen. Mit einer Steigerung der Rotationsgeschwindigkeit nimmt der mittlere Durchmesser des Tropfenfeldes ab, hingegen nimmt die Anzahl an Tropfen zu. In den vorangegangenen Simulationen zum Thema Eigenverschmutzung werden mehrere Linieninjektoren über dem Reifenumfang verteilt, um Tropfen in die Simulation einzubringen. Strohbücker et al. simulieren mittels der FPM die Aufwirbelung der Tropfen direkt und nutzt das so entstehende Tropfenfeld als Input für eine Gesamtfahrzeugsimulation der Eigenverschmutzung. Die so entstehenden Eigenverschmutzungsvorhersagen werden mit Versuchen aus dem Windkanal verglichen und zeigen eine gute Übereinstimmung.

Demel et al. [25, 26] und Tropea et al. [27] untersuchen in ihren Arbeiten Simulationen eines Scheibenwischers und die des A-Säulenüberlaufs. Der Fokus liegt auf der Simulation eines bewegten Scheibenwischers. Die Simulation kann in drei Schritte unterteilt werden: Luftsimulation, Lagrange-Simulation der Tropfen, Scheibenwischer Simulation. Zuerst erfolgt eine aerodynamische Simulation am Gesamtfahrzeug. Basierend auf dieser Simulation wird eine Lagrange-Simulation am Gesamtfahrzeug, durchgeführt um das Auftreffen der Tropfen auf die Frontscheibe zu simulieren und zum Schluss eine Scheibenwischer Simulation in einem Teilmodell der Frontscheibe, A-Säule und Seitenscheibe.

Die Aerodynamiksimulation des Gesamtfahrzeuges dient als Randbedingung für das Teilmodell, um die Rechenzeit zu reduzieren. Die dimensionslose Geschwindigkeit u^+ bildet in der Simulation die Messergebnisse gut nach. Mit einer vereinfachten A-Säulengeometrie können die wandnahen und fernen Geschwindigkeiten vorhergesagt werden, die Übergänge weisen noch Unterschiede auf. Mit einer Erhöhung des Detailgrades der A-Säule können diese Unterschiede reduziert werden. In der Lagrange-Simulation wird das Sprühgestell des Windkanals nachgebildet und die resultierende Tropfenverteilung im Bereich der Frontscheibe ermittelt, um eine realistische Randbedingung des Sprays zu erhalten. Für die Scheibenwischersimulation im Teilmodell wird eine Kopplung von einem FluidFilm-Modell und einem Volume of Fluid (VOF)-Modell genutzt. Der Wasserfilm wird bei geringen Schichtdicken mittels FluidFilm-Modell abgebildet. Bei der Überschreitung einer charakteristischen Höhe und an komplexen Geometrien, wie z. B. der A-Säule, findet ein Wechsel auf das VOF-Modell statt. In diesen Bereichen zeigen sich die Vorteile der 3D-Simulation des Wasserfilms.

Darüber hinaus wird eine Untersuchung des Benetzungsverhaltens einer ebenen Platte mithilfe des FluidFilm-Modells untersucht. Diese zeigt, dass eine stochastische Verteilung des Kontaktwinkels auf der Oberfläche zu einer Streuung der Benetzungsmuster führt, welche ebenfalls im Versuch beobachtet wird.

Eine vereinfachte Scheibenwischersimulation zeigt auf, dass die Kante der Regenfangnut einen Einfluss auf das Verhalten des Wasserverlaufs hat. So kann das Wasser bei einer großen Krümmung der Nutkante dieser besser folgen und es gelangt mehr Wasser in die Nut, wohingegen bei kleinen Krümmungen dieser Einfluss nicht beobachtet wird und das Wasser sich wie an einer scharfen Kante verhält. Bei den Validierungsversuchen der Scheibenwischersimulation im Teilmodell wird Wasser auf der Oberseite der Frontscheibe flächig aufgebracht. Auf der Unterseite der Frontscheibe wird das verbleibende Wasser aufgefangen, um den Volumenanteil zu bestimmen, welcher durch den A-Säulenüberlauf auf die Seitenscheibe gelangt. Die Simulation bildet das Verschmutzungsverhalten auf der Frontscheibe aus dem Versuch gut nach. Auf der Seitenscheibe fällt bei der VOF-Phase auf, dass der Einfluss der aerodynamischen Kräfte im Vergleich zu den Gravitationskräften überschätzt wird. Eine Reduktion des Kontaktwinkels um 20° verringert den Einfluss, sodass auch auf der Seitenscheibe die Ergebnisse vergleichbar sind.

Tsepov et al. [28] untersuchen die Seitenscheiben- und Spiegelverschmutzung an einem Lada-Modell. Ein Lagrange-Ansatz wird genutzt, um den Tropfenflug nach der Seitenscheibe zu simulieren. Die Abrissbereiche werden mittels eines Flüssigkeitsfilmmodells bestimmt. Bereiche mit hoher Schichtdicke werden als Abrissbereiche für Tropfen identifiziert. Die aus dem Filmmodell resultierenden Tropfen liegen in einem Durchmesserbereich von 0.1 mm. Aufgrund der sich hieraus ergebenden hohen Anzahl an Tropfen und die daraus resultierende Datenrate führen zu einem numerischen Absturz der Simulation. Daher identifizieren die Autoren in einer ersten Simulation die Bereiche mit großen Filmhöhen und in einer zweiten Simulation werden an den identifizierten Stellen Lagrange-Tropfen mit einem Durchmesser von 1 mm bis 2 mm eingebracht. Die Verwendung eines instationären Strömungsfeldes für die korrekte Abbildung der Verschmutzung wird als essenziell beziffert. Beim Aufprallen der Tropfen auf die Scheibe werden zwei Randbedingungen (trockene und benetzte Scheibe) untersucht. Eine trockene Scheibe führt zu einem stärkeren Zerplatzverhalten im Vergleich zu einer benetzten Scheibe. Ebenso kann die veränderte Verschmutzung auf der Seitenscheibe, resultierend aus einer Veränderung des Spiegelgehäuses, in der Simulation im Vergleich zum Versuch grob nachgebildet werden.

Ade [29] und Tropea et al. [27] stellen in ihrer Arbeit drei Hauptaspekte vor: den Tropfenaufprall auf eine Halbkugel, welche den Außenspiegel nachbildet, das Verlaufen eines Wasserrinnsals durch den Einfluss von aerodynamischen Kräften und einen Überblick verschiedener Simulationsansätze für eine Gesamtfahrzeugverschmutzungsanalyse. Das Ziel der Untersuchung der Halbkugel ist die Generierung von Validierungsdaten für ein Tropfenaufprallmodell am Spiegel. Die entstehenden Tropfengrößen werden im Anschluss mit denen aus dem Bai-Gosman-Modell verglichen. Für eine Aussage über die Anteile des zurückgeworfenen und verbleibenden Wasservolumens auf der Kugel wird eine Hemisphäre aus einem Schwammmaterial genutzt. Zusätzlich werden mittels eines PDA vor der Halbkugel die physikalischen Eigenschaften wie Durchmesser und Geschwindigkeit der Primärtropfen vor dem Aufprall und auf Höhe der Halbkugel die der Sekundärtropfen vermessen. Die Primärtropfen weisen einen Durchmesser von 100 μm bis 200 μm und die Sekundärtropfen einen Durchmesser zwischen 80 μm und 150 μm auf. Von dem auf die Oberfläche auftreffendem Wasservolumen haftet etwa die Hälfte, der Rest bildet Sekundärtropfen. Mit einer Steigerung der Luftgeschwindigkeit kann der haftende Anteil reduziert werden. Wenn die Tropfen an der nahezu vertikalen Sphärenoberfläche aufprallen, werden sie nicht so weit von der Sphäre gestreut und fliegen nahe an dieser durch die Messebene. Vergleicht man die Versuchsergebnisse mit dem Bai-Gosman-Modell, so zeigt sich, dass das Modell die entstehenden Sekundärtropfen zu klein vorhersagt und dass die Tropfengeschwindigkeit in den Messebenen nahe der Sphäre falsch berechnet werden. Somit lässt sich zusammenfassend sagen, dass das Bai-Gosman-Modell nicht ausreichend für Verschmutzungssimulationen geeignet ist.

Bei der Untersuchung des Rinnsalverlaufs auf einer Oberfläche durch die Anströmung von Luft ist das Ziel von Ade, den Einfluss des Formwiderstands und der

Scherspannung auf ein Rinnsal zu untersuchen. Das untersuchte Wasser ist wandgebunden, wodurch sich der Geschwindigkeitsgradient in der Grenzschicht auf diese auswirkt. Um die Ablenkung eines vertikal fließenden Rinnsals zu bestimmen, werden drei Ansätze genutzt:

1. Analytische Lösung mit vereinfachenden Annahmen
2. FluidFilm-Modell mit neuem Formwiderstandsmodell
3. VOF-Simulation

Durch die Analyse wird gezeigt, dass der Formwiderstand im Vergleich zu den Scherkräften einen deutlich höheren Einfluss auf die Ablenkung hat. Für die Berechnung des Ablenkungswinkels wird ein analytisches Verfahren des Kräftegleichgewichts genutzt. Das FluidFilm-Modell unterschätzt die Ablenkung des Rinnsals im Vergleich zu dieser leicht. Das VOF-Modell weißt eine stärkere Ablenkung als die analytische Lösung auf und das Rinnsal reißt in einzelne Tropfen auf. Zusätzlich zu den grundlegenden Untersuchungen auf der Platte werden auch Gesamtfahrzeuguntersuchungen durchgeführt, bei denen der Verlauf eines Rinnsals auf der Seitenscheibe untersucht wird. Zu diesem Zweck wird Wasser durch einen Schlauch und eine Injektionsnadel direkt auf die Seitenscheibe aufgebracht. Das im Versuch auf die Scheibe aufgebrachte Wasser bildet je nach Kontaktwinkel einen flächigen Film (kleiner Kontaktwinkel), ein Rinnsal oder ein in einzelne Tropfen aufreißendes Rinnsal. Tendenziell können die Versuchsergebnisse in der Simulation nachgebildet werden, wobei der Einfluss des Kontaktwinkels in der Simulation nicht perfekt abgebildet wird.

Zuletzt wird noch ein Überblick über verschiedene Verschmutzungssimulationen gegeben, wobei darauf hingewiesen wird, dass es nicht zielführend ist, eine einzige Gesamtfahrzeugverschmutzungssimulation durchzuführen, sondern eine einzelne Betrachtung der Phänomene genauere und aussagekräftigere Ergebnisse erzeugt. Alle Verschmutzungssimulationen basieren auf einer Aerodynamiksimulation, bei der, wenn nicht für die Simulation benötigt, Vereinfachungen wie ein glatter Unterboden, stehende Räder oder geschlossene Rillen und Radhäuser genutzt werden können. Für die Luftströmung wird ein Detached Eddy Simulation (DES) k-ω Shear-stress-Transport (SST)-Modell genutzt, welches aus einer stationären Lösung eines k-ϵ Modells resultiert. Basierend auf dieser Aerodynamiksimulation können die einzelnen Verschmutzungen am Seitenspiegel, der Frontscheibe, der A-Säule und der Seitenscheibe untersucht werden. Bei der Seitenscheibenverschmutzung landen Lagrange-Tropfen auf dem Spiegelglasgehäuse und die entstehenden Sekundärtropfen landen als feines Spray auf der Seitenscheibe, dem Seitenspiegel und dem Spiegelglas. Das auf der Oberfläche haftende Wasser bewegt sich in einem

FluidFilm-Modell zur Hinterkante des Spiegels, wo es in ein VOF-Modell übergeht, um die Ansammlung in der Rinne und die Poolbildung darzustellen. Das VOF-Modell wird genutzt, um den groben Verlauf in der Rinne und einzelne Tropfen in der Luft abzubilden. Der Abrissbereich wird identifiziert, der Abrissprozess hingegen nicht. Am Spiegel ist beispielhaft ein Zerfallsprozess eines großen Tropfens in mehrere kleine Tropfen gezeigt [29]. Um die Simulationszeit zu reduzieren, wird im Anschluss ein Übergang von VOF-Tropfen zu Lagrange-Tropfen vollzogen. Ausgehend von den gezeigten Annahmen werden drei Abrisspositionen im Versuch und in der Simulation untersucht:

1. Der erste Injektor ist an der äußeren unteren Ecke des Spiegels positioniert. Im Versuch fliegen die Tropfen über die gesamte Breite des Spiegelglases, über 2/3 der Spiegelglashöhe und zusätzlich auf den Türgriff. In der Simulation landen die Tropfen auf der unteren äußeren Ecke des Spiegelglases und nicht auf dem Türgriff.
2. Der zweite Injektor ist auf der Unterkante des Spiegelgehäuses mit einem Abstand von 1/3 der Gesamtlänge des Spiegels von innen positioniert. Im Versuch zeigen sich einzelne Tropfen in der unteren rechten Ecke und vereinzelt Tropfen auf der äußeren Seite des Spiegelglases. Auf dem Türgriff landen keine Tropfen. In der Simulation landen die Tropfen nicht auf dem Spiegelglas, sondern auf dem Spiegelgehäuse vom Injektor ausgehend nach innen. Ein Großteil der Tropfen landet am Türgriff.
3. Der letzte Injektor ist auf der unteren Innenkante des Spiegelgehäuses positioniert. Im Versuch zeigen sich vor allem einzelne Tropfen auf der äußeren unteren Spiegelglashälfte und auf dem inneren Spiegelgehäuse. Auf dem Türgriff lagern sich keine Tropfen ab. In der Simulation landen die Tropfen vor allem auf der oberen äußeren Spiegelhälfte. Auch in der Simulation sind auf dem Türgriff keine Tropfen zu erkennen.

Bei der Simulation der Windschutzscheibe werden zwei Fälle untersucht: 1. der Windkanalfall (Wasser wird vor dem Fahrzeug eingebracht) und 2. Regenfall mit Wind (Wasser wird von oben fallend eingebracht). Das Wasser wird auf der Frontscheibe im Fall eines ungestörten Films mittels FluidFilm-Modell simuliert. Bei komplexeren Geometrien oder höheren Schichtdicken wird ein Übergang zum VOF-Modell durchgeführt. Der Scheibenwischer wird in Abhängigkeit der Untersuchung als Kraftrandbedingung oder als bewegliches Netz simuliert. Als letzte Untersuchung wird Wasser direkt in die A-Säulenfuge eingebracht, in der das Wasser gravitationsbedingt nach unten läuft und dort an einer Stelle mit Unterdruck aus der Fuge gesogen wird. Mit steigender Luftgeschwindigkeit wandert diese Stelle stetig nach oben. In der Simulation kann das Verhalten aufgrund eines zu geringen Wasservolumenstroms bzw. einer zu geringen simulierten Zeit nicht nachgebildet werden. Um den Verlauf des Rinnsals auf der Seitenscheibe trotzdem untersuchen zu können, wird in die Fuge ein Wasserdamm eingebaut, um das Wasser lokal zum Überlaufen zu zwingen. Der Rinnsalverlauf auf der Scheibe zeigt zwischen Experiment und Simulation unterschiedliche Eigenschaft, was ggf. auf das optisch geringer wirkende Wasservolumen in der Simulation zurückzuführen ist.

Tivert et al. [30, 31] stellen in ihrer Arbeit den Tropfenabriss an einer Platte mit einer scharfen Abrisskante dar. Im Versuch wird auf der Oberseite der Platte fluoreszierendes Wasser mit verschiedenen Volumenströmen aus dem Inneren der Platte aufgebracht. Das Wasser verläuft gravitationsbedingt nach unten und reißt an der Hinterkante ab. Die Messungen werden mithilfe einer Highspeed-Kamera aufgenommen. Aus den Videos werden im Nachhinein Tropfengrößen und die Geschwindigkeiten nach dem Abriss bestimmt. In einem Abstand von 5 mm bis 10 mm nach der Abrisskante weisen die Tropfen einen maximalen Durchmesser von 8 mm auf. Mit steigender Distanz zur Abrisskante sinkt dieser Wert auf 4 mm, dies kann auf die Ablenkung aus der Gravitationskraft und den sekundären Tropfenzerfall zurückgeführt werden. Direkt nach dem Abriss (Distanz zur Abrisskante unter 5 mm) zeigen sich stark schwankende Tropfendurchmesser von 3 mm bis 6 mm. Die Tropfengeschwindigkeit nimmt linear von 0 % der Umgebungsgeschwindigkeit auf 10 % der Umgebungsgeschwindigkeit zu. Diese Versuche werden in einer VOF-Simulation nachgebildet. Durch den Zerfall des Rinnsals in eine Linie von Tropfen können lediglich Untersuchungen mit dem größten Volumenstrom und der kleinsten Anströmgeschwindigkeit durchgeführt werden. Das Verhalten des Aufrisses wird auf verschiedene fehlende physikalische Effekte (wie z. B. Oberflächenrauigkeit oder ein fehlender dynamischer Kontaktwinkel) zurückgeführt. Um in der Simulation trotzdem die Abrissfrequenz messen zu können, wird die Injektionsposition 1 mm vor die Hinterkante der Platte verschoben, um das Zerfallen des Rinnsals zu verhindern. In der Simulation kann ein Abtropfprozess (vergleiche Abbildung 2.3) beobachtet werden, der Prozess wird physikalisch nicht erörtert. Zusätzlich zeigen die Bilder eine Abnahme des Tropfenvolumens über der Flugzeit. Laut den Autoren zerfällt der Tropfen und besitzt im Nachhinein einzelne Satellitentropfen, welche in den gezeigten Bildern nicht zu sehen sind. Die Tropfengrößen zeigen ein vergleichbares Verhalten zu den Versuchen. Der Durchmesser hat ein Maximum von 6,5 mm bei einer Distanz von unter 5 mm. Mit zunehmender Distanz nimmt auch der Durchmesser auf 3 mm ab. Der Verlauf des Versuchs wird abgebildet, wobei die Werte etwas kleiner sind und die Tropfengröße schon nach geringerer Flugdistanz abnimmt. Durch die kleinere Tropfengröße und das daraus folgende geringere

Gewicht steigt die Geschwindigkeit der Tropfen deutlich schneller und erreicht zum Schluss 15 % bis 20 % der Geschwindigkeit der Umgebungsströmung.

Zusammenfassend lässt sich sagen, dass es simulative Methoden für die Eigenverschmutzung, die Fremdverschmutzung auf der Frontscheibe (inkl. Wiper Drawback) und für den A-Säulenüberlauf gibt. Der Tropfenabriss am Außenspiegel ist grundlegend schon gezeigt worden, wobei hier stets mit Einschränkungen wie geringem Wasservolumen oder stark vom Fahrzeug abweichenden Strömungszuständen gearbeitet wird. Daher wird in dieser Arbeit der physikalische Prozess des Tropfenabrisses an einem Gesamtfahrzeug in der Simulation nachgebildet. Zusätzlich werden mit Lagrange-Simulationen die Seitenscheiben und Spiegelverschmutzung, welche aus am Spiegel abreißenden Tropfen resultiert, nachgebildet, was in bisherigen Simulationen ebenfalls nicht abgebildet wurde.

1.3.2 Experimentelle Untersuchungen

Im Anschluss an die grundlegende Literatur der Verschmutzungssimulationen wird auf die experimentellen Untersuchungen eingegangen, wobei der Fokus vor allem auf den Standardwindkanalversuchen und im Speziellen auf den Versuchen zum Tropfenabriss an einem Außenspiegel liegt.

Wie eingangs erwähnt, können die experimentellen Untersuchungen in drei Kategorien (Straßenfahrt, Versuche auf Teststrecken und Windkanalversuche) unterteilt werden. Späte Prototypen und Serienfahrzeuge können für Straßenfahrten genutzt werden. Diese Testfahrten werden in Gebieten durchgeführt, in denen es wahrscheinlich ist, dass eine starke Fahrzeugverschmutzung auftritt. Dies kann zum Beispiel in den Wintermonaten stattfinden. Aus diesen Untersuchungen ergibt sich die Verschmutzung unter realen Bedingungen. Die Reproduzierbarkeit der Versuche ist schwierig und die Randbedingungen der Verschmutzung können stark schwanken.

Zur Reduktion dieser Einschränkungen werden Versuche auf Versuchsstrecken [7] durchgeführt. Ein Beispiel sind Kalkversuche, bei denen zwei Fahrzeuge hintereinander über einen präparierten Kurs fahren, auf den ein Wasser-Kalk-Gemisch aufgebracht wird. Dieses Wasser-Kalk-Gemisch wird vom ersten Fahrzeug aufgeworfen und lagert sich auf dem nachfolgenden Fahrzeug ab. Somit können sowohl Eigenverschmutzung als auch Fremdverschmutzung untersucht werden. Diese Versuche bilden die Straßenfahrt sehr gut ab, stellen zusätzlich reproduzierbarere Verhältnisse dar und bieten die Möglichkeit für gezielte Manipulation von einzelnen Parametern.

Um die Versuche noch reproduzierbarer zu gestalten, werden Windkanalversuche durchgeführt [8, 32]. In Abhängigkeit der zu untersuchenden Verschmutzungsart, Fremd- und Eigenverschmutzung, werden zwei unterschiedliche Versuchsaufbauten genutzt. In beiden Fällen wird das Fahrzeug in einem Windkanal auf einer Rolle positioniert und Wasser eingebracht. Die Luftgeschwindigkeit wird meistens zwischen 60 km/h bis 90 km/h eingestellt [10, 33], da dieses für den Regenfall realistische Fahrzeuggeschwindigkeiten sind. Mittlerweile werden zusätzliche Geschwindigkeiten zwischen 100 km/h und 120 km/h untersucht, da sich die gefahrenen Geschwindigkeiten bei geringeren Regenraten erhöht haben. Die Einbringung des Wassers in den Versuch unterscheidet sich zwischen Eigenverschmutzung (siehe Abbildung 1.6 links) und Fremdverschmutzung (siehe Abbildung 1.6 rechts). Für die Eigenverschmutzung wird das Wasser direkt auf die Rollen aufgebracht, wobei das Wasservolumen in Abhängigkeit von der Fahrzeuggeschwindigkeit eingestellt wird, um eine konstante Schichtdicke des Wassers auf der Straße zu simulieren. Bei der Fremdverschmutzung wird im Windkanal vor dem Fahrzeug ein Sprühgestell positioniert, welches den Sprühnebel eines vorausfahrenden Fahrzeuges simuliert. Das eingebrachte Wasservolumen wird nicht in Abhängigkeit der Fahrzeuggeschwindigkeit verändert. Durch den Einsatz von einem Fluoreszenzmittel im Wasser und Ultraviolett-Lampen kann die Fahrzeugverschmutzung auf der Oberfläche sichtbar gemacht werden. Mittels einer Kalibrierung des Versuchsaufbaus kann zusätzlich die Schichtdicke des Films auf der Fahrzeugoberfläche ermittelt werden [34, 35]. Zur Kalibrierung wird Wasser in unterschiedlichen Schichtdicken aufgenommen und das emittierte Licht gemessen. Somit kann in den aufgenommenen Videos ein Rückschluss auf die tatsächliche Schichtdicke gemacht werden.

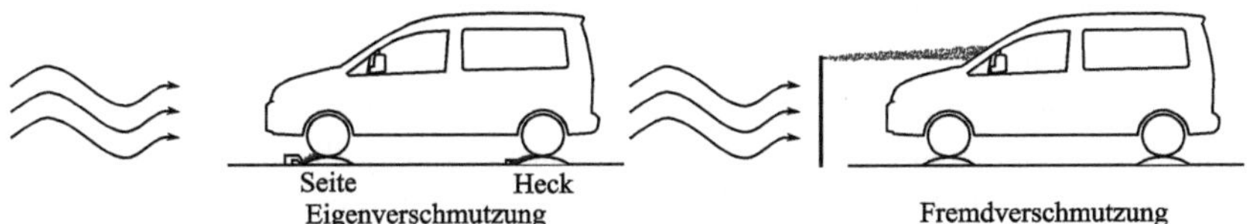

Abb. 1.6 Einbringung des Wassers in Windkanalversuchen in Abhängigkeit der untersuchten Verschmutzungsart. (Links Eigenverschmutzung, rechts Fremdverschmutzung)

Aus den resultierenden Bildern können mittels eines Algorithmus (z. B. digitale Verschmutzungsanalys (DiVeAn) vom FKFS [36]) die auf der zu untersuchenden Fläche auftretenden Rinnsale und Tropfen ermittelt werden (siehe Abbildung 1.7).

Aus den verschmutzten Flächen im Vergleich zur gesamten Fläche ergibt sich der prozentuale Verschmutzungsgrad für einen betrachteten Zeitpunkt. Aus allen untersuchten Zeitpunkten kann ein Häufigkeitsbild ermittelt werden, welches über die gesamte Zeit die Auftrittswahrscheinlichkeit von Wasser an der jeweiligen Position darstellt. Weitere Untersuchungen, wie das Verlaufen von Rinnsalen, sowohl anhand einfacher generischer Platten als auch an einem Gesamtfahrzeug und der Einfluss von Oberflächenspannungen auf den Verlauf werden am FKFS durchgeführt [34, 37–39].

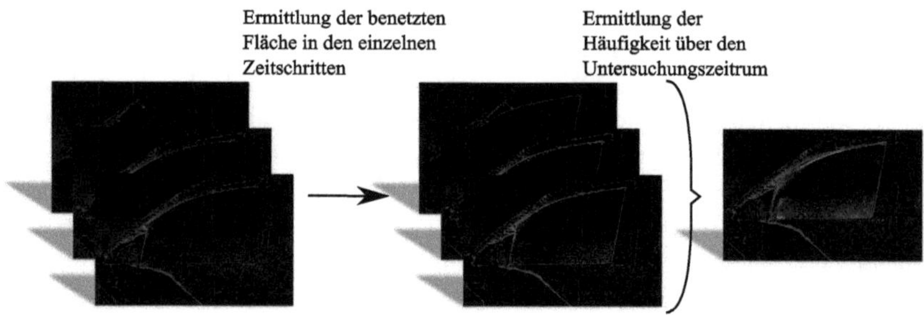

Abb. 1.7 Algorithmus zur Ermittlung des Verschmutzungsgrads und der Häufigkeitsverteilung

Bannister [40] analysiert den Einfluss von verschiedenen Spiegelgeometrien auf den Luftwiderstand und die aus dem Spiegel resultierende Verschmutzung an einem Gesamtfahrzeug im Windkanal und auf einer Kalk-Teststrecke. Eine große Anzahl an Parametern, wie zum Beispiel der Innenradius an der Vorderseite des Spiegels, werden untersucht. Resultierend aus den Parametern mit den besten positiven Einflüssen wird eine Spiegelgeometrie ermittelt, jedoch nicht dargestellt. Bei der Untersuchung der Verschmutzung wird festgestellt, dass die spiegelbezogene Verschmutzung auf zwei Kernursachen zurückgeführt werden kann. Zum einen die Tropfen, welche auf den Spiegel auftreffen, dabei zerfallen oder zurückgeworfen werden. Zum anderen die Tropfen, welche an der Rückseite des Spiegelgehäuses (Spiegelglas) abreißen. Resultierend aus der ersten Tropfenart entsteht ein feines Spray im vorderen Bereich des Spiegels. Durch den geringen Abstand zwischen Spiegel und Spiegeldreieck bzw. Seitenscheibe wird die Strömung stark beschleunigt. Dies kann zu einem weiteren Zerfall von Tropfen in diesem Bereich führen. Die Untersuchung zeigt, dass ein kleiner Innenradius an der Vorderseite des Spiegels zu einer Verringerung des Bereiches, indem sich Spray ablagern kann, führt. Um den Einfluss der abreißenden Tropfen zu reduzieren, gibt es zwei Maßnahmen. Einerseits kann durch das Anbringen von Lippen und Kanälen auf der Spiegeloberfläche das Wasser so geleitet werden, dass es möglichst in Bereichen abreißt, in denen es nicht zum Fahrzeug gelangt. Dies führt jedoch zu höheren Kosten und kann zu negativen Effekten in der Aeroakustik führen. Andererseits besteht die Möglichkeit, die Tropfentrajektorie so zu verändern, dass die Tropfen nicht auf die Seitenscheibe gelangen können. Hierfür muss der Spiegelnachlauf so beeinflusst werden, dass dieser nach außen und unten weist.

Maroteaux et al. [41] untersuchen in ihrer Arbeit die Ablösung von Flüssigkeiten an einer scharfen Kante. Die Motivation ist eine Ablösung von Kraftstofftropfen bei „In Zylinder" Anwendungen (innerhalb des Brennraums eines Verbrennungsmotors). Die ermittelten Modelle werden trotzdem häufig in FluidFilm-Simulationen bei der Verschmutzung von Kfzs genutzt. Zwei Arten von Instabilitäten, welche zum Ablösen von Tropfen aus einem Flüssigkeitsfilm führen können, werden untersucht: 1. Kelvin-Helmholtz-Instabilitäten und 2. Rayleigh-Taylor-Instabilitäten. Zum einen die Kelvin-Helmholtz-Instabilitäten, welche aus Scherschichten resultieren, die durch zwei sich unterschiedlich schnell bewegende Fluide entstehen. Die resultierenden Tropfen sind relativ klein [42]. Maroteaux et al. entwickeln ein Modell zur Ermittlung der instabilsten Störung in Abhängigkeit von der Schichthöhe und der Luftgeschwindigkeit, welches die Ablösung von Tropfen direkt aus einem Film abbildet (engl. wave stripping).

Die zweite Art von Instabilitäten sind die Rayleigh-Taylor-Instabilitäten, welche durch unterschiedliche Körperkräfte aufgrund eines Dichteunterschiedes entstehen. Die entstehenden Tropfen sind im Vergleich zu den Kelvin-Helmholtz-Instabilitäten größer [42]. Das Modell zum Abriss von Flüssigkeiten an einer Kante basiert darauf, dass jede Welle im Flüssigkeitsfilm an der Kante ein Ligament bildet, welches in Tropfen zerfällt. Bei der Berechnung entsteht lediglich eine Tropfengröße. Um eine Tropfendurchmesserverteilung zu erhalten, wird eine Rosin-Rammler Verteilung auf die berechnete Tropfengröße angewandt. Der Breitenparameter der Rosin-Rammler-Verteilung wird durch experimentelle Untersuchungen ermittelt.

Für die Untersuchungen wird ein rechteckiger Windkanal mit einer Stufe und anschließender 45° Abrisskante genutzt, wobei zwei unterschiedliche Stufen untersucht werden (siehe Abbildung 1.8). Auf diese Stufe wird ein Dodecanfilm, welcher als Bestandteil von Dieselkraftstoff bekannt ist, mit einer Breite von 10 mm und verschiedenen Volumenströmen aufgebracht, welcher durch die Luftströmung zur Kante transportiert wird. Die Abrissprozesse werden qualitativ mittels einer stroboskopischen Lampe und einer Videokamera aufgenommen, jedoch nicht den existierenden Abrissprozessen zugeordnet. In den Versuchen können zwei Abrissprozesse identifiziert werden, das Abtropfen und der Ligamentenzerfall (vergleiche

Abbildung 2.3). Die Schichtdicke wird mittels eines laserinduzierten Fluoreszenzmesssystems kurz vor der Kante gemessen. Mit einem Abstand von 60 mm zu der Abrisskante werden mittels eines PDA die Tropfengrößen gemessen. Betrachtet man die beim Abriss entstehenden Tropfen, so befinden sich deren Durchmesser in einem Bereich zwischen 0,1 mm und 1 mm, wobei mit steigender Luftgeschwindigkeit der Tropfendurchmesser abnimmt. Ebenfalls erzeugt die Sprungbrettgeometrie im Vergleich zur kontinuierlichen Stufe kleinere Tropfendurchmesser. Nach der Flugdistanz von 60 mm werden Tropfen mit einem maximalen Durchmesser von 100 µm gemessen, wobei ein Peak zwischen 30 µm und 50 µm auftritt. Die Tropfengrößenpeaks der kleinen Tropfen werden von den Autoren vor allem direkt auf den Tropfenabriss und die der großen Tropfen vor allem auf den Sekundärzerfall zurückgeführt. Aufgrund der gezeigten Randbedingungen, wie der scharfen Kante, der Filmhöhe und der Luftgeschwindigkeit, sind diese Modelle jedoch für den Bereich der Verschmutzungssimulation nicht ohne Einschränkungen anwendbar.

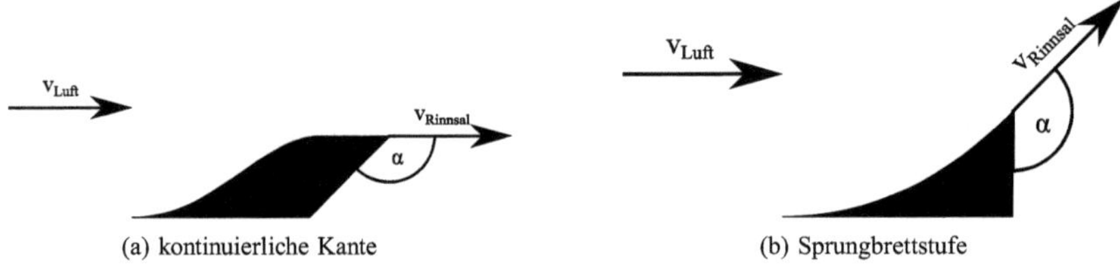

Abb. 1.8 Abrisskantengeometrien nach Maroteaux et al. [41]

Tivert und Davidson [43] führen neben den Simulationen auch experimentelle Untersuchungen zum Thema Wassertransport und Tropfenabriss an einem generischen Außenspiegel durch. Die Randbedingung zu den vorherigen Experimenten werden konstant gehalten (Wasservolumenstrom von 0,2 l/h und Luftgeschwindigkeit von 11 m/s bis 25 m/s). Das Untersuchungsobjekt ist ein generischer Spiegel, bestehend aus einem Halbzylinder mit einer Viertelkugel an einem Ende. Am anderen Ende ist der Spiegel an einer Wand montiert. Auf dem Spiegel sind oberhalb und unterhalb der Symmetrieebene zehn Löcher positioniert, aus welchen das Wasser auf den Spiegel aufgebracht wird. Der Verlauf der Rinnsale auf der Oberfläche wird mithilfe von Videos und einem Auswertealgorithmus bestimmt. Der Wasservolumenstrom wird konstant gehalten, da in Vorversuchen kein Einfluss auf den Verlauf der Rinnsale festgestellt wird.

Mit Abstand zur Befestigungswand werden mit steigender Luftgeschwindigkeit die Rinnsale bei einer Injektion auf der oberen Spiegelhälfte teilweise gegen die

Gewichtskraft nach oben abgelenkt. In der Krümmung der Viertelkugel werden die Rinnsale nicht so stark nach oben, sondern vor allem nach außen abgelenkt. Bei einer Injektion auf der unteren Hälfte des Spiegels werden die Tropfen primär nach unten und kaum zur Seite abgelenkt. Eine Ausnahme ist der Kugelbereich des Spiegels, in dem die Rinnsale nach außen abgelenkt werden. Trotz der großen Streuung der Auftreffpunkte der Rinnsale auf die Hinterseite des Spiegels zeigt sich eine lokale Fokussierung der Abrissbereiche in die äußere untere Ecke des Spiegels. Die Rinnsale wandern an der Unterkante nach außen, sammeln sich dort an und reißen ab. Ausgenommen hiervon sind vor allem die wandnahen Bereiche und Rinnsale, welche nahezu senkrecht auf die Abrisskante gelangen. Zusätzlich werden Tropfendurchmesser und -geschwindigkeiten gemessen und folgende Zusammenhänge ermittelt:

- Mit steigender Luftgeschwindigkeit sinkt der Tropfendurchmesser
- Mit steigender Distanz zum Spiegel sinkt der Tropfendurchmesser
- Mit steigender Luftgeschwindigkeit steigt die Endgeschwindigkeit der Tropfen
- Mit steigender Distanz zum Spiegel steigt die Tropfengeschwindigkeit

Der maximal gemessene Tropfendurchmesser beträgt 16 mm und tritt kurz hinter dem Abriss auf. Bei der geringsten Luftgeschwindigkeit von 11 m/s sinkt der Durchmesser von 4 mm direkt nach dem Abriss auf 62.5 % nach 10 cm Flugdistanz. Bei der höchsten Geschwindigkeit von 25 m/s ist die Ausgangsgröße mit 2 mm schon deutlich kleiner und diese wird nach 10 cm Flugdistanz auch nur auf 70 % reduziert. Die Abnahme über die Distanz wird vor allem auf den sekundären Tropfenzerfall zurückgeführt. Die Zunahme der Geschwindigkeit mit der Flugdistanz wird ebenfalls auf den Tropfenzerfall und damit auf eine reduzierte Relaxationszeit und eine längere Einwirkung der Strömung auf die Tropfen begründet.

Hagemeier et al. [5, 33, 44, 45] zeigen die Charakterisierung von Tropfendurchmessern im Windkanal mittels optischer Messtechnik. Nach den Autoren kann die Fremdverschmutzung auf Regentropfen und Gischt von anderen Verkehrsteilnehmenden zurückgeführt werden, wobei die Tropfengrößen der Gischt eine Zehnerpotenz kleiner sind als die der Regentropfen. Um im Versuch einen Flüssigkeitsfilm auf einer Oberfläche zu untersuchen, schlagen sie zwei unterschiedliche Methoden vor: Zur Visualisierung des Pfades kann ein Kreide- oder Salzwassergemisch genutzt werden, zur Ermittlung der Höhe eines Rinnsals hingegen fluoreszierende Flüssigkeit. Des weiteren stellt Hagemeier [33] verschiedene simulative Methoden zur Fahrzeugverschmutzung vor. Ein Schwerpunkt liegt auf der experimentellen Validierung dieser Modelle. Hierfür wird unter anderem ein kleiner Windkanal genutzt, in welchem ein Außenspiegel, befestigt an einer generischen A-Säule und einem Ausschnitt einer Seitenscheibe, untersucht wird. Die Luftgeschwindigkeiten in diesen Tests liegen zwischen 54 km/h und 90 km/h. Das Wasser wird vor dem Außenspiegel mittig mit einem Volumenstrom von 5,5 l/min durch eine Düse in den Windkanal eingebracht. Zur Charakterisierung der Strömung werden folgende Messverfahren genutzt:

- Laser-Doppler Velocimetry (LDV) (Messung der Luftströmungsgeschwindigkeit durch Tracerpartikel in 1D)
- Phasen Doppler Anemometer (PDA) (Messung des Tropfendurchmessers und der Tropfengeschwindigkeit in 1D)
- Particle-Image Velocimetry (PIV) (Messung der Luftströmungsgeschwindigkeit durch Tracerpartikel in 2D)
- Shadowgraphy (Messung des Tropfendurchmessers und Geschwindigkeit in 2D)

Zur Bestimmung der Tropfengrößen werden verschiedene Messpositionen genutzt. Um eine Aussage über das Tropfenfeld des Injektors treffen zu können, wird dieses vor dem Außenspiegel vermessen. Diese Tropfen besitzen einen charakteristischen Tropfendurchmesser D_{10} von 401,6 µm, wobei eine große Anzahl an Tropfen vor allem im Bereich unter 150 µm gemessen wird, welche bis 2000 µm kontinuierlich abnimmt. Die Tropfengeschwindigkeit bei einer Luftgeschwindigkeit von 15 m/s lag im Bereich von 6 m/s bis 16 m/s mit einer maximalen Anzahl bei 13 m/s. Wie für einen Injektor zu erwarten, zeigten sich im Inneren des Injektors die kleinsten Tropfen, welche nach außen größer werden.

Die zweite Messposition befindet sich hinter dem Spiegel. An dieser Position können drei Arten von Tropfen gemessen werden. Die primären Tropfen aus dem Injektor, welche an dem Spiegel vorbeigeflogen sind. Und zwei Arten an sekundären Tropfen, welche entweder aus dem Zerplatzen eines primären Tropfens auf dem Spiegelgehäuse oder dem Ablösen aus einem Wasserfilm auf der Spiegeloberfläche resultieren. An dieser Messposition zeigt sich eine Reduktion des D_{10} auf 200,2 µm. Dies ist auf die deutlich gestiegene Anzahl an Tropfen unter 100 µm zurückzuführen. Im Geschwindigkeitsprofil können lokale Maxima beobachtet werden. Das erste im Bereich zwischen 7 m/s und 10 m/s und das zweite bei 22 m/s. In den Messungen besitzen die kleinsten Tropfen die höchsten Bewegungsgeschwindigkeiten.

Die letzten Messpositionen sind um das Spiegelgehäuse positioniert. In mehreren Viertelkreisen um die Achse der unteren hinteren Spiegelkante werden Messpositionen auf der Vorderseite des Spiegels platziert. Aus den Tropfenmessungen resultiert, dass mit steigender Distanz zum Spiegel der Durchmesser D_{10} zunimmt. In der Messebene, welche in einem 45° Winkel zum Spiegelglas positioniert ist, besitzt der Durchmesser D_{10} ein Maximum, welches sowohl mit steigenden als auch mit fallenden Rotationswinkeln abnimmt.

Abschließend werden Vergleiche mit der Simulation vorgenommen. Es wird gezeigt, dass das Wasser vor allem auf der vorderen Unterseite des Spiegels in Bereichen hoher Wandschubspannungen abreißt. Die Schichtdicken der Wasserfilme auf dem Spiegelgehäuse wird in der Simulation zu gering berechnet. Die entstehende Tropfendurchmesser-Geschwindigkeitsverteilung zeigt sehr gute Übereinstimmung zwischen den Versuchen und dem optimierten Simulationsmodell.

Opfer et al. [46] untersuchen in ihrer Veröffentlichung die Dynamik der Flüssigkeitsblase beim Blasenzerfall. Hierfür wird ein Windkanal genutzt, in welchen von oben fluoreszierende Wassertropfen eingeleitet werden. Um zu verhindern, dass die Tropfen durch die Grenzschicht des Kanals verformt werden, wird die Injektionsposition durch einen Tragflügel im Windkanal von der Kanalgrenzschicht abgeschirmt, sodass der Tropfen direkt in der ungestörten Hauptströmung seine Verformung erfahren kann. Zur Aufnahme der Tropfen wird ein Schattenverfahren genutzt. Laut den Autoren kann eine Fehlinterpretation gerade bei einer hohen Weber-Zahl (We-Zahl) stattfinden, weshalb fluoreszierende Flüssigkeit genutzt wird. Basierend auf den ermittelten Versuchsergebnissen wird eine Differenzialgleichung für die Beschreibung der Ausbreitung der Flüssigkeitsblase in Abhängigkeit von der Zeit ermittelt. Fundiert auf den Ergebnissen und den Gleichungen wird die Kernaussage getroffen, dass die Dynamik der Flüssigkeitsblase durch das Gleichgewicht zwischen Trägheitskräften und dynamischen Druck der Luftströmung bestimmt wird, wohingegen die Oberflächenkräfte nur von untergeordneter Bedeutung sind. Eine detailliertere Beschreibung des Blasenzerfalls erfolgt in Abschnitt 3.2.2.

Landwehr et al. [47, 48] untersuchen die Seitenscheibenverschmutzung und die daraus resultierende Beeinträchtigung des Fahrendens. Der maßgebliche Faktor für die Bewertung der Verschmutzung ist nicht die Schichthöhe, wie es bis zu diesem Zeitpunkt angenommen wird, sondern die benetzte Fläche. Zur Bestimmung der benetzten Fläche werden Kontaktwinkelanalysen an Seitenscheiben und Außenspiegeln durchgeführt. Die Ergebnisse zeigen einen Kontaktwinkel im Bereich zwischen 30° und 70°. Ein kleiner Kontaktwinkel verhindert die Bildung von Rinnsalen und Tropfen und das Wasser tendiert zu der Bildung von flächigen und dünnen Flüssigkeitsfilmen.

Der Einfluss der Verschmutzung auf die Sicht kann auf zwei Punkte zurückgeführt werden. Die Sicht des Fahrenden kann zum einen durch die benetzte Fläche (unscharfe Abbildung oder Verdeckung von Objekten) und zum anderen durch eine Aufhellung von Wassertropfen durch einfallendes Licht beeinträchtigt werden. Die Analysen der benetzten Flächen zeigen, dass der Fahrende an dem Tropfen vorbeischaut und so ein Teil des beobachteten Objektes durch den Tropfen verdeckt wird. Ein kleiner Tropfen erzeugt eine geringere Verdeckung des beobachteten Objektes als ein großer Tropfen. Bei der Betrachtung der Verdeckung durch Tropfen auf dem

Außenspiegel wird festgestellt, dass die Verdeckung deutlich größer ist als durch einen gleichgroßen Tropfen auf der Seitenscheibe. Dies wird darauf zurückgeführt, dass die Lichtstrahlen den Tropfen zweimal passieren. Zum einen beim Einfallen auf das Spiegelglas und zum anderen bei der Reflexion zum menschlichen Auge. Landwehr et al. zeigen auf, dass ein 4 mm großer Tropfen auf der Seitenscheibe zu einer Verdeckung eines Fahrzeuges in 75 m Entfernung führen kann.

Bei der Aufhellung von Tropfen durch Licht muss dieses den Fahrenden nicht notwendigerweise blenden, sondern kann im Allgemeinen zu einer Aufhellung der Scheibe führen und somit die Sicht beeinträchtigen. Jeder Tropfen auf der Scheibe wirkt als Sammellinse, welche das Licht im Brennpunkt fokussiert. Hinter dem Brennpunkt wird der Lichtstrahl zerstreut. Die Aufhellung wird sowohl durch das Tropfenvolumen als auch durch den Kontaktwinkel beeinflusst. Ein größeres Tropfenvolumen führt zu einer stärkeren Aufhellung. Hingegen führt ein großer Kontaktwinkel, durch welchen eine Tendenz für kleinere Tropfen entsteht, zu einem größeren Aufhellungsbereich und daraus folgend zu einer geringeren Blendung.

Zuletzt wird eine allgemeine Erklärung der Seitenscheibenverschmutzung gegeben. Zu diesem Zweck wird die Software DiVeAn weiterentwickelt, sodass diese das Wasser auf der Seitenscheibe in die folgenden drei Kategorien unterteilen kann: „Tropfen", „Rinnsal und Spray"und „dünner Film". Resultierend hieraus zeigen sich die folgenden Ergebnisse. Bei niedrigen Fahrzeuggeschwindigkeiten dominiert die Verschmutzung, welche vom Seitenspiegel ausgeht. Bei der Untersuchung dieser zeigt sich, dass der Verschmutzungskeil aus den am Spiegelglas abreißenden Tropfen resultiert. Der Abrisspunkt der Tropfen ist unabhängig von der Injektionsposition des Wassers und befindet sich an der unteren Hinterkante des Spiegels. Mit einer Steigerung der Luftgeschwindigkeit wird die Verschmutzung aus dem A-Säulenüberlauf dominierend, wobei die entstehenden Tropfen (Spiegeldreieck) nicht zur Spiegelglasverschmutzung beitragen. Die kontinuierliche Analyse der Spiegelglasverschmutzung ist nach Landwehr eine große Herausforderung, da die Spiegelung der Verschmutzung diese verzerren und somit kein realistisches Verschmutzungsbild auf dem Spiegelglas ermittelt werden kann.

Joshi und Anand [49] analysieren den Einfluss verschiedener Fluideigenschaften auf den sekundären Tropfenzerfall. Als Hauptkriterium wird die We-Zahl zwischen den verschiedenen Fluiden konstant gehalten. Die Fluide werden in drei Gruppen eingeteilt, sodass sich immer nur ein einzelner Parameter (Dichte, Viskosität, Oberflächenspannung) ändert. Bei den Untersuchungen wird der Tropfenzerfall in die zwei Schritte, Verformung des Tropfens und Auflösung des Tropfens unterteilt. Es können die in Tabelle 1.1 gezeigten Einflüsse beobachtet werden.

Tab. 1.1 Einfluss der Fluideigenschaften auf den Tropfenzerfall. (✓ hat Einfluss, ✗ hat kein Einfluss) nach [49]

	relative Tropfengeschwindigkeit	Tropfenverschiebung zum Zeitpunkt des ersten Aufbrechens	Tropfenverformung
relative Dichte	✓	✓	✗
relative Viskosität	✗	✗	✗
relative Oberflächenspannung	✗	✓	✓

Eine Erhöhung der relative Dichte (in Bezug auf die umströmende Luft) führt zu einer geringeren Beschleunigung des Tropfens. Beim Blasenzerfall wird beobachtet, dass sich die Lee (windabgewandte) Seite des Tropfens schneller verformt als die Luv (windzugewandte) Seite. Das Verhältnis der relativen Geschwindigkeit zwischen Luv und Lee Seite wird stark durch die Dichte beeinflusst. Dementgegen wir kein Einfluss der Oberflächenspannung und der Viskosität beobachten. Bei der Untersuchung der Fluideigenschaften auf die Deformation des Tropfens wird eine Abhängigkeit von der Oberflächenspannung festgestellt, hingegen konnte kein Einfluss der Dichte und Viskosität ermittelt werden.

Abschließend kann gesagt werden, dass der Tropfenabriss an einem Spiegelgehäuse bereits grundlegend untersucht worden ist. Dabei wurde jedoch der physikalische Prozess des Tropfenabrisses nicht betrachtet. Bei der Ermittlung der entstehenden Tropfengrößen zeigen sich in der Literatur zwei Einschränkungen. Zum einen werden bei der Messung die Primärtropfen nicht ausgeschlossen und zum anderen werden die Strömungsverhältnisse am Gesamtfahrzeug durch Vereinfachungen nicht nachgebildet. Daher wird in dieser Arbeit der Tropfenabriss an einem Gesamtfahrzeug untersucht. Der Einfluss verschiedener Parameter auf den Tropfenabriss an einer Kante ist allgemein noch nicht durchgeführt, weshalb dies hier ebenfalls untersucht wird.

1.4 Ergebnisse Standard-Verschmutzungs-Windkanalversuche

Für die Erlangung der initialen Verschmutzungsergebnisse wurde ein Volkswagen Caddy (4. Generation, gebaut bis 2020) mit Pkw-Außenspiegeln verwendet. In Abbildungen 1.9 und 1.10 ist die Seitenscheiben- und Spiegelverschmutzung

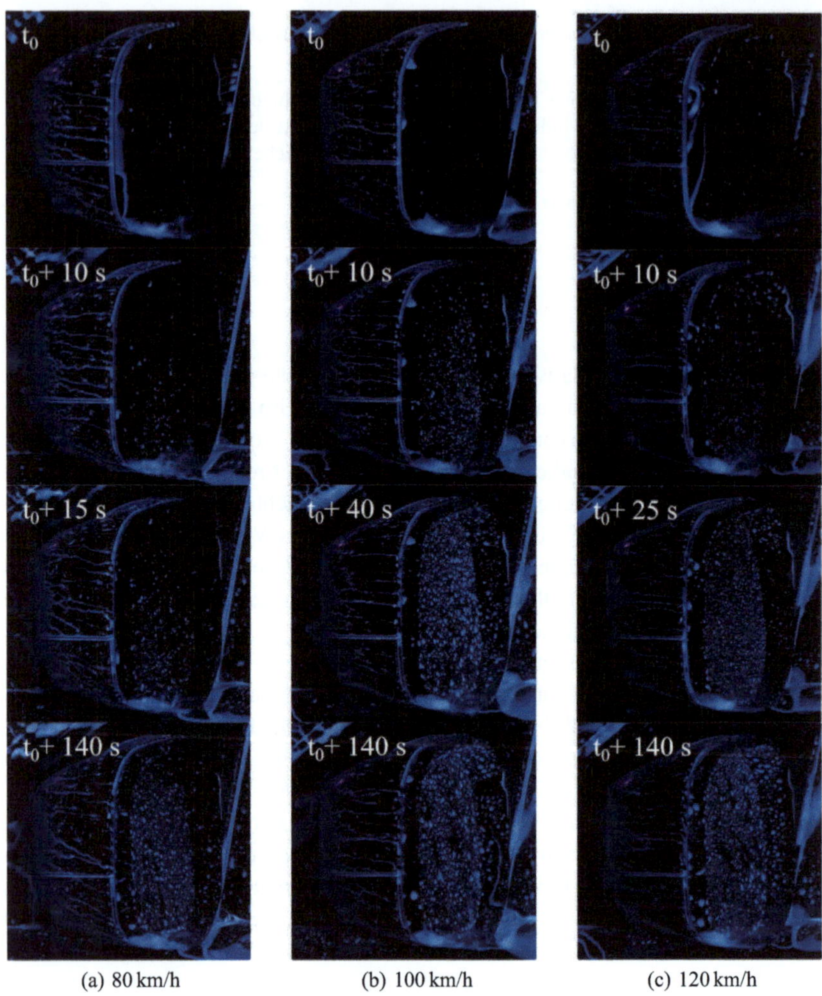

(a) 80 km/h (b) 100 km/h (c) 120 km/h

Abb. 1.9 Vier aufeinander folgende Zeitschritte der Spiegelglasverschmutzung im Windkanal bei unterschiedlichen Geschwindigkeiten

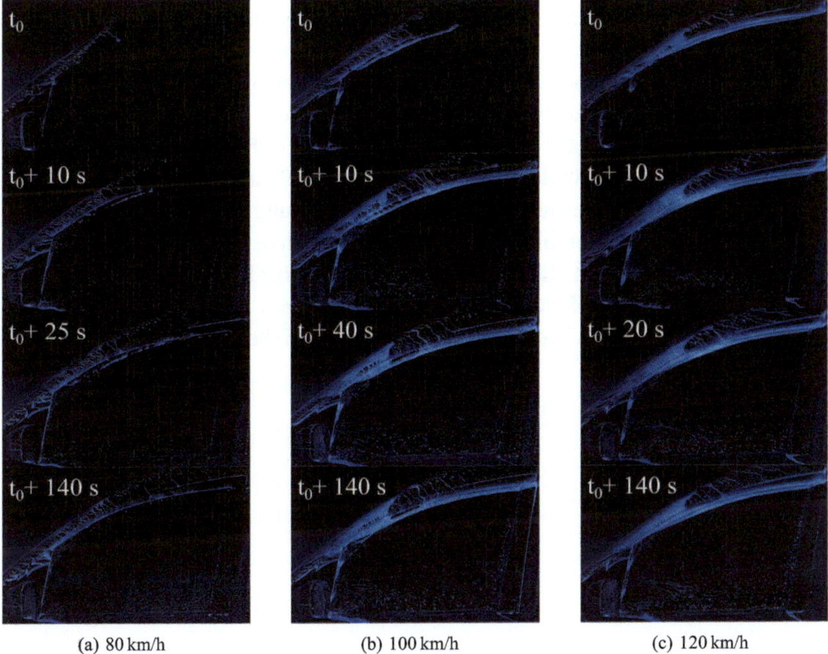

(a) 80 km/h (b) 100 km/h (c) 120 km/h

Abb. 1.10 Vier aufeinander folgende Zeitschritte der Seitenscheibenverschmutzung im Windkanal bei unterschiedlichen Geschwindigkeiten

für diesen bei drei unterschiedlichen Geschwindigkeiten in einem zeitlichen Verlauf dargestellt. Der Versuchsaufbau ist identisch zu dem in Abbildung 1.6 auf der rechten Seite dargestellten Fremdverschmutzungsaufbau realisiert. Diese Bilder dienen im Folgenden als Vergleichsbasis für die Simulation der Entstehung der Verschmutzung im Bereich der Seitenscheibe und des Außenspiegels. Wie bei Landwehr [48] bereits ermittelt wurde, ist die kontinuierliche Auswertung der Spiegelglasverschmutzung eine große Herausforderung. Resultierend hieraus kann die Videoaufnahme nur aus einer seitlichen Perspektive erfolgen. Über alle Geschwindigkeiten hinweg ist ein Ansteigen der Verschmutzung über der Zeit zu erkennen. Die Verschmutzung beginnt an der unteren Kante des Spiegels und verteilt sich über das gesamte Spiegelglas, wobei mit steigender Geschwindigkeit das Wasservolumen zunimmt. Dies wird durch die erhöhte Anzahl an Rinnsalen auf dem Spiegelglas sichtbar. Bei der geringsten Geschwindigkeit zeigt sich in der oberen Fläche des Spiegelglases ein Bereich mit einer geringeren Anzahl an Tropfen. Dies kann auf einen schwächeren Nachlauf zurückgeführt werden, wodurch nur wenige Tropfen am Spiegelglas ankommen [20]. Bei der Seitenscheibenverschmutzung (Abbildung 1.10) zeigt sich bei 80 km/h vor allem der Verschmutzungskeil, welcher aus Tropfen vom Spiegelgehäuseabriss resultiert. Mit steigender Geschwindigkeit nimmt der Einfluss des Wassers aus dem A-Säulenüberlauf zu. Bei 100 km/h ist die Verschmutzung im Spiegelfußwirbel deutlich sichtbar, welche ebenfalls aus dem Wasser des A-Säulenüberlaufes resultiert. Mit einer Erhöhung der Geschwindigkeit auf 120km/h bleibt das Wasservolumen im unteren Bereich der Seitenscheibe konstant, es wird trotzdem deutlich stärker Richtung Fahrzeugheck abgeleitet. Das Wasser an der oberen Kante der Seitenscheibe nimmt hingegen zu, da die Stärke des A-Säulenwirbels im Vergleich zu geringeren Geschwindigkeiten gesteigert wird.

Theorie 2

Im folgenden Kapitel wird auf die theoretischen Grundlagen eingegangen. Hierzu gehören unter anderem die physikalischen Abriss- und Zerfallsprozesse von Tropfen. Des Weiteren werden die numerischen Grundlagen thematisiert, welche für diese Arbeit relevant sind. Dies soll ein grundlegendes Verständnis der Thematik geben.

2.1 Numerik

Für die Darstellung und Untersuchung der Verschmutzung an Kraftfahrzeugen wird in dieser Arbeit neben Experimenten auch die computergestützte Simulation genutzt. Für die Simulation werden verschiedene Simulationsmodelle für eine Zweiphasen-3D-CFD Simulation genutzt. Die physikalischen Grundlagen, die Erhaltungssätze und im Weiteren die speziell genutzten Methoden der Simulationsmodelle werden erläutert. Dabei wird zwischen der Berechnung der Luft- und der Wasserphase unterschieden.

2.1.1 Physikalische Grundlagen

In einem geschlossenen System können grundlegende physikalische Größen wie Energie, Impuls und Masse nicht ohne weiteres entstehen oder verschwinden. Daher muss die Änderung dieser Werte über die Zeit null sein bzw. mit den Zu- und Abflüssen dieser Größen über die Systemgrenzen übereinstimmen. In der numerischen Strömungsmechanik wird das zu untersuchende Gesamtsystem in mehrere kleine Kontrollvolumina [50] unterteilt. In diesen Sub-Systemen können sich wie

L. Kille, *Numerische Untersuchung der Fremdverschmutzung im Bereich der Seitenscheibe und des Außenspiegels bei leichten Nutzfahrzeugen*, AutoUni – Schriftenreihe 177, https://doi.org/10.1007/978-3-658-48922-9_2

im Gesamtsystem keine physikalischen Größen ohne Einfluss von außen ändern. Daher gilt in einem solchen Kontrollvolumen, dass die Änderung der physikalischen Größe (z. B. Masse) über der Zeit der Differenz zwischen zu- und ablaufender Masse entsprechen muss. Deshalb spricht man von den Erhaltungssätzen von Masse, Impuls und Energie. Diese verschiedenen Erhaltungssätze sind Basis der numerischen Strömungsberechnung und werden im Folgenden kurz beschrieben.

Massenerhaltung

In einem physikalischen System kann die Masse nicht ohne einen Einfluss von außen entstehen oder verschwinden. Bei der Betrachtung eines spezifischen Volumens (Kontrollvolumens) ergibt sich die Gleichung der Massenerhaltung in der Schreibweise der koordinatenfreien Differenzialform der Kontinuitätsgleichung wie folgt:

$$\frac{\partial \rho}{\partial t} + \nabla \cdot \left(\rho \, \underline{v}\right) = 0 \tag{2.1}$$

Mit: ρ... Dichte
t... Zeit
∇... Nabla-Operator
$\underline{v}$... Geschwindigkeitsvektor

Wobei der erste Term die Änderung der Dichte über die Zeit beschreibt und der zweite Term die zu- und ablaufenden Massenströme. Gleichung 2.1 kann bei einer inkompressiblen Strömung, wie sie in den hier untersuchten Fällen vorliegt, vereinfacht werden. Der erste Term entfällt aufgrund der konstanten Dichte über der Zeit und der zweite Term kann somit vereinfacht werden, sodass sich ergibt:

$$\nabla \cdot \underline{v} = 0 \tag{2.2}$$

Impulserhaltung

Die Impulserhaltung innerhalb eines Kontrollvolumens kann aus dem zweiten newtonschen Axiom (Gleichung 2.3) hergeleitet werden. Die auf ein Kontrollvolumen einwirkenden Kräfte führen zu einer Impulsänderung im Kontrollvolumen.

$$\underline{F} = \Delta m \cdot \underline{\dot{v}} = \rho \cdot \Delta V \cdot \underline{\dot{v}} \tag{2.3}$$

In Gleichung 2.3 setzt sich die Ableitung der Geschwindigkeit aus den folgenden zwei Termen zusammen:

$$\dot{\underline{v}} = \left(\frac{\partial \underline{v}}{\partial t} + \left(\underline{v} \cdot \nabla \right) \underline{v} \right) \tag{2.4}$$

Der erste Term ist die partielle Ableitung der Geschwindigkeit nach der Zeit. Der zweite Term (Konvektionsterm) resultiert aus der möglichen räumlichen Änderung der Geschwindigkeit.

Der Kraftvektor auf der linken Seite setzt sich aus den Kräften zusammen, welche auf das Kontrollvolumen des Fluids wirken. Die wirkenden Kräfte sind die Druckkraft (Gleichung 2.5), resultierend aus einer räumlichen Druckdifferenz, die Reibungskraft (Gleichung 2.6), resultierend aus der inneren Reibung des Fluids und die äußeren Kräfte (Gleichung 2.7), wie z. B. die Gravitationskraft.

$$\underline{F}_p = -\nabla \cdot p \cdot \Delta V \tag{2.5}$$

$$\underline{F}_R = \eta \nabla^2 \cdot \underline{v} \cdot \Delta V \tag{2.6}$$

$$\underline{F}_{ext} = \rho \cdot \underline{f} \cdot \Delta V \tag{2.7}$$

Setzt man die so gewonnenen Terme in Gleichung 2.3 ein, so erhält man den Impulserhaltungssatz. Durch die Annahme der inkompressiblen Strömung ($\nabla \cdot \underline{v} = 0$; Gleichung 2.2) ergibt sich der inkompressibele Impulserhaltungssatz oder die Navier-Stokes-Gleichung (Gleichung 2.8):

$$-\nabla \cdot p + \eta \cdot \Delta \underline{v} + \rho \cdot \underline{f} = \rho \left(\frac{\partial \underline{v}}{\partial t} + \left(\underline{v} \cdot \nabla \right) \underline{v} \right) \tag{2.8}$$

Mit:
- ∇... Nabla-Operator
- η... dynamische Viskosität
- Δ... Laplace-Operator
- $\underline{v}$... Geschwindigkeitsvektor
- ρ... Dichte
- $\underline{f}$... Kraftdichte
- t... Zeit

Energieerhaltung

Der Energieerhaltungssatz kann aus dem 1. Hauptsatz der Thermodynamik hergeleitet werden:

$$\frac{E_{tot}}{\mathrm{d}t} = \dot{W} + \dot{Q} \tag{2.9}$$

Mit: E_{tot}... Totale Energie
$\dot{W}$... Leistung
$\dot{Q}$... Wärmestrom

Die totale Energie setzt sich aus drei Anteilen zusammen: der inneren Energie (E_{in}), der kinetischen Energie (E_{kin}) und der potenziellen Energie (E_{pot}):

$$E_{tot} = E_{in} + E_{kin} + E_{pot} \tag{2.10}$$

$$E_{in} = m \cdot u_{inner} \tag{2.11}$$

$$E_{kin} = \frac{1}{2} \cdot m \cdot \underline{v}^2 \tag{2.12}$$

$$E_{pot} = m \cdot \underline{g} \cdot h \tag{2.13}$$

Mit: m... Masse
u_{inner}... spezifische innere Energie
$\underline{v}$... Geschwindigkeitsvektor
$\underline{g}$... Erdbeschleunigung
h... Höhe

Die Leistung wird aus den an einem Kontrollvolumen wirkenden Kräften (Druck-, Spannung- und Volumenkraft) berechnet:

$$\dot{W} = \rho \left(\underline{v} \cdot \underline{g}\right) - \nabla \cdot \left(p \cdot \underline{v}\right) - \nabla \cdot \left(\tau \cdot \underline{v}\right) \tag{2.14}$$

Mit: ρ... Dichte
$\underline{v}$... Geschwindigkeitsvektor
$\underline{g}$... Erdbeschleunigung
∇... Nabla-Operator
p... Druck
τ... Spannung

Der Wärmestrom in einem Kontrollvolumen ergibt sich theoretisch aus der Wärmestrahlung und dem Wärmestrom, allerdings kann die Wärmestrahlung hier vernachlässigt werden:

$$\dot{Q} = \nabla \cdot (\lambda \nabla T) \tag{2.15}$$

Mit: ∇... Nabla-Operator
λ... Wärmeleitfähigkeit
T... Temperatur

Setzt man nun Gleichung 2.10, Gleichung 2.14 und Gleichung 2.15 in Gleichung 2.9 ein, so erhält man den Energieerhaltungssatz wie folgt:

$$\frac{\partial}{\partial t}\left(\frac{1}{2}\rho \cdot \underline{v}^2 + \rho \cdot u\right) = -\left(\nabla\left(\frac{1}{2}\rho \cdot \underline{v}^2 + \rho \cdot u\right)\underline{v}\right) + \rho\left(\underline{v} \cdot \underline{g}\right) - \nabla\left(p \cdot \underline{v}\right) - \ldots$$
$$\ldots \nabla\left(\tau \cdot \underline{v}\right) + \nabla \cdot (\lambda \nabla T) \tag{2.16}$$

Die so entstehenden fünf Erhaltungsgleichungen Gleichung 2.1, Gleichung 2.8 (für alle drei Raumrichtungen) und Gleichung 2.16 reichen aus, um eine Strömung (bestehend aus den Strömungsgrößen Temperatur, Druck und Geschwindigkeiten in jeder Raumrichtung) zu beschreiben. Die Navier-Stokes-Gleichungen können numerisch gelöst werden. Die Grundlagen der numerischen Lösung werden in den folgenden Abschnitten kurz erläutert.

Finite-Volumen-Methode

Für eine numerische Lösung der fünf Erhaltungsgleichungen wird eine räumliche und zeitliche Diskretisierung benötigt. Die Finite-Volumen-Methode (FVM) beschreibt eine Möglichkeit der räumlichen Diskretisierung der Erhaltungsgleichungen mit dem Ziel der Erzeugung linearer Gleichungssysteme und der anschließenden numerischen Lösung derselben. Bei dieser Methode wird das gesamte Berechnungsgebiet (Gesamtvolumen) in kleine Teilvolumen unterteilt [50], die finiten Volumen oder auch Zellen. Diese finiten Volumen können im 3D-Raum jegliche Form eines Polyeders annehmen, wodurch auch komplexe Geometrien abgebildet werden können. Die Lösung der Erhaltungsgleichungen in den Teilvolumen wird auf den Mittelpunkt der jeweiligen Zelle referenziert.

Als Ausgangspunkt für die Berechnung bei der FVM dienen die Integralformen der einzelnen Erhaltungsgleichungen. Diese Integralformen gelten sowohl für jedes finite Volumen als auch für das gesamte Berechnungsgebiet (oder Lösungsgebiet), da sich die Beträge der Erhaltungsgleichungen an den finiten Volumengrenzen aufheben. Der ausgehende Betrag der Erhaltungsgröße (z. B. Masse) aus einer Zelle entspricht dem eingehenden Betrag der Erhaltungsgröße in die Nachbarzelle. Somit bleiben nur die äußeren Integrale bestehen und die FVM ist konservativ. Zur Lösung der Erhaltungsgleichungen sind algebraische Gleichungen vonnöten, diese werden durch eine Approximation der Integrale mittels der Quadraturformel erreicht. Die Berechnung der verschiedenen physikalischen Größen bezieht sich auf den Schwerpunkt einer jeden Zelle und wird mittels Interpolation auf die Oberflächen projiziert.

2.1.2 Luftströmungssimulation

Neben den grundlegenden allgemeingültigen Erhaltungsgleichungen und dem Diskretisierungsverfahren ist ein wichtiger Punkt die Berechnung der einzelnen Fluidphasen. Da für die Verschmutzungssimulationen eine gekoppelte Mehrphasensimulation verwendet wird, muss in dieser Arbeit zwischen der Berechnung der unterschiedlichen Phasen (Luft und Wasser) unterschieden werden. Im ersten Schritt soll auf die Berechnung der Luftphase eingegangen werden und im folgenden Abschnitt auf die Berechnung der Wasserphase. In dieser Arbeit werden für die Simulation zwei unterschiedliche Programme mit unterschiedlichen numerischen Ansätzen genutzt. Für die Lagrange-Simulation wird das Programm StarCCM+® und für die VOF-Simulation das Programm OpenFOAM® verwendet.

Um die Verschmutzung zu simulieren, wird ein Windkanalversuch nachgerechnet. Dies reduziert die natürlichen Einflüsse (Queranströmungen etc.) und somit die Komplexität der Simulation. Unterschiedliche Vorgehensweisen werden bei den verschiedenen Lösungsalgorithmen (engl. solver) genutzt, bei denen immer die Luftberechnung der Wasserberechnung vorangestellt ist.

Bei dem Simulationsablauf innerhalb von StarCCM+® wird im ersten Schritt eine Reynolds-Averaged Navier-Stokes (RANS) Rechnung durchgeführt (siehe Abschnitt Reynolds-Averaged Navier-Stokes Gleichung), die zu einem stationären Strömungsfeld führt. Im darauffolgenden Schritt wird eine Improved Delayed Detached Eddy Simulation (IDDES) durchgeführt (siehe Abschnitt Improved Delayed Detached Eddy Simulation), um ein instationäres Strömungsfeld zu erhalten, mit dem im Nachgang die Verschmutzungssimulationen durchgeführt werden können.

Im Gegensatz zu StarCCM+®, welches im Folgenden für die Lagrange Tropfensimulationen genutzt wird, wird bei OpenFOAM®, welches für die VOF-Simulationen verwendet wird, keine RANS-Rechnung durchgeführt. Im Vorhinein zu der Berechnung der IDDES wird eine reibungsfreie Potenzialströmung ermittelt. Im Anschluss an diese Potenzialströmungsberechnung wird allen festen Wänden eine Grenzschicht mit konstanter vorgegebener Dicke aufgeprägt (durch Merkmal 1 in Abschnitt Reibungsfreie Potenzialstromung) und dieses Strömungsfeld wird als initiale Startlösung für die IDDES genutzt.

Reibungsfreie Potenzialströmung

Die Methode zur Analyse der Potenzialströmung ist eine numerische Möglichkeit, eine Näherungslösung für laminare Strömungen zu ermitteln. Die Potenzialströmung kommt ursprünglich vor allem aus der Hydraulik [51]. Die Grundlage dieser Potenzialströmung ist die Annahme, dass ein Geschwindigkeitsfeld als skalare Potenzialfunktion darstellbar ist:

$$\underline{V}(x, y, z, t) = \nabla\varphi(x, y, z, t) \tag{2.17}$$

$$\underline{V} = grad\ \varphi \tag{2.18}$$

Mit:		
	$\underline{V}$...	Geschwindigkeitsfeld
	x, y, z...	(kartesische) Koordinaten
	t...	Zeit
	φ...	Geschwindigkeitspotenzial

Die Potenzialströmung weist verschiedene besondere Merkmale auf [52]:

- Die Strömung ist wirbelfrei.
- Die Kontinuitätsgleichung ist für jedes ortsfeste Volumenelement erfüllt.
- Die Geschwindigkeitsvektoren verlaufen tangential zur Oberfläche.

Wobei die Wirbelfreiheit des Geschwindigkeitsfeldes ($rot\ \underline{V} = \nabla \times \underline{V} = 0$) zu einer einschränkenden Bedingung führt, dass die Strömung an der Wand nicht haftet ($v \neq 0$). Es gibt verschiedene Möglichkeiten, die unterschiedlichen Strömungsgrößen (ϕ) zu modellieren, allerdings muss dabei beachtet werden, dass die Bilanzgleichungen für Impuls und Masse erfüllt sein müssen, um eine physikalisch sinnvolle Lösung zu erhalten.

Reynolds-Averaged Navier-Stokes Gleichung

Die in Abschnitt 2.1.1 beschriebenen Navier-Stokes-Gleichungen Gleichung 2.8 gelten sowohl für laminare als auch für turbulente Strömungen, wobei bei den turbulenten Strömungen der Rechenaufwand deutlich erhöht ist. Durch die Nichtlinearität wird die Lösung durch kleinste Störungen beeinflusst. Des Weiteren wird eine hohe räumliche Auflösung benötigt, um die kleinsten Turbulenzen abbilden zu können, was zu einem hohen Rechenaufwand führt [53]. Die Abbildung der Navier-Stokes-Gleichungen für turbulente Strömungen wird RANS genannt. Das

RANS-Modell besitzt den Vorteil, dass trotz numerischer Modellierung die Physik für viele Anwendungen noch ausreichend gut abgebildet wird, wobei die Modellierung die räumliche Auflösung der kleinsten Turbulenzen überflüssig macht und somit der Rechenaufwand reduziert werden kann.

Die Grundlage der Herleitung des RANS-Modells kann nach Laurien und Oertel [54] mithilfe des Zeitsignals einer Messsonde innerhalb eines Strömungsfeldes gebildet werden. Das Zeitsignal kann als zeitlicher Mittelwert und zeitliche Schwankung interpretiert werden:

$$\Phi\left(x, y, z, t\right) = \bar{\Phi}\left(x, y, z\right) + \Phi'\left(x, y, z, t\right) \tag{2.19}$$

Mit:		
	Φ...	beliebige Strömungsgröße
	x, y, z...	(kartesische) Koordinaten
	t...	Zeit
	$\bar{\Phi}$...	Mittelwert der Strömungsgröße Φ
	Φ'...	zeitliche Änderung der Strömungsgröße Φ

Die zeitlichen Schwankungen werden als Fluktuation bezeichnet und können sowohl positiv als auch negativ sein, wobei die Mittelung der Fluktuation über einen ausreichend langen Zeitraum definitionsbedingt null ist ($\overline{\Phi'} = 0$).

Bei der Mittelung der Navier-Stokes-Gleichungen unter Zuhilfenahme von Gleichung 2.19 ergeben sich zwei Phänomene in Abhängigkeit der Art des Terms:

$$\overline{\frac{\partial \Phi}{\partial x}} = \overline{\frac{\partial\left(\bar{\Phi} + \Phi'\right)}{\partial x}} = \frac{\partial\left(\bar{\bar{\Phi}} + \overline{\Phi'}\right)}{\partial x} = \frac{\partial \bar{\Phi}}{\partial x} \tag{2.20}$$

$$\begin{aligned} \overline{\frac{\partial \Phi^2}{\partial x}} &= \overline{\frac{\partial\left(\bar{\Phi} + \Phi'\right)\left(\bar{\Phi} + \Phi'\right)}{\partial x}} = \frac{\partial\left(\overline{\bar{\Phi}^2} + \overline{2\bar{\Phi}\Phi'} + \overline{\Phi'^2}\right)}{\partial x} \\ &= \frac{\partial \bar{\Phi}^2}{\partial x} + \frac{\partial \Phi'^2}{\partial x} \end{aligned} \tag{2.21}$$

Bei linearen Termen ergibt sich durch Gleichung 2.20 ein unveränderter Term, bei dem lediglich die Mittelung des gesamten Terms durch die Mittelung der jeweiligen Strömungsgröße ersetzt werden kann. Bei den nicht linearen Termen entstehen durch Gleichung 2.21 Zusatzterme, die sogenannten Reynolds-Spannungen bzw. Reynolds-Flüsse. Somit ergeben sich für das RANS-Modell die Kontinuitäts- und die Impulsgleichung im inkompressiblen Fall wie folgt:

$$\frac{\partial \left(\rho \bar{u}_i\right)}{\partial x_i} = 0 \tag{2.22}$$

$$\frac{\partial \left(\rho \bar{u}_i\right)}{\partial t} + \frac{\partial}{\partial x_j}\left(\rho \bar{u}_i \bar{u}_j + \rho \overline{u_i' u_j'}\right) = -\frac{\partial \bar{p}}{\partial x_i} + \frac{\partial \bar{\tau}_{vis;ij}}{\partial x_j} \tag{2.23}$$

Mit: $\bar{\tau}_{vis;ij}$... Komponenten des mittleren viskosen Spannungstensors

Durch diese Zusatzterme wird das ursprünglich geschlossene Gleichungssystem zu einem nicht geschlossenen Gleichungssystem, bei welchem die Anzahl der Unbekannten größer als die Anzahl an Gleichungen ist. Somit entsteht das sogenannte Schließungsproblem [50]. Zur Schließung werden Approximationen benötigt, bei denen die Reynolds-Spannungen und Reynolds-Flüsse als Funktion von den gemittelten Strömungsgrößen und zusätzlichen empirischen Parametern dargestellt werden. Diese Approximationen werden als Turbulenzmodelle bezeichnet.

Eines der Standardturbulenzmodelle der Industrie nach Lecheler [53] ist das SST-(Menter) k-Omega Modell [55], welches auch bei StarCCM+® verwendet wird. Bei diesem Zweigleichungs-Wirbelviskositäts-Turbulenzmodell wird die Wirbelviskosität η_t mithilfe von zwei Differenzialgleichungen (1D) bestimmt. Es wird eine Kombination aus verschiedenen Modellen erzeugt, um die Vorteile der jeweiligen Turbulenzmodelle zu behalten [55]. Das Wilcox k-ω Modell wird für den wandnahen Bereich genutzt, um von der Robustheit und Genauigkeit des Modells zu profitieren. In der freien Strömung wird das k-ϵ Modell verwendet, da dieses eine stabilere Berechnung der Wirbelviskosität in der Grenz- und freien Scherschicht ermöglicht und vergleichsweise weniger anfällig für numerische Parameteränderungen ist.

Um die beiden Modelle miteinander zu vereinen, müssen zwei Schritte durchgeführt werden. Der erste Schritt ist die Transformation des k-ϵ Modells in eine k-ω-Formulierung, wodurch ein zusätzlicher Querdiffusionsterm entsteht und die Modellkonstanten geändert werden [55]. Der zweite Schritt ist die anschließende Verbindung der zwei Modelle mittels einer Blending-Funktion (F_1 in Gleichung 2.24), welche Werte zwischen eins und null annehmen kann. Die Funktion ist in der viskosen Unterschicht und im logarithmischen Bereich eins und im Nachlaufgebiet und der freien Strömung null. Somit ergeben sich die Gleichungen für die turbulente kinetische Energie k (Gleichung 2.25) und die spezifische Dissipationsrate ω_{dis} (Gleichung 2.26) für das SST-(Menter) k-Omega Modell:

$$F_{k-\epsilon} \cdot (1 - F_1) + F_{k-\omega} \cdot F_1 \tag{2.24}$$

$$\frac{\mathrm{D}\rho k}{\mathrm{D}t} = \tau_{vis;ij} \frac{\partial u_i}{\partial x_j} - \beta^* \rho \omega_{dis} k + \frac{\partial}{\partial x_j} \left[(\mu + \sigma_k \mu_t) \frac{\partial k}{\partial x_j} \right] \tag{2.25}$$

$$\frac{\mathrm{D}\rho\omega_{dis}}{\mathrm{D}t} = \frac{\gamma}{\nu_t} \tau_{vis;ij} \frac{\partial u_i}{\partial x_j} - \beta \rho \omega_{dis}^2 + \frac{\partial}{\partial x_j} \left[(\mu + \sigma_\omega \mu_t) \frac{\partial \omega}{\partial x_j} \right] + 2\rho (1 - F_1) \sigma_{\omega 2} \frac{1}{\omega} \frac{\partial k}{\partial x_j} \frac{\partial \omega}{\partial x_j} \tag{2.26}$$

Mit:	
$F_{k-\epsilon}$...	Funktion nach dem k-ϵ Modell
F_1...	Blending-Funktion
$F_{k-\omega}$...	Funktion nach dem k-ω Modell
ρ...	Dichte
k...	turbulente kinetische Energie
$\tau_{vis;ij}$...	viskoser Spannungstensor
$\beta^*, \beta, \sigma_k, \sigma_\omega, \sigma_{\omega 2}, \gamma$...	numerische Konstante des SST-Modells
ω_{dis}...	spezifischen Dissipationsrate der kinetischen Energie
ν_t...	Wirbelviskosität

Neben den Grundfunktionen wird noch der SST modifiziert. Der viskose Spannungstensor $\tau_{vis;ij}$ ist abhängig von der turbulenten kinetischen Energie k (Gleichung 2.27):

$$\tau_{vis} = \rho \sqrt{\frac{Production_k}{Dissipation_k}} a_1 k \tag{2.27}$$

$$\nu_t = \frac{a_1 k}{max(a_1 \omega, \Omega F_2)} \tag{2.28}$$

Mit:	
τ_{vis}...	viskoser Spannungstensor
ν_t...	Wirbelviskosität
a_1...	numerische Konstante
F_2...	Blending-Funktion (1 in der Grenzschicht und 0 in freier Strömung)
Ω...	Wirbelstärke

Die Gleichung 2.27 führt nach der klassischen Definition zu einer Überschätzung von τ_{vis}, wodurch eine Neudefinition der Wirbelviskosität nach Gleichung 2.28 vonnöten ist.

Large-Eddy-Simulation

Die Large-Eddy-Simulation (LES) behandelt vor allem die großskaligen turbulenten Wirbel (engl. Eddies). Diese großskaligen Wirbel tragen vor allem zum Transport der Erhaltungsgrößen bei und müssen daher räumlich und zeitlich aufgelöst werden. Bei der LES werden demnach die großstrukturierten Wirbel direkt berechnet, wogegen die feinstrukturierten Wirbel modelliert werden. Nach Ferziger und Perić [50] wird für diesen Ansatz ein Geschwindigkeitsfeld gesucht, welches lediglich die großskaligen Komponenten des Gesamtgeschwindigkeitsfeldes enthält. Dies wird am besten erreicht, wenn ein Gesamtgeschwindigkeitsfeld mittels Gleichung 2.29 gefiltert wird:

$$\bar{u}_i = \int G(x, x')\, u_i(x')\mathrm{d}x' \tag{2.29}$$

Mit: G... beliebiger Filterkern

Die verwendete Filterfunktion kann variiert werden, wobei alle ein charakteristisches Längenmaß Δ_{LES} besitzen (größtenteils unabhängig vom verwendeten Rechennetz außer $\Delta_{LES} > h$), welches die grob- und feinstrukturierten Wirbel voneinander trennen. Alle Wirbel, die größer sind als Δ_{LES}, werden berechnet und alle Wirbel, die kleiner sind als Δ_{LES}, werden modelliert, da diese durch das Rechennetz nicht aufgelöst werden können. Die Filterung beeinflusst nur nicht lineare Terme, daher bleibt die Kontinuitätsgleichung (Gleichung 2.30) unverändert. Bei der Impuls- und Energiegleichung (Gleichung 2.31) entstehen Zusatzterme, welche durch das Rechengitter nicht aufgelöst werden können (Subgittergrößen, engl. sub-grid-scale). Diese Subgittergrößen werden Feinstruktur-Spannung (Gleichung 2.32) und Feinstruktur-Wärmestrom (Gleichung 2.33) genannt und beschreiben die Wirkung der feinstrukturierten Wirbel auf die großstrukturierten Wirbel [54].

$$\frac{\partial \rho \bar{u}_i}{\partial x_i} = 0 \tag{2.30}$$

$$\frac{\partial\left(\rho \bar{u}_i\right)}{\partial t} + \frac{\partial\left(\rho\left(\bar{u}_i\bar{u}_j + \overline{u_i'u_j'}\right)\right)}{\partial x_j} = -\frac{\partial \bar{p}}{\partial x_i} + \frac{\partial}{\partial x_j}\left[\mu\left(\frac{\partial \bar{u}_i}{\partial x_j} + \frac{\partial \bar{u}_j}{\partial x_i}\right)\right] \tag{2.31}$$

$$\tau_{vis;ij}{}^{sgs} = \rho\, \overline{u_i'u_j'} \tag{2.32}$$

$$q_i{}^{sgs} = \rho\, c_p\, \overline{u_i'T'} \tag{2.33}$$

Die Feinstruktur-Spannung und der Feinstruktur-Wärmestrom können durch die Subgittergröße nicht berechnet werden und werden daher modelliert (für eine detaillierte Beschreibung dieser Modelle siehe [50], [54]).

Improved Delayed Detached Eddy Simulation
Da für den Verschmutzungsprozess und vor allem für den Tropfenflug hinter dem Spiegel die instationären und turbulenten Anteile der Strömung notwendig sind, wird nach der RANS-Berechnung (gemittelte Strömung) eine IDDES-Berechnung angeschlossen, bei der die Ergebnisse der RANS-Berechnung als Anfangslösung dienen. Als Basis der IDDES-Berechnung dient unter anderem das DES-Modell, welches von Spalart et al. [56] beschrieben wurde. Eine LES-Berechnung kann nicht flächendeckend im gesamten Rechengebiet eingesetzt werden, da für die Berechnung der turbulenten Wirbel in der Grenzschicht die Netzauflösung sehr fein sein muss. Daher wird eine Verbindung von dem RANS-Modell und dem LES-Modell angestrebt, wobei das RANS-Modell die turbulenten Wirbel in der Grenzschicht (attached Eddies) modelliert und das LES-Modell die Wirbel nach der Ablösung (detached Eddies) berechnet. Basierend auf dem Spalart-Allmaras (S-A) Turbulenzmodell [57] kann in den Berechnungsgleichungen das d, welches den geringsten Abstand zu einer Wand beschreibt, durch Gleichung 2.34 ersetzt werden, wobei Δ_{SGS} nach 2.35 den maximalen Koordinatenabstand zur Oberfläche beschreibt:

$$\tilde{d} = min\,(d_{Git}, C_{DES}\Delta_{SGS}) \tag{2.34}$$

$$\Delta_{SGS} = max\,(\Delta x_{Wand}, \Delta y_{Wand}, \Delta z_{Wand}) \tag{2.35}$$

Mit:		
	$\tilde{d}$...	abgeleitete Netzgröße der DES-Berechnung
	d_{Git}...	Gittergröße
	C_{DES}...	Numerischer Konstante des DES-Modells
	Δ_{SGS}...	Sub-Grid-Scale Länge
	$\Delta x_{Wand}, \Delta y_{Wand}, \Delta z_{Wand}$...	Maximaler Abstand zur Oberfläche

Somit ergibt sich ein Modell, das bei $d_{Git} << \Delta_{SGS}$ als S-A Turbulenzmodell und bei $d_{Git} >> \Delta_{SGS}$ als Sub-Grid-Scale Modell wirkt und nur eine numerische Konstante (C_{DES}) zur Anpassung besitzt. Dieser Parameter muss über iterative Anpassungen bestimmt und eingestellt werden. Die größte Schwierigkeit an diesem Modell ist der Übergangsbereich, in dem d und Δ_{SGS} von der gleichen Größenordnung sind. Die RANS-Berechnung erzeugt keine Grenzschichtwirbel, welche in diesem Bereich wachsen müssen, um ein realistisches Strömungsfeld zu erzeugen.

Daher wird das LES-Modell schon im Ablösebereich genutzt, um die Vorteile des Modells nutzen zu können.

Für die IDDES-Berechnung wird neben dem Delayed Detached Eddy Simulation (DDES)-Modell zusätzlich noch das Wall-Modeled Large Eddy Simulation (WMLES)-Modell verwendet, bei dem der RANS-Ansatz nur in einer deutlich kleineren Wandregion genutzt wird. Wichtig für die Nutzung von dem WMLES-Ansatz ist ebenfalls, dass die Netzauflösung im wandnahen Bereich fein genug ist, dass das LES-Modell die entstehenden Wirbel auflösen kann. Die Auswahl des jeweiligen Modells erfolgt aufgrund der Randbedingung am Strömungseinlass bzw. der Startbedingungen. Das DES/DDES-Modell wird bei Randbedingungen ohne Turbulenz verwendet und das WMLES-Modell wird genutzt, wenn am Einlass turbulente Anteile enthalten sind [58]. Für die Berechnung wird ein sinnvolles physikalisches Subgrid-length-scale Modell benötigt, welches sowohl von der Netzgröße als auch vom Wandabstand abhängig ist (Gleichung 2.36). Diese Auswahl ist aufgrund von Gleichung 2.35 vor allem bei anisotropen Netzen problematisch:

$$\Delta_{SGS} = f\left(h_x, h_y, h_z, d_w\right) \tag{2.36}$$

$$\Delta_{SGS} = min\left(max\left(C_w d_w, C_w h_{max}, h_{wn}\right), h_{max}\right) \tag{2.37}$$

$$\Delta_{free} = h_{max} = max\left(h_x, h_y, h_z\right) \tag{2.38}$$

Mit:		
	Δ_{SGS}...	Sub-Grid-Scale Länge
	h_x, h_y, h_z...	Zellbreite in kartesische Richtung
	h_{max}...	maximale Zellbreite
	d_w...	Wandabstand
	C_w...	Numerische Konstante des IDDES-Modells
	h_{wn}...	Netzweite in der wandnormalen Richtung
	Δ_{free}...	maximale Zellbreite bei unendlichem Wandabstand

Die Verbindung von DDES und WMLES findet mit einem gemeinsamen length-scale Modell (Gleichung 2.39) statt:

$$l_{hyb} = \tilde{f}_d\left(1 + f_e\right) l_{RANS} + \left(1 - \tilde{f}_d\right) l_{LES} \tag{2.39}$$

Mit:		
	l_{hyb}...	hybrides Längenmaß
	$\tilde{f}_d$...	numerischer Parameter des DDES-Modells
	f_e...	numerischer Parameter des WMLES-Modells
	l_{RANS}...	Längenmaß des RANS-Modells
	l_{LES}...	Längenmaß des LES-Modells

Anhand der Parameter $\tilde{f}_d$ und f_e kann in Abhängigkeit von der Randbedingung die Gleichung 2.39 zu einer reinen DDES- oder WMLES-Formulierung werden. Eine detaillierte Erklärung und Herleitung dieser Parameter ist in [58] enthalten und wird hier nicht weiter betrachtet.

Courant-Friedrichs-Lewy-Zahl
Die Stabilität und Qualität einer numerischen Simulation können durch verschiedene Kennwerte bestimmt werden. Hierfür wird häufig die Courant-Friedrichs-Lewy-Zahl (CFL-Zahl) genutzt. Diese (Gleichung 2.40) beschreibt das Verhältnis zwischen der Strömungsgeschwindigkeit, der zeitlichen Auflösung und der räumlichen Auflösung. In einer numerischen Simulation sollte immer eine CFL-Zahl unter 1 angestrebt werden, da so die Strömung innerhalb eines Zeitschrittes keine räumliche Rechenzelle überspringen kann, was zu numerischen Instabilitäten führen kann. Für VOF-Simulationen sollte die CFL-Zahl in einem Bereich unter 0,5 liegen.

$$CFL = \frac{v \Delta t}{\Delta x} \tag{2.40}$$

Mit:	CFL...	Courant-Friedrichs-Lewy-Zahl
	v...	Strömungsgeschwindigkeit
	Δt...	Zeitschrittweite
	Δx...	Netzauflösung

2.1.3 Tropfensimulation

Neben der Simulation der Luftströmung, welche das Fahrzeug umgibt, muss auch das Wasserverhalten am Fahrzeug simuliert werden. Verschiedene Simulationsmodelle können hierbei benutzt werden, welche im Folgenden kurz erklärt werden.

Die Beschreibung des Wasserverhaltens kann unterschieden werden in eine Eulersche und eine Lagrangesche Betrachtungsweise. Bei der Eulerschen Methode findet die Berechnung ortsfest statt, wohingegen bei der Lagrangeschen Methode die Berechnung partikelfest stattfindet. Bei der Eulerschen Betrachtungsweise kann zusätzlich anhand der räumlichen Auflösung unterschieden werden. Die Flüssigkeit kann entweder zweidimensional oder dreidimensional berechnet werden, wobei eine 3D Berechnung auf viele physikalische Modelle verzichten kann, da das Fluid eine freie Oberfläche besitzt. Dementsprechend ist der Berechnungsaufwand, aber auch die Realitätsnähe deutlich höher als im Vergleich zu einer zweidimensional 2D Berechnung.

Volume of Fluid Simulation

Das VOF-Modell basiert auf der Eulerschen Betrachtungsweise und kann sowohl semi-2D als auch 3D genutzt werden. Der Tropfenabriss am Spiegel kann aufgrund der stark dreidimensionalen Strömung nicht auf zwei Dimensionen reduziert werden, weshalb eine 3D VOF-Simulation durchgeführt wird. Das VOF-Modell wird bei der Simulation von nicht mischbaren Fluiden verwendet.

Bei VOF wird im Vergleich zu anderen Methoden zur Simulation von freien Oberflächen eine Konstante F_i [59] oder auch α_i [60] definiert, welche den Volumenanteil eines Fluids in einer Zelle angibt und Werte zwischen null und eins annehmen kann. Dabei bedeutet $\alpha_i = 1$, dass die Zelle komplett mit dem Fluid i gefüllt ist und $\alpha_i = 0$, dass die Zelle kein Fluid i enthält und im Falle von zwei Fluiden mit dem anderen Fluid komplett gefüllt ist. Bei Werten für $0 < \alpha_i < 1$ liegen in der Zelle beide Flüssigkeiten vor und es entsteht eine freie Oberfläche, welche gesondert betrachtet wird. Der zusätzliche Speicheraufwand für diese Methode ist deutlich geringer als bei vielen ähnlichen Methoden, da in jeder Zelle pro zusätzlichem Fluid lediglich ein weiterer Speicherwert benötigt wird [59]. Die Normalenrichtung der freien Oberfläche kann mithilfe des Gradienten von α_i bestimmt werden, wobei die Richtung der größten Änderung in dem Wert von α_i die Normalenrichtung angibt. Die zusätzlich entstehende Transportgleichung kann nach [59] wie folgt bestimmt werden:

$$\frac{\partial \alpha_i}{\partial t} + u\frac{\partial \alpha_i}{\partial x} + v\frac{\partial \alpha_i}{\partial y}\left(+w\frac{\partial \alpha_i}{\partial z}\right) = 0, \tag{2.41}$$

oder in der Integralform:

$$\frac{\partial}{\partial t}\int_V \alpha_i \, \mathrm{d}V + \int_S \alpha_i \underline{v} \cdot \underline{n} = 0 \tag{2.42}$$

Die Diskretisierung des konvektiven Terms ist nach Ferziger und Perić [50] der kritische Punkt, da Methoden niedriger Ordnung zu einem Verschmieren der freien Oberfläche zwischen den Fluiden führen, welches einer künstlichen Vermischung entspricht. Das Interface zwischen den zwei Phasen ist meistens nicht scharf, sondern über ein bis zwei Zellen verteilt, was eine lokale Verfeinerung sinnvoll macht, welche durch andere Gegebenheiten, wie z. B. ein von vornherein sehr feines Netz nicht unbedingt realisierbar ist.

Ein häufig für die Diskretisierung des konvektiven Terms genutztes Modell ist das High Resolution Interface Capturing (HRIC) Verfahren, welches die freie Oberfläche zwischen den Fluiden scharf halten soll. Standardmäßig wird bei diesen Modellen ein Downwind-Verfahren genutzt, welches versagt, wenn die Oberfläche parallel zur Strömung verläuft. Daher wird bei dem HRIC-Verfahren ein Blending zwischen Up- und Downwind-Verfahren genutzt. Das Verfahren nutzt Gleichung 2.43, wobei der korrigierte normalisierte Oberflächenwert (ξ_f) bestimmt wird [60],

$$\xi_f = \alpha_{Blend}(\Theta)\xi_f{}^{Compressive} + (1 - \alpha_{Blend}(\Theta))\,\xi_f{}^{Blend} \tag{2.43}$$

Mit:		
	ξ_f...	korrigierte normalisierte Oberflächenwert
	α_{Blend}...	Blending-Funktion
	Θ...	Winkel zwischen der Oberflächennormalen und dem Zelloberflächenvektor
	$\xi_f{}^{Compressive}$...	normalisierter Oberflächenwert des Drucks
	$\xi_f{}^{Blend}$...	normalisierter Oberflächenwert des Blending Partners

Bei den Interface-Capturing Verfahren erstreckt sich das Rechengebiet im Gegensatz zu den Interface-Tracking Verfahren über die Region von beiden Fluiden [61]. Eine häufige Fehlerquelle ist dabei die numerische Diffusion, bei der sich Fehler der Transportgleichung von α_i aufsummieren. Dies ist darin begründet, dass die meisten Diskretisierungsmethoden höherer Ordnung zu einem Über- bzw. Unterschwingen des Wertes α_i führen ($\alpha_i < 0$ bzw. $\alpha_i > 1$).

Bei der HRIC-Methode werden die beiden Fluide als ein effektives Fluid betrachtet, welches die Fluideigenschaften nach Gleichungen 2.44 und 2.45 besitzen. In den Zellen mit einer freien Oberfläche wird angenommen, dass beide Fluide dieselbe Geschwindigkeit besitzen:

$$\rho = \sum_i \rho_i \alpha_i \tag{2.44}$$

$$\nu = \sum_i \nu_i \alpha_i \tag{2.45}$$

Lagrange Simulation

Neben der zuvor beschriebenen Eulerschen Betrachtungsweise kann ebenfalls eine Euler-Lagrange-Methode genutzt werden. Bei dieser wird die kontinuierliche Phase der Luftströmung wie zuvor mittels der Euler-Methode betrachtet (ortsfeste Betrachtungsweise) und die Wassertropfen (dispergierte Wasserphase) werden unabhängig vom Rechennetz mittels der Lagrange-Methode (partikelfeste

Betrachtungsweise) in diskreten Rechenpunkten untersucht. Durch die Unabhängigkeit von dem Rechennetz können die Rechendauer und die Auflösung im Vergleich zu der zuvor beschriebenen Methode stark reduziert werden.

Die Lagrange-Partikel besitzen charakteristische Größen wie Position, Geschwindigkeit, Masse, Temperatur sowie eine Anfangsbedingung zum Zeitpunkt $t = 0$. Die Trajektorie eines solchen Partikels lässt sich mit Gleichung 2.46 berechnen:

$$\underline{x}_{Tr} = \underline{x}_{Tr0} + \int_0^t \underline{v}_{Tr} \mathrm{d}\vartheta \tag{2.46}$$

Mit: $\underline{x}_{Tr}$... Position des Partikels
$\underline{x}_{Tr0}$... Partikelposition zum Zeitpunkt $t = 0$
$\underline{v}_{Tr}$... Geschwindigkeitsvektor des Partikels

Die Dynamik der Partikel kann nach Laurien und Oertel [54] anhand der St-Zahl (siehe Gleichung 2.61) in unterschiedliche Bereiche unterteilt werden (Abbildung 2.1). Die St-Zahl beschreibt, wie gut ein Partikel einer Strömung folgen kann (detaillierte Beschreibung siehe Abschnitt 2.3).

St << 1 Das Partikel folgt der Strömung gut (z. B. Tracerpartikel, Staubpartikel)
St ≈ 1 Starke Wechselwirkung zwischen der Strömung und dem Partikel (z. B. Regentropfen)
St >> 1 Das Partikel wird nicht von der Strömung beeinflusst (z. B. Stein)

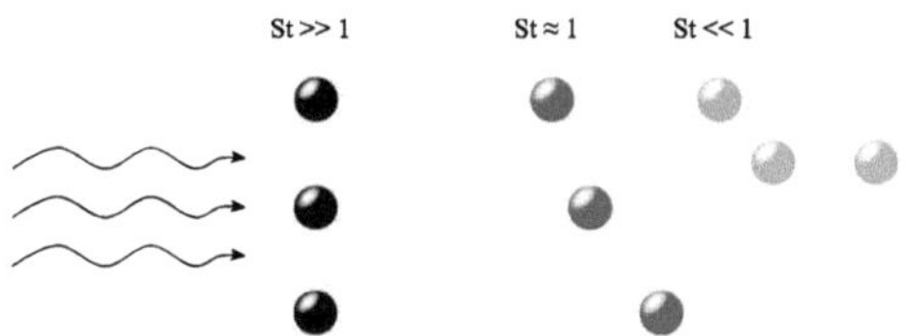

Abb. 2.1 Partikeldynamik anhand der Stokes Zahl

Für die hier untersuchten Strömungen gilt $St \approx 1$, wodurch die Partikelgeschwindigkeit aus dem Impulssatz für das Partikel (Gleichung 2.47) bestimmt werden kann. Die Auswahl der auf das Partikel angreifenden Kräfte kann je nach Strömungssituation des Partikels angepasst werden:

$$m_{Tr}\frac{d\underline{v}_{Tr}}{dt} = F_O + F_V = F_D + F_p + F_g + F_{LS} \tag{2.47}$$

$$F_D = C_D\frac{\pi}{4}d_{Tr}^2\frac{\rho_c}{2}\left(\underline{v}_{Tr} - \underline{v}_c\right)^2 \tag{2.48}$$

$$F_p = -\frac{\pi}{6}d_{Tr}^3\nabla p \tag{2.49}$$

$$F_g = m_{Tr}g \tag{2.50}$$

$$F_{LS} = C_{LS}\frac{\rho_{Tr}\pi}{8}d_{Tr}^3\left(v_{rel} \times \omega\right) \tag{2.51}$$

Mit:
- m_{Tr}... Partikelmasse
- $\underline{v}_{Tr}$... Geschwindigkeitsvektor des Partikels
- F_O... Oberflächenkraft
- F_V... Volumenkraft
- F_D... Widerstandskraft
- F_p... Druckkraft
- F_g... Gewichtskraft
- F_{LS}... Auftriebskraft durch Scherung
- C_D... Widerstandsbeiwert (Drag-Coefficient)
- d_{Tr}... Partikeldurchmesser
- ρ_c... Dichte der kontinuierlichen Phase
- v_c... Geschwindigkeitsvektor der kontinuierlichen Phase
- p... Druck
- g... Erdbeschleunigung
- C_{LS}... Koeffizient der Schubkraft für den Auftrieb
- ρ_{Tr}... Dichte des Tropfens
- v_{rel}... Relativgeschwindigkeit zwischen Fluid und Tropfen
- ω... Gradient des Geschwindigkeitsfeldes der kontinuierlichen Strömung

Wobei die Widerstandskraft (oder Drag-Kraft) nach Gleichung 2.48 den Hauptanteil darstellt, der für das Mitreißen des Tropfens in der Strömung verantwortlich ist. Zur Berechnung des Widerstandsbeiwertes C_D des Tropfens wird das Gleichungsmodell von Liu et al. [62] genutzt, welches vor allem für Tropfen unter aerodynamischen Kräften verwendet wird. Der Widerstandsbeiwert C_D wird ausgehend von Gleichung 2.52 für eine perfekte Kugel berechnet. Da sich die Tropfen in einer Luftströmung verformen, wird mithilfe des Taylor Analogy Breakup (TAB)-Modells, welches zur Berechnung des Tropfenzerfalls in einem Spray genutzt wird [63], ein zusätzlicher Parameter eingeführt, welcher die Verformung der Tropfen in Betracht zieht. Gleichung 2.53 ermöglicht den kontinuierlichen Übergang zwischen der Kugel ($y_{blend} = 0$) und der Scheibe ($y_{blend} = 1$). Dieses vereinfachte Modell ermöglicht eine überschlägige Berechnung des Widerstandsbeiwertes unabhängig von den Stoffparametern.

$$C_{D,Kugel} = \begin{cases} \frac{24}{Re_{Tr}} \left(1 + \frac{1}{6} Re_{Tr}^{\frac{2}{3}}\right) & \text{für } \mathrm{Re_{Tr}} \leq 1000 \\ 0,424 & \text{für } \mathrm{Re_{Tr}} > 1000 \end{cases} \tag{2.52}$$

$$C_D = C_{D,Kugel}(1 + 2{,}632 y_{blend}) \tag{2.53}$$

Neben der Widerstandskraft haben zusätzlich noch andere Kräfte einen Einfluss auf den Tropfenflug. Durch die statischen Druckunterschiede im Luftfeld wird das Partikel ebenfalls beeinflusst. Die auf das Partikel wirkende Kraft wird mithilfe von Gleichung 2.49 berechnet. Eine weitere auf das Partikel wirkende Kraft ist die Auftriebskraft durch Scherströmungen, welche orthogonal zu der Partikelbewegung wirkt und nach Gleichung 2.51 berechnet wird. Der Koeffizient C_{LS} wird nach Sommerfeld [64] anhand von Gleichung 2.54 berechnet, da dieser für einen großen Bereich an Re-Zahl verwendet werden kann. Als vorletzte Kraft wirkt auf das Partikel noch die Gravitationskraft (Gleichung 2.50).

$$C_{LS} = \frac{4,1126}{Re_S^{0,5}} f\left(Re_{Tr}, Re_S\right) \tag{2.54}$$

$$f\left(Re_{Tr}, Re_S\right) = \begin{cases} \left(1 - 0{,}3314\beta_S^{0,5}\right) e^{-0,1 Re_{Tr}} + 0{,}3314\beta_S^{0,5} & \text{für } \mathrm{Re_{Tr}} \leq 40 \\ 0{,}0524\left(\beta_S Re_{Tr}\right)^{0,5} & \text{für } \mathrm{Re_{Tr}} > 40 \end{cases} \tag{2.55}$$

mit :

$$\beta_S = 0{,}5 \frac{Re_S}{Re_{Tr}} \tag{2.56}$$

$$Re_S = \frac{\rho d_{Tr}^2 \left|\omega\right|}{\mu} \tag{2.57}$$

Mit: Re_S... Re-Zahl der Scherströmung
β_S... Verhältnis zwischen der Re-Zahl des Partikel und der Scherströmung

Wenn die Wechselwirkungen zwischen den Phasen lediglich von der kontinuierlichen Phase (hier Luft) auf die disperse Phase (hier Wassertropfen) wirken, spricht man von einer Ein-Wege-Kopplung. Wenn hingegen der Impuls, die Masse und die Wärme zwischen beiden Phasen ausgetauscht werden, spricht man von einer Zwei-Wege-Kopplung, welche in den in Kapitel 5 gezeigten Simulationen genutzt wird. Eine Ein-Wege-Kopplung kann vor allem verwendet werden, wenn der Einfluss der dispersen auf die kontinuierliche Phase vernachlässigbar ist. Dies ist vor allem der Fall, wenn der Volumenanteil der dispersen Phase sehr klein ist und nicht zu Veränderungen des Strömungsfeldes der kontinuierlichen Phase führt. Neben diesen grundlegenden Modellen werden noch zwei zusätzliche Modelle für den sekundären Tropfenzerfall in der Luftströmung und den Tropfenaufprall auf einer Oberfläche genutzt.

Für die Simulation der Verformung und des Zerfalls der Tropfen wird das TAB-Modell [63] genutzt, welches sowohl die Verformung in der Luftströmung als auch einen anschließenden Zerfall modelliert. Der Tropfen beginnt in der Luftströmung zu schwingen, zur Modellierung dieser Schwingung wird nach Taylor [65] ein Feder-Masse-System genutzt. Die Federkraft wird durch die wiederherstellende Funktion der Oberflächenspannung des Tropfens, der Dämpfer durch die viskosen Kräfte des Tropfens und die angreifenden Kräfte durch die Luftwiderstandskräfte gebildet. Sobald die Schwingung einen kritischen Wert überschreitet, zerfällt der Ursprungstropfen in Sekundärtropfen (engl. child parcels). Die so entstehenden Tropfengrößen werden anhand einer Rosin-Rammler Verteilung mit einer benutzerspezifischen Streuung bestimmt. Der Geschwindigkeitsvektor der entstehenden Tropfen wird um einen zusätzlichen Anteil erweitert. Dieser Geschwindigkeitsanteil ist normal zum Geschwindigkeitsvektor des Ursprungstropfens und wird in Abhängigkeit der Verzerrungsrate des Tropfens zum Zeitpunkt des Zerfalls berechnet.

Der Tropfenaufprall auf einer Oberfläche spielt ebenfalls eine wichtige Rolle bei der Simulation der Verschmutzung. Für die Lagrange-Tropfen wird das Bai-Gosman-Modell [66, 67] genutzt, dieses trifft Vorhersagen für das Verhalten eines Tropfens, welcher auf eine Wand auftrifft. Für weitere Modelle zur Vorhersage der Aufprallmechanismus kann Stanton und Rutland [68] herangezogen werden.

In Abbildung 2.2 sind die möglichen Mechanismen, welche in StarCCM+® auftreten, dargestellt. Diese werden anhand der We-Zahl, der Laplace-Zahl, der Oberflächentemperatur und des Wandzustandes (benetzt oder trocken) ermittelt. Das Berechnungsmodell basiert ursprünglich auf Einspritzverfahren in Verbrennungsmotoren (In-Zylinder-Anwendungen), weshalb nicht alle Formen des Tropfenaufpralls dieses Modells bei der Fahrzeugverschmutzung auftreten, da die Oberflächentemperaturen und Drücke sich zwischen Verschmutzung und In-Zylinder Anwendungen stark unterscheiden. Wenn ein Lagrange-Tropfen in das im nächsten Abschnitt erklärte FluidFilm-Modell übergeht, werden der Impuls und die kinetische Energie des Tropfens direkt an den Flüssigkeitsfilm weitergegeben.

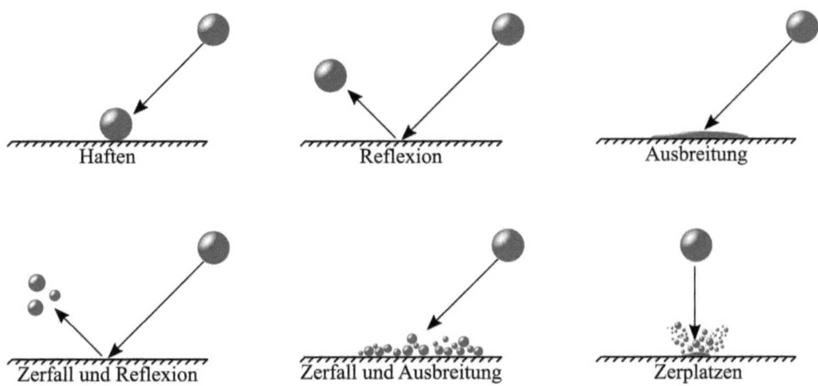

Abb. 2.2 Aufprallmechanismen auf einer ebenen Oberfläche im Bai-Gosman-Modell nach [66, 67]

In StarCCM+® wird im Gegensatz zu dem voran erläuterten Standardverfahren ein statistischer Ansatz genutzt, um die Anzahl an Partikeln zu reduzieren. Statt der Partikel werden Parcel genutzt, welche eine gewisse Anzahl von Partikeln mit identischem strömungsmechanischem Verhalten abbilden. Das jeweilige Parcel verändert seine Flugeigenschaften im Vergleich zu einem Partikel nicht. Dabei liegt in den Simulationen in Kapitel 5 die Partikelzahl in einem Parcel bei eintausend. Die Parcel werden über Injektoren in das Strömungsgebiet eingebracht, wobei der jeweilige Injektor die Anfangsbedingungen der charakteristischen Größen (wie Geschwindigkeit, Flugwinkel usw.) festlegt.

FluidFilm-Modell

Das FluidFilm-Modell wird genutzt, um die Verteilung und den Transport von dünnen Flüssigkeitsfilmen in 2D auf einer Oberfläche zu berechnen. Die Schichtdicke des Films wird in der Simulation nicht direkt abgebildet (der Film breitet sich senkrecht zur Oberfläche über mehrere Zellen aus), sondern wird für jede Oberflächenzelle als Parameter gespeichert. In den in Kapitel 5 gezeigten Simulationen entsteht der Flüssigkeitsfilm aus auf die Oberfläche auftreffenden Tropfen, welche aus allen Mechanismen aus Abbildung 2.2 außer „Reflexion" und „Zerfall und Reflexion" resultieren können. Andere Quellen wie eine direkte Quelle des Flüssigkeitsfilmes sind ebenfalls möglich. Der Flüssigkeitsfilm kann durch verschiedene Effekte reduziert werden. Als Beispiel kann der Film verdunsten, verdampfen oder es reißen Tropfen aus diesem ab. Diese Modelle werden in den gezeigten Simulationen jedoch nicht genutzt. Im Flüssigkeitsfilm werden ebenfalls die Erhaltungsgleichungen von Masse, Impuls und Energie gelöst.

$$\frac{\partial}{\partial t}\int_V \rho_f \, \mathrm{d}V + \int_A \rho_f \underline{v}_f \mathrm{d}a = \int_V \frac{S_u}{h_f} \mathrm{d}V \tag{2.58}$$

Mit:
- ρ_f... Dichte des Films
- $\underline{v}_f$... Geschwindigkeit des Flüssigkeitsfilmes
- S_u... Quellen und Senken des Flüssigkeitsfilmes pro Netzzelle
- h_f... Filmschichtdicke

Aus der Massenerhaltung wird die Fluidfilmhöhe nach Gleichung 2.58 berechnet. Das Volumen und die Oberfläche sind Funktionen der Schichtdicke h_f und ihrer räumlichen Verteilung. Aufgrund der 2D Modellierung des Flüssigkeitsfilmes besitzt der Flüssigkeitsfilm keine freie Oberfläche. Hierdurch muss der Einfluss der Luftströmung auf den Flüssigkeitsfilm modelliert werden, da sie nicht direkt berechnet werden kann. So kann z. B. der Einfluss der Druckkräfte durch die Umströmung modelliert werden.

2.2 Grundlagen der Tropfenbildung

Die Tropfenbildung beschreibt den Prozess, bei dem das Wasser aus einer größeren Menge einzelne ggf. kleinere Tropfen formt. Dies kann in zwei Hauptphänomene unterteilt werden: den Tropfenabriss und den Tropfenzerfall (Sekundärzerfall). Beide Phänomene basieren auf derselben physikalischen Grundlage: der Relativgeschwindigkeit zwischen Wasser und Luft. Bei Ersterem führt die unterschiedliche Geschwindigkeit dazu, dass Wasser auf einer Oberfläche bewegt wird und Tropfen, an einer Kante oder in Einzelfällen auch aus der Wasseroberfläche, abreißen können. Bei Letzterem führt die relative Geschwindigkeit zwischen Wasser und Luft zu einem Zerfallen des Tropfens in der Luft. Die einzelnen Zerfallsmechanismen können anhand der We-Zahl nach Gleichung 2.59 unterteilt werden. Abbildung 2.4 zeigt einen Überblick über die einzelnen Zerfallsmechanismen.

$$We = \frac{\rho_g {v_{rel}}^2 d_{Tr}}{\sigma} \tag{2.59}$$

$$Oh = \frac{\nu_{Tr}\rho_{Tr}}{\sqrt{\rho_{Tr}\sigma d_{Tr}}} \tag{2.60}$$

Mit: We... Weber-Zahl
v_{rel}... Relativgeschwindigkeit zwischen Luft und Wasser
d_{Tr}... Tropfendurchmesser
σ... Oberflächenspannung zwischen Wasser und Luft
Oh... Ohnesorge-Zahl
ν_{Tr}... Viskosität des Tropfens
ρ_{Tr}... Dichte des Tropfens

Die We-Zahl ist eine dimensionslose Kennzahl, welche die auf den Tropfen wirkenden Trägheitskräfte ins Verhältnis zu den Oberflächenkräften setzt. Die Oberflächenkräfte sorgen dafür, dass ein Tropfen seine Form beibehält, während die Trägheitskräfte für eine Deformation und einen möglichen darauffolgenden Zerfall sorgen. Mit steigender We-Zahl verbessert sich die Fähigkeit eines Tropfens, sich durch die Anströmung zu verformen. Da die parallele Messung der Geschwindigkeit des Tropfens und der umgebenden Luft eine große Herausforderung darstellt, wird häufig für die Relativgeschwindigkeit zwischen Luft und Tropfen die Geschwindigkeit der freien Gasströmung genutzt [49], um nicht beide Geschwindigkeiten messen zu müssen.

Die Ohnesorge-Zahl (Oh-Zahl) ist ebenfalls eine dimensionslose Kennzahl, welche das Verhältnis der Viskosität des Tropfens auf die Deformation angibt. Bei steigender Oh-Zahl lässt sich der Tropfen leichter verformen und die Tendenz zum Zerfallen des Tropfens steigt.

Die Prozesse des Tropfenabrisses werden hier auf Grundlage des Rotationszerstäubers nach Wozniak [69] erläutert. Die physikalischen Grundlagen zwischen Rotationszerstäubern und dem Abriss am Spiegel sind verschieden. Der Rotationszerstäuber basiert auf der Rotation der Scheibe, welche zu einer Zentripetalkraft auf das Fluid führt. Bei dem Tropfenabriss am Spiegel führt eine Relativgeschwindigkeit zwischen den Fluiden zu einer Scherkraft, die zum Tropfenabriss führt. Trotz der Unterschiedlichkeiten in den Randbedingungen werden in den in Kapitel 3 gezeigten Windkanaluntersuchungen ähnliche Abrissprozesse beobachtet. In Abbildung 2.3 sind die einzelnen Abrissmechanismen am Rotationszerstäuber dargestellt. Bei geringen Wasservolumenströmen wird der Prozess des Abtropfens, bei welchem einzelne Tropfen von der Scheibe abreißen, beobachtet. Durch einen höheren Volumenstrom treten der Strahl-, Faden- oder Ligamentenzerfall auf, bei denen sich zuerst ein Faden von der Platte entfernt und im Anschluss einreißt. Die nächsten Abrissmechanismen bei ansteigendem Volumenstrom sind der laminare bzw. turbulente Lamellenzerfall, bei dem sich eine Lamelle (ein dünner Flüssigkeitsfilm) an der Kante bildet, die einreißt und Tropfen bildet. Eine detaillierte Beschreibung der einzelnen am Spiegel auftretenden Phänomene wird in Abschnitt 3.2.1 gegeben.

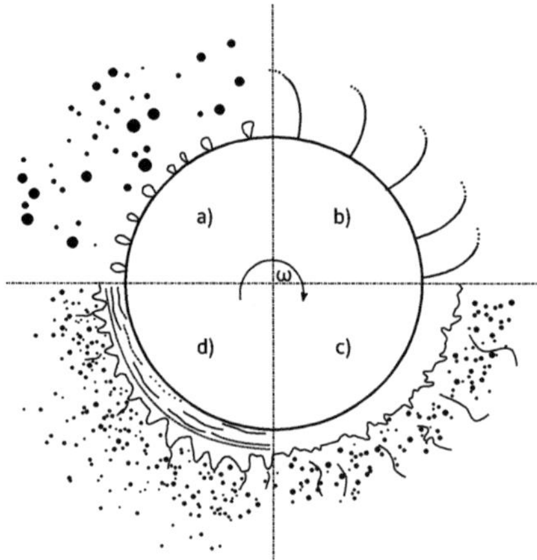

Abb. 2.3 Zerfallsmechanismen am Rotationszerstäuber, a) Abtropfen b) Strahl-, Ligamenten- oder Fadenzerfall c) laminarer Lamellenzerfall d) turbulenter Lamellenzerfall nach [69]

Der zweite große Teil der Tropfenbildung ist der sekundäre Zerfall der Tropfen in der Luft. In Abbildung 2.4 sind die einzelnen möglichen Zerfallsmechanismen in Abhängigkeit von der We-Zahl nach Pilch und Erdman und Chen et al. [70, 71] dargestellt. Bei geringen We-Zahlen kommt es in der Messregion nicht zu einem Tropfenzerfall, wohingegen mit einer gesteigerten We-Zahl, welche vor allem durch die Relativgeschwindigkeit und den Tropfendurchmesser variiert werden, unterschiedliche Zerfallsmechanismen auftreten. Eine genaue Beschreibung der hinter dem Spiegel stattfindenden Zerfallsprozesse ist in Abschnitt 3.2.2 zu finden.

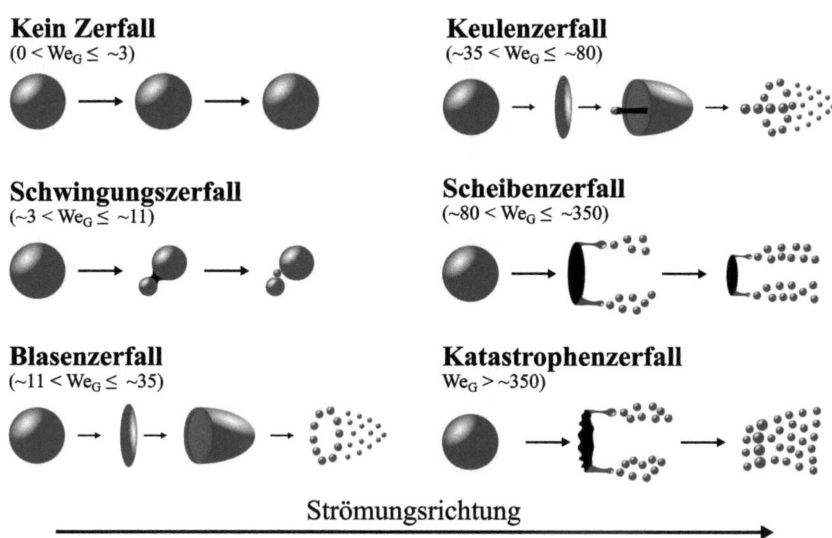

Abb. 2.4 Prozesse des Sekundärzerfalls in Abhängigkeit von der We-Zahl mit $Oh < 0{,}1$ nach [70, 71]

2.3 Grundlagen des Tropfenfluges

Wie schon in Abschnitt 2.1.3 erläutert, charakterisiert die Stokes-Zahl (St-Zahl) die Eigenschaft eines Partikels der Strömung zu folgen. Bei der Untersuchung des Tropfenfluges anhand der St-Zahl wird ein ruhender Tropfen an einer beliebigen Position in die Strömung eingebracht. Das Verhalten des Tropfens nach der Einbringung kann anhand der St-Zahl charakterisiert werden, welche nach Gleichung 2.61 berechnet wird zu:

$$St = \frac{\tau_{Tr}}{\tau_f} \tag{2.61}$$

Mit: St... Stokes-Zahl
τ_{Tr}... Partikelrelaxationszeit
τ_f... Fluid-Zeitmaß

Die Partikelrelaxationszeit τ_{Tr} beschreibt die Dauer, die das Partikel benötigt, um auf 63 % der Fluidgeschwindigkeit (basierend auf der Partikelbewegungsgleichung mit einer Partikelanfangsgeschwindigkeit von null und einer sprunghaften Änderung der Geschwindigkeit der Umgebungsströmung) zu beschleunigen [72] und kann nach Gleichung 2.62 bestimmt werden:

$$\tau_{Tr} = \frac{4\rho_{Tr} {d_{Tr}}^2}{3\eta_c C_D Re_{Tr}} \tag{2.62}$$

Mit: ρ_{Tr}... Partikeldichte
d_{Tr}... Partikeldurchmesser
η_c... dynamische Viskosität der Luft
C_D... Widerstandsbeiwert des Partikels
Re_{Tr}... Partikel Reynolds-Zahl

Der Widerstandsbeiwert des Partikels wird wie bei der verwendeten Simulationssoftware StarCCM+® mittels des Liu-Modells berechnet, wobei die Deformation des Partikels nicht betrachtet wird, sodass in Gleichung 2.53 $y_{blend} = 0$ gesetzt wird und Gleichung 2.52 genutzt wird. Die Re-Zahl des Partikels kann mit der folgenden Gleichung bestimmt werden:

$$Re_{Tr} = \frac{\rho_c d_{Tr} \sqrt{(v_{Tr} - v_c)^2}}{\eta_c} \tag{2.63}$$

Mit: ρ_c... Dichte der Luft
v_{Tr}... Partikelgeschwindigkeit
v_c... Luftgeschwindigkeit

Da das Partikel ruhend in die Strömung eingebracht wird, kann die Partikelgeschwindigkeit v_{Tr} hier als null angenommen werden. Da die Luft das Partikel umströmt, wodurch die Widerstandskraft auf das Partikel wirkt, werden hier auch die dynamische Viskosität und Dichte des Fluids und nicht die des Partikels genutzt.

Das hier genutzte Fluid-Zeitmaß τ_f kann mithilfe des Geschwindigkeitsgradienten der Strömung an der beliebigen Position im Strömungsfeld räumlich ermittelt werden. Da die Dimension des Geschwindigkeitsgradienten kein Zeitmaß ist (T^{-1}), wird der Kehrwert genutzt. Der 3D Geschwindigkeitsgradient wird mittels der Frobeniusnorm (Gleichung 2.65) in einen skalaren Wert überführt. Der Gradient des

Geschwindigkeitsfeldes stellt die räumliche Änderung der Strömungsgeschwindigkeit dar. Der skalare Wert, welcher aus der Normierung resultiert, beschreibt demzufolge die mittlere Bewegung der Strömung an einer definierten Position.

$$\tau_f = \frac{1}{\left\| grad(\underline{v_c}) \right\|_F} \tag{2.64}$$

$$\|V\|_F = \sqrt{\sum_{i=0}^{n} \sum_{j=0}^{n} v_{ij}^2} \tag{2.65}$$

Experimentelle Untersuchungen der Tropfenbildung

3

Aufbauend auf den theoretischen Grundlagen wird im nächsten Schritt die Lücke in der Literatur zum Thema physikalische Tropfenabrissprozesse am Außenspiegel, die daraus resultierenden Tropfengrößen und der Einfluss verschiedener Parameter auf diese geschlossen. Hierzu wird detailliert auf die Tropfenbildung an der Unterseite einer Kante eingegangen. Dies geschieht sowohl an einem Gesamtfahrzeug im Windkanal, um eine realistische Umströmung zu generieren, als auch an einer generischen Platte zur einfachen und schnellen Untersuchung verschiedener Parameter auf die Tropfenbildung. Die Tropfenbildung setzt sich zusammen aus dem Tropfenabriss an der Unterseite der Spiegelkante und dem Zerfall in der Luft. Zur Beschreibung der Phänomene werden Videoanalysen und Tropfengrößen genutzt. Die hier gezeigten Methoden und Ergebnisse sind bereits in [73, 74] veröffentlicht.

3.1 Versuchsanlagen und Messtechnik

Im folgenden Abschnitt werden die einzelnen genutzten Versuchsanlagen und Messtechniken näher erläutert. Hierzu zählen sowohl Einrichtungen wie der Windkanal, Messtechniken zur optischen Bewertung von Sprays als auch verschiedene Verfahren zur Bestimmung der Fluideigenschaften von diversen Flüssigkeiten.

3.1.1 Windkanal

Für die Untersuchung der abreißenden Tropfen am Außenspiegel eines Kraftfahrzeuges wurde ein Windkanal der Göttinger Bauart der Volkswagen AG in Wolfsburg genutzt. So können Untersuchungen einer Fahrsituation mit einem stehenden

L. Kille, *Numerische Untersuchung der Fremdverschmutzung im Bereich der Seitenscheibe und des Außenspiegels bei leichten Nutzfahrzeugen*, AutoUni – Schriftenreihe 177, https://doi.org/10.1007/978-3-658-48922-9_3

Fahrzeug durchgeführt werden, wodurch die Aufnahme von Videos erleichtert wird. In Abbildung 3.1 ist der grundlegende Aufbau eines geschlossenen Umlaufwindkanals in Göttinger Bauart dargestellt. Das Gebläse beschleunigt mit einer Leistung von 2,5 MW die Luft, welche zweifach umgelenkt wird. Kurz vor der Messstrecke wird ein Gleichrichter genutzt, um die Strömung gleichmäßig und turbulenzarm in die Messstrecke zu bringen. Im Anschluss an den Gleichrichter wird die Luftströmung durch eine Querschnittsverengung innerhalb der Düse beschleunigt und tritt in die Messstrecke über eine Fläche von 7,5 m x 5 m ein. Innerhalb der Messstrecke ist das Fahrzeug aufgestellt, welches auf einer Laufrolle positioniert werden kann, um eine Rotation der Reifen zu realisieren. Dies kann für die Untersuchung der Eigenverschmutzung und die Abbildung einer realistischen Fahrt auf der Straße genutzt werden, wird aber in den hier gezeigten Versuchen zur Reduktion der beeinflussenden Parameter nicht genutzt. Hinter der Messstrecke wird die Strömung mithilfe eines Diffusors wieder in die Zuführung des Gebläses gebracht.

Für die Standard-Fremdverschmutzungsversuche im Windkanal wird hinter der Düse ein Sprühgestell auf der Höhe der Außenspiegel positioniert, welches Tropfen bestehend aus fluoreszierendem Wasser über die ganze Breite des Fahrzeuges einbringt. Diese Tropfen treffen auf die Frontscheibe und den Seitenspiegel. Das Wasser kann anschließend über das Fahrzeug verlaufen und führt zu den typischen Fremdverschmutzungen.

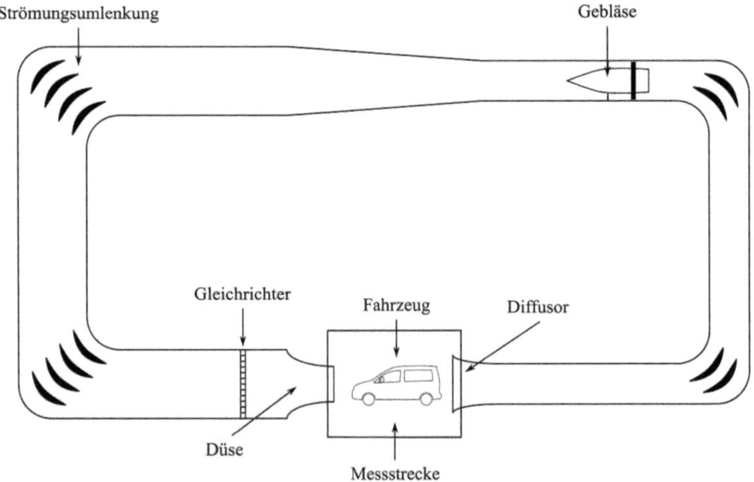

Abb. 3.1 Aufbau eines geschlossenen Windkanals nach Göttinger Bauart

3.1.2 Highspeed-Video-Technik

Die Highspeed-Videotechnik wird verwendet, um im Windkanal und den Prüfständen die Tropfenbildung zu visualisieren. Im Fokus stehen der Tropfenabriss und der Tropfenzerfall, sodass die genutzten Videoausschnitte einen großen Bereich abdecken müssen. Als Kamera wird eine Phantom® v2011 [75] genutzt, welche mit einer maximalen Aufnahmerate von 22000 Hz arbeiten kann. Die maximale Auflösung der Kamera beträgt 1280 px x 800 px. In beiden Messaufbauten, welche in Abschnitt 3.2 und Abschnitt 3.3 erläutert sind, wird ein Nikon Nikkor 60 mm f/2,8 Objektiv eingesetzt. Um die Tropfen in der Aufnahmeebene darstellen zu können, wird auf der gegenüberliegenden Seite der Kamera eine Belichtung platziert (Gegenlicht), wodurch die Tropfen als Schatten auf den Videos sichtbar werden. Als Belichtung werden Light-Emitting Diodes (LEDs) genutzt, welche von einem Diffusor abgedeckt werden. Der Diffusor besteht aus einer milchigen Acrylglasscheibe, welche zusätzlich mit einem Stofftuch überzogen wird, um die Dämmwirkung zu erhöhen. Durch die Diffusion der Lichtquelle entsteht eine großflächig gleichmäßig ausgeleuchtete Messebene. Für die zwei Versuchsaufbauten werden zwei unterschiedliche LED-Quellen verwendet. Bei den Gesamtfahrzeugversuchen werden großflächige rote LEDs genutzt, hingegen werden bei den Plattenversuchen kleinere weiße LEDs verwendet, da die zu belichtende Fläche deutlich kleiner ist. Die roten und weißen LEDs weisen für die Auswertung und Durchführung der Versuche keine Unterschiede auf und sind lediglich anhand der aufzunehmenden Fläche ausgesucht worden.

3.1.3 Schattenverfahren

Das Schattenverfahren [76] wird verwendet, um die Tropfengrößen in definierten Ebenen hinter dem Abriss im Gegenlichtverfahren zu messen. Hierfür werden Fotos in der Messebene mittels eines LaVision Imager 2X 6M aufgenommen. Die Kamera hat einen Bildsensor von 2752 px x 2200 px mit einer Aufnahmefrequenz von 12,5 Hz im Doppelpulsverfahren. Für die zwei Messaufbauten werden aufgrund der deutlich unterschiedlichen Distanzen zwischen Kamera und Messebene unterschiedliche Objektive genutzt. So wird für den Windkanalversuch aufgrund der großen Distanz ein Fernfeldmikroskop (DistaMax K2 der Firma Infinity) mit einer komplett geöffneten Blende verwendet. Hingegen wird durch die deutlich kürzere Distanz bei den Plattenversuchen ein Sigma EX Makro 180 mm f/2,8 genutzt. Auf der gegenüberliegenden Seite der Kamera zur Messebene ist ein Laser positioniert. In den in dieser Arbeit gezeigten Versuchen wird ein Litron-Nano PIV-Laser gebraucht, welcher ein frequenzverdoppelter Nd:YAG-Laser ist. Der Laser besitzt eine Leistung von 50 mJ bei einer Wellenlänge von 532 nm und einer Frequenz von 50 Hz. Der Q-Switch (dt. Güteschalter) ist ein optisches Bauteil, welches sehr schnell eine Laseraktivität erlauben und beenden kann. Bei diesem Umschalten wird zwischen hohen und geringen Verlusten umgestellt, sodass der Laser „durchgelassen" oder „geblockt" wird. Im Anschluss an den Laser ist eine Lichtleitfaser positioniert, welche einen Kollimator besitzt. Dieser Kollimator sorgt für eine Parallelisierung des Lichtes. Zur Erzeugung einer konstant ausgeleuchteten Lichtebene ist am Ende der Lichtleitfaser ein High-Efficiency Diffuser positioniert.

Durch das Doppelpulsverfahren werden zwei kurz aufeinander folgende Bilder aufgenommen (siehe Abbildung 3.2). In den einzelnen Bildern werden alle Tropfen identifiziert und die zwei Durchmesser, welche den größten bzw. kleinsten Durchmesser der Ellipse beschreiben, und die Position des Mittelpunktes jedes Tropfens bestimmt. Diese Durchmesser werden genutzt, um mittels eines ideal runden Tropfens den Durchmesser und das Volumen des Tropfens zu berechnen. Durch die Position des Mittelpunktes in den aufeinanderfolgenden Bildern (Abbildung 3.2) kann die Bewegungsgeschwindigkeit jedes einzelnen Tropfens ermittelt werden. Aus der Division der Verschiebung des Mittelpunktes eines Tropfens (weißer Pfeil in Abbildung 3.2) und des Belichtungsabstandes des Doppelpulses ergibt sich die Tropfengeschwindigkeit.

Abb. 3.2 Doppelpulsaufnahme des Schattenverfahrens zur Ermittlung der Tropfengeschwindigkeit aller sichtbaren Tropfen; 1. Zeitpunkt schwarz, 2. Zeitpunkt blau

Um eine qualifizierte Aussage über die Tropfenzahl treffen zu können, wird eine Depth-of-Field (DOF) Untersuchung durchgeführt. Mit dieser Analyse wird die Detektierbarkeit verschiedener Tropfendurchmesser in Abhängigkeit von der Tiefenschärfe bestimmt. Größere Tropfendurchmesser können in einer größeren Tiefe (Abstand zur Fokussierebene) als kleinere Tropfen detektiert werden. Um diese Detektierbarkeit zu bestimmen, wird eine Kalibrierplatte, auf der Punkte mit definierten Durchmessern zwischen 50 µm bis 1000 µm abgebildet sind, genutzt. Diese Kalibrierplatte wird parallel zur Messebene (Fokussierebene) verschoben und in verschiedenen Positionen aufgenommen. Die Auswertesoftware identifiziert in jedem Bild die gemessenen Tropfen und kann daraus eine statistische Gewichtung für die einzelnen Tropfendurchmesser festlegen. Durch die bessere Detektierbarkeit der großen Tropfen wird diesen eine kleinere statistische Gewichtung zugeordnet als den kleineren Tropfen, welche im gesamten Tiefengebiet schlechter identifiziert werden können.

Da die Messunsicherheit nicht während der Versuche bestimmt werden kann, wird eine Messung mit dem genutzten Messaufbau und der DOF-Kalibrierplatte durchgeführt. Die Durchmesser der Punkte auf der Kalibrierplatte sind exakt bekannt (50 µm bis 1000 µm), sodass eine Messunsicherheit bestimmt werden kann. Ohne jegliche Einstellung der Auswerteparameter liegt die Abweichung bei 14 µm unabhängig vom gemessenen Tropfendurchmesser. Durch eine Anpassung der Auswerteparameter in der Messtechnik DaVis 10.1.2 ParticleMaster [77] kann dieser Fehler reduziert werden. Diese Reduktion ist abhängig von der jeweiligen Messung und kann daher nicht spezifiziert werden. Die externen Gegebenheiten sind in beiden Versuchen konstant gehalten worden, sodass dieser Einfluss reduziert worden ist. Es werden eintausend Bilder über einen Zeitraum von achtzig Sekunden aufgenommen, um die zeitlichen Schwankungen im Strömungsfeld (Turbulenz) und daraus resultierende Schwankungen im Tropfenfeld zu berücksichtigen.

3.1.4 Messung von Fluideigenschaften

Zur Bestimmung des Einflusses von physikalischen Fluideigenschaften (Viskosität, Dichte, Oberflächenspannung) auf die Tropfenbildung wurden diese im Labor bestimmt.

Zur Bestimmung der dynamischen Viskosität, welche den Widerstand eines Fluids gegen das Fließen beschreibt, wird ein Rotationsrheometer (Universal Dynamic Spectrometer 200) genutzt. In diesem wird die zu untersuchende Flüssigkeit innerhalb eines Doppelspalt-Zylinder-Messsystems zwischen zwei Zylindern vermessen. Anhand des Drehmomentes und der Drehzahl des Zylinders kann die Viskosität bestimmt werden [78].

Zur Messung der Oberflächenspannung wird ein Tensiometer (Sigma 702 der Firma KSV-Instruments) genutzt, welches die Bügelmethode nach du Noüy [79] nutzt. Bei dieser Methode wird ein Platin-Iridium Drahtring komplett im zu messenden Fluid eingetaucht. Beim Herausziehen wird die benötigte Kraft F_{max} gemessen, welche sich aus der Gravitationskraft F_G und der Kraft aus der Oberflächenspannung F_K zusammensetzt.

Zur Bestimmung der Dichte des Fluids wird ebenfalls ein Tensiometer genutzt. Hierfür wird die Gewichtskraft einer Glaskugel in der Luft und in der Flüssigkeit gemessen. Aus der Kräftedifferenz und dem Volumen der Glaskugel kann die Dichte des Fluids bestimmt werden.

3.1.5 Kontaktwinkelmessgerät

Zur Messung des Kontaktwinkels auf unterschiedlichen Oberflächen wird ein Krüss MSA (Mobile Surface Analyzer) genutzt. Die Messung erfolgt durch die Applikation eines Tropfens mit definiertem Volumen auf die zu messende Oberfläche. Von diesem Tropfen wird ein Foto aufgenommen (siehe Abbildung 3.3), aus welchem mittels unterschiedlicher Algorithmen der Kontaktwinkel beidseitig bestimmt wird. In der in Abbildung 3.3 gezeigten Untersuchung wird der elliptische Algorithmus zur Ermittlung des Kontaktwinkels genutzt. Hierbei wird eine Ellipse passend zu dem Tropfen erstellt und der Winkel zwischen der Ellipse und der Messoberfläche berechnet. Somit ergeben sich zwei Kontaktwinkel. Diese Auswertung der Kontaktwinkelbestimmung wird mit einer Wartezeit von einer Sekunde zwischen den einzelnen Bestimmungen zehnmal wiederholt, um Messungenauigkeiten auszugleichen.

Der so ermittelte Kontaktwinkel gibt an, wie gut sich Wasser auf der jeweiligen Oberfläche ausbreiten kann. In Abbildung 3.4 sind zwei Beispiele dargestellt. Bei einer hydrophilen Oberfläche mit einem Kontaktwinkel $\theta < 90°$ (linke Seite) breitet sich das Fluid großflächig aus. Hingegen bei einer hydrophoben Oberfläche $\theta > 90°$ besitzt der Tropfen eine kleine Kontaktfläche zu der Oberfläche. Im Bereich der Verhinderung und Reduktion von Verschmutzungen ist ein möglichst großer Kontaktwinkel erstrebenswert, um wenig Energie aufzuwenden, um die Tropfen von der Oberfläche zu entfernen.

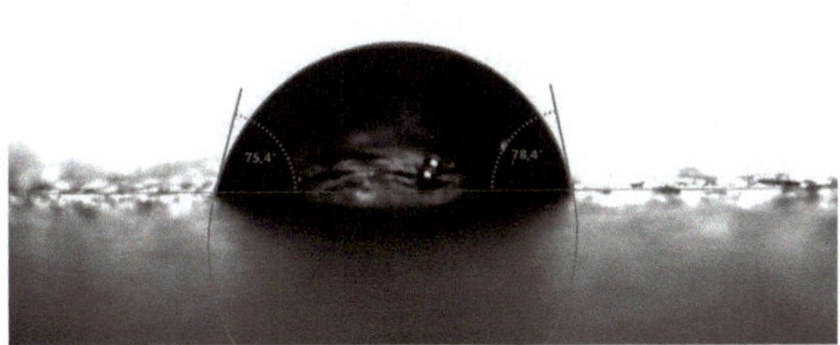

Abb. 3.3 Bestimmung des Kontaktwinkels am Beispiel eines Tropfens auf einem Spiegelgehäuse

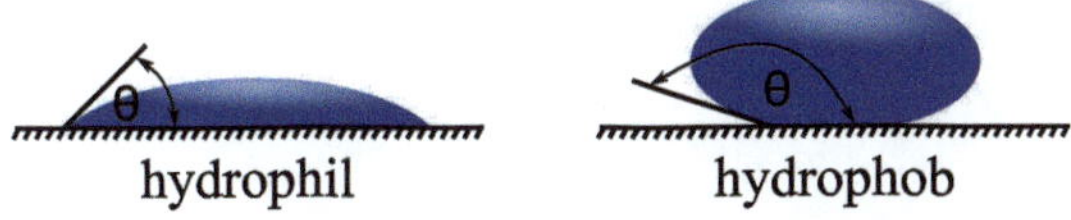

Abb. 3.4 Kontaktwinkel auf einer Oberfläche, links: hydrophil, rechts: hydrophob

3.2 Untersuchung des Tropfenabrisses und Zerfall an einem Außenspiegel

Zur Bestimmung des Tropfenabrisses und des Sekundärzerfalls der Tropfen in der Luft am Gesamtfahrzeug wird ein Volkswagen Caddy (4. Generation, gebaut bis 2020) mit Pkw-Spiegeln im Windkanal (siehe Abschnitt 3.1.1) platziert. Im Gegensatz zu den industrieüblichen Aerodynamikuntersuchungen werden die Räder nicht gedreht, da dies keinen Einfluss auf den Tropfenabriss am Spiegel hat. Der Windkanal wurde im Vorhinein nicht gesondert konditioniert. Die Temperatur liegt bei 20 °C und die relative Luftfeuchtigkeit bei 80 %. Eine Anpassung der Luftgeschwindigkeit fand zwischen 80 km/h und 140 km/h in 20 km/h Schritten statt. Um sicherzustellen, dass lediglich Tropfen gemessen werden, welche am Spiegel abgerissen sind, wird das Wasser in den hier gezeigten Untersuchungen direkt auf den Spiegel aufgebracht. Zur Aufbringung des Wassers wird im Inneren des Fahrzeuges ein Tank mit einer Pumpe aufgestellt und das Wasser durch die Türdichtung mittels eines Schlauches zur Oberfläche des Spiegelgehäuses geführt. Der Massenstrom des Wassers wird mit

0,015 kg/s konstant für alle Versuche eingestellt. Der Schlauch ist so auf der Oberfläche positioniert, dass der Einfluss auf die Umströmung so gering wie möglich gehalten wird. Dies wurde in einer vorangegangenen CFD-Simulation ermittelt. Die Position liegt auf der Vorderseite des Spiegels im sogenannten Staubereich (siehe Abbildung 3.5). Hier ist die Geschwindigkeit der Luft sehr gering, wodurch eine größtmögliche und realistische Verteilung des Wassers auf der Oberfläche bei einer örtlich begrenzten Injektion erzeugt werden kann. Nach der Aufbringung verläuft das Wasser (siehe Abbildung 3.5) gravitationsbedingt nach unten ($Z_{Fahrzeug} \downarrow$) und durch die Luftströmung nach außen ($Y_{Fahrzeug} \downarrow$), wo es auf der Hinterseite an der unteren Kante des Spiegels abreißt.

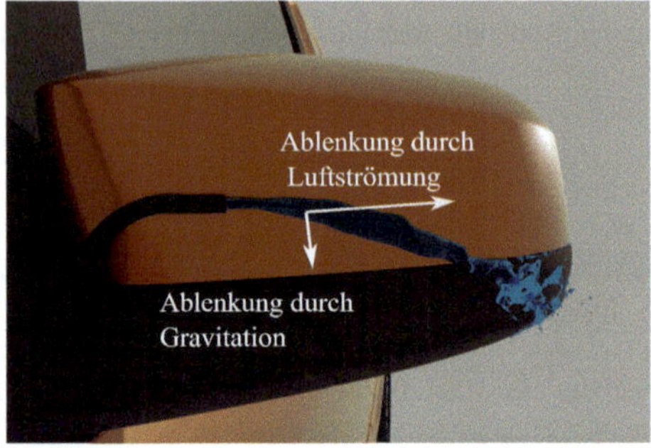

Abb. 3.5 Ablenkung des Wasserstrahls auf dem Spiegelgehäuse. (Simulationsergebnis)

Für die Vermessung des Tropfenabrisses werden die beiden in Abschnitte 3.1.2 und 3.1.3 vorgestellten Verfahren genutzt. Die Positionierung der einzelnen Komponenten ist in Abbildung 3.6 gezeigt. Hierbei wird der jeweilige Kameraaufbau (bestehend aus Kamera und Lichtquelle) hinter dem Fahrzeugspiegel positioniert, um den Tropfenabriss und den Tropfenzerfall messen zu können. Die Kamera wird oberhalb und die diffuse Lichtquelle unterhalb des Spiegels aufgestellt. Der Highspeed-Aufbau (Abbildung 3.6 b) wird genutzt, um eine 240 mm x 150 mm Ebene hinter dem Spiegel auf der Höhe der Abrisskante aufzuzeichnen. In Abbildung 3.7 ist die genutzte Auswertedarstellung der Highspeed-Untersuchungen als Ansicht von oben visualisiert. Im unteren rechten Bereich befindet sich die Highspeed-Ebene, welche zusätzlich mit einem 3D-Modell des Außenspiegels erweitert wird. Die Untersuchung mit der lokalen Wasserinjektion auf den Spiegel fokussiert sich vor allem auf die Unterkante und in wenigen Fällen auf kleine Teile der Außenkante.

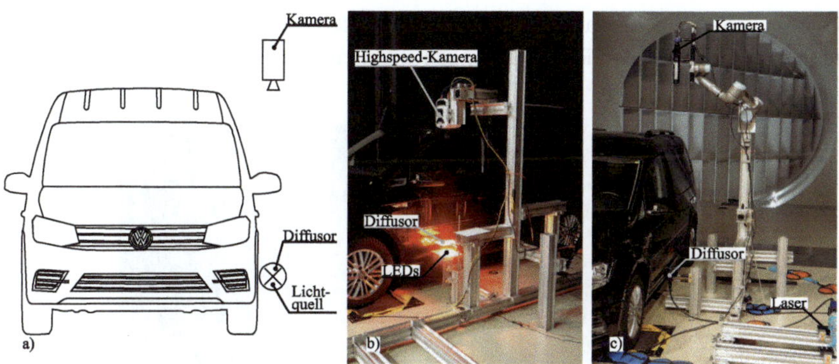

Abb. 3.6 Messaufbauten des Tropfenabrisses am Spiegel nach [73] a) Prinzipskizze b) Highspeed-Versuchsaufbau c) Versuchsaufbau des Schattenverfahren

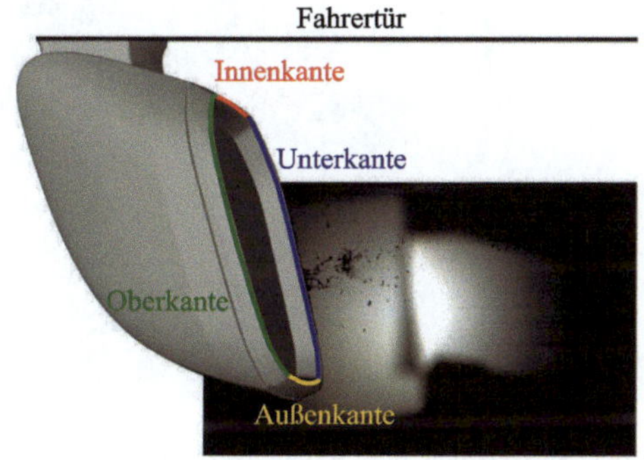

Abb. 3.7 Erläuterung der Visualisierung der Highspeed-Ergebnisse

Das Schattenverfahren (Abbildung 3.6 c), welches zur Messung der entstehenden Tropfengrößen genutzt wird, misst in sieben räumlich unterschiedlich angeordneten 20 mm x 25 mm Messebenen hinter dem Spiegel (siehe Abbildung 3.8). Ebenen 1 bis 3 und Ebenen 4 bis 6 dienen der Messung der Tropfengrößen kurz nach dem Abriss, wobei in Messebene 1 und 4 die Tropfen direkt nach dem Abriss vermessen werden und in Ebene 2, 3 und 5, 6 die Tropfen bereits unter den Einfluss der umgebenden Luftströmung geraten sind und somit ein Sekundärzerfall möglich wird. Messebene 7 dient der Messung der sich im Spiegelnachlauf befindenden Tropfen mittig vor dem Spiegelglas. Diese können sowohl auf das Spiegelglas treffen als auch im Nachlauf verweilen. Um die Positionierung der Kamera für alle

Messebenen genau zu realisieren, wird ein Roboterarm genutzt, mit dem die Position der Kamera in allen Raumrichtungen exakt eingestellt werden kann.

Abb. 3.8 Positionen der Messebenen des Schattenverfahrens im Windkanal hinter dem Außenspiegel

3.2.1 Tropfenabriss an der Spiegelkante

Im Folgenden werden die Ergebnisse für den Tropfenabriss an der Unterkante des Spiegels aus den Messungen im Windkanal gezeigt, welche bereits in [73] veröffentlicht sind. Der Tropfenabriss hinter dem Spiegel kann durch zwei unterschiedliche Parameter charakterisiert werden: die Position des Tropfenabrisses und den jeweiligen physikalischen Abrissmechanismus.

Der Tropfenabriss findet nicht an einer genau definierten konstanten Position, sondern in einem gewissen Bereich am Spiegelgehäuse statt. In Abbildung 3.9 sind die Hauptabrissbereiche (zwischen den Linien) hinter dem Spiegel in Abhängigkeit der Luftgeschwindigkeit dargestellt. Hierbei wird das Wasser lokal auf den Spiegel aufgebracht. Bei 60 km/h findet der Abriss vor allem im inneren Bereich der Unterkante statt und vermutlich auch noch in dem nicht aufgenommenen Bereich. Die Breite des Abrissbereichs ist daher für diese Geschwindigkeit nicht exakt ermittelbar, da die innere Abrissgrenze außerhalb des belichteten Bereichs liegt. Mit steigender Luftgeschwindigkeit wird der Bereich weiter an die äußere Kante des

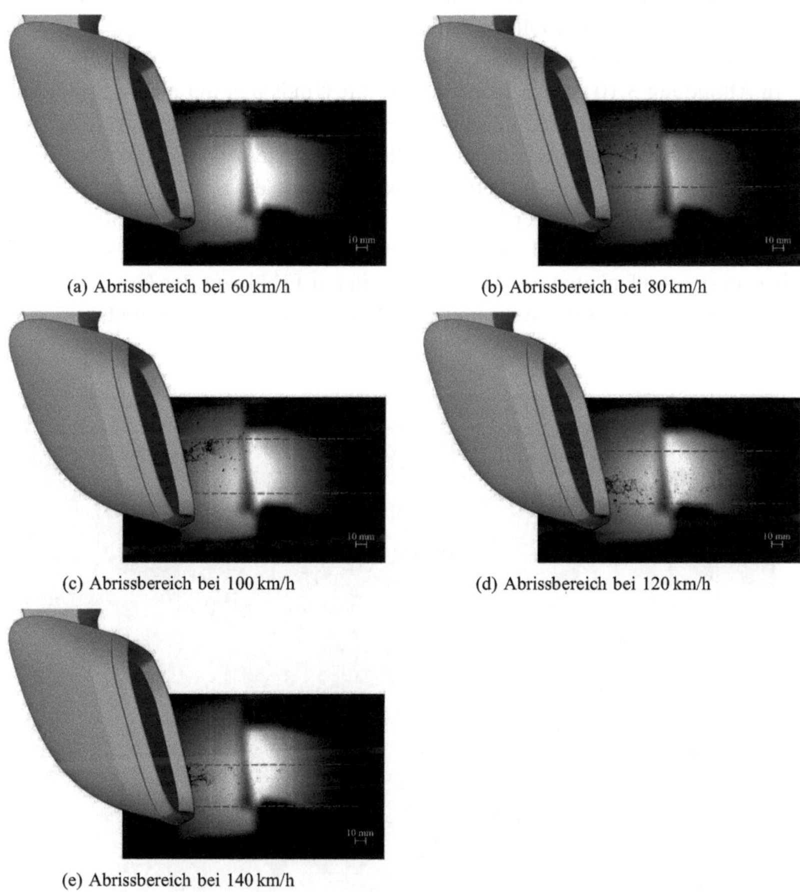

(a) Abrissbereich bei 60 km/h

(b) Abrissbereich bei 80 km/h

(c) Abrissbereich bei 100 km/h

(d) Abrissbereich bei 120 km/h

(e) Abrissbereich bei 140 km/h

Abb. 3.9 Geschwindigkeitseinfluss auf den Abrissbereich des lokal auf den Spiegel aufgebrachten Wassers am Außenspiegel (Draufsicht). Kombination eines CAD-Spiegels und eines Versuchsbildes

Spiegels verschoben ($\underline{v} \uparrow \rightarrow$ Abrissbereich $Y_{Fahrzeug} \downarrow$). Ab 120 km/h stimmt die äußere Abrissgrenze mit der Außenseite des Spiegels nahezu überein und wird bei höheren Geschwindigkeiten kaum noch verschoben. Die innere Abrissgrenze wird zwischen 120km/h und 140 km/h (Abbildungen 3.9d und 3.9e) leicht nach außen ($Y_{Fahrzeug} \downarrow$) verschoben, sodass der Abrissbereich bei 140 km/h deutlich schmaler ist als bei den anderen Geschwindigkeiten. Es wurde beobachtet, dass sich in Ausnahmefällen Wasser durch die turbulente instationäre Anströmung am Spiegelgehäuse auch außerhalb des Hauptabrissbereichs an der Unterkante ablösen kann. Ein Beispiel hierfür ist Abbildung 3.9c zu finden, hier reißt ein Tropfen oberhalb des rot markierten Bereiches ab.

In Abbildung 3.10 ist der Tropfenabriss im Windkanal mit einem Sprühgestell (beschrieben in Abschnitt 1.3.2) und einer fluoreszierenden Flüssigkeit für unterschiedliche Geschwindigkeiten dargestellt. Für 80 km/h ist ein größerer Abrissbereich (hellblauer Bereich) identifizierbar, welcher etwa die äußere Hälfte des Spiegels einnimmt. Mit einer Erhöhung der Geschwindigkeit auf 100 km/h wird dieser Bereich schmaler und wandert ein kleines Stück weiter nach außen und steigt höher an der Außenkante an. Mit einer weiteren Erhöhung der Geschwindigkeit auf 120 km/h wandert die Wasseransammlung an der Seite hoch und wird erneut

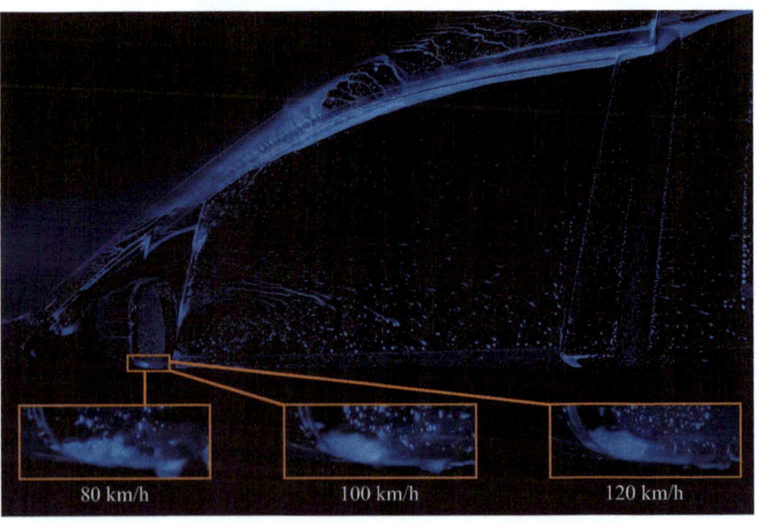

Abb. 3.10 Geschwindigkeitseinfluss auf den Abrissbereich des durch ein Sprühgestell aufgebrachten fluoreszierenden Wassers im Windkanal am Außenspiegel

schmaler. Dies kann darauf zurückgeführt werden, dass bei einer Erhöhung der Luftgeschwindigkeit der Einfluss der Gravitationskraft geringer wird. Durch das stärker verteilte Wasser auf dem Spiegelgehäuse gelangt ein größerer Anteil in der oberen Hälfte des Spiegelgehäuses in die Wasserfangnut und wird somit von oben in den Abrissprozess eingebracht.

Zusammenfassend zeigen die Versuche mit der Aufbringung des Wassers direkt auf den Spiegel und über ein Sprühgestell einen nach außen wandernden Abrissbereich mit steigender Geschwindigkeit. Die Verkleinerung des Abrissbereiches mit steigender Geschwindigkeit kann ebenfalls beobachtet werden, wobei bei den Versuchen mit der direkten Injektion auf die Oberfläche der Unterschied deutlich geringer ausfällt.

Der zweite wichtige Vorgang ist der physikalische Prozess des Tropfenabrisses, welcher in Abschnitt 2.2 schon anhand eines Rotationszerstäubers kurz erläutert wurde. In Abbildung 3.11 sind die am Spiegel auftretenden Abrissprozesse dargestellt. Der dominierende Abrissprozess für Luftgeschwindigkeiten von 60 km/h bis 100 km/h ist der Ligamentenzerfall (engl. ligament formation) oder auch Rayleigh-Plateau-Strahlzerfall. Abbildung 3.11a zeigt den Ligamentenzerfall in drei aufeinander folgenden Zeitschritten. Das Wasser sammelt sich auf der Unterseite des Spiegels und wird durch die relative Geschwindigkeit zur Luft zu einer Wassersäule (Ligament) geschert (Abbildung 3.11a: (1)). Ab einer gewissen Länge des Ligamentes bildet dieses axialsymmetrische Einschnürungen, welche über die gesamte Länge verteilt sind (Abbildung 3.11a: (2)). Diese Einschnürungen führen zu einem Zerfall des Ligamentes in eine Serie von Tropfen (Abbildung 3.11a: (3)). Bei dieser Abrissart entstehen drei charakteristische Arten an Tropfen. Der erste Tropfen ist der sogenannte Head-Tropfen [80], welcher in der Literatur in den meisten Fällen als der größte resultierende Tropfen dieses Abrissmechanismus dargestellt wird. In den hier gezeigten Untersuchungen besitzt der Head-Tropfen einen vergleichbaren Durchmesser zu den Ligamententropfen, welche sich über die gesamte Länge des Ligamentes ausbilden. Die Größe der entstehenden Ligamententropfen weist in den vorliegenden Untersuchungen eine deutliche Streuung auf, welche bei Rotationszerstäubern nicht beobachtet werden kann. Dies kann auf die instationäre Luftströmung und die daraus resultierende nicht konstante Wasserströmung zurückgeführt werden. In den Bereichen der Einschnürungen entstehen, wie in der einschlägigen Literatur beschrieben, ebenfalls kleinere Satellitentropfen.

Der laminare Lamellenzerfall (engl. laminar sheet formation) ist der primäre Tropfenbildungsprozess für eine Luftgeschwindigkeit zwischen 100 km/h und 140 km/h, welcher auf zwei unterschiedlichen Weisen ablaufen kann. Aus der Wasseransammlung an der Unterseite des Spiegels formt sich ein großflächiger dünner Film, die sogenannte Lamelle (siehe Abbildungen 3.11b und 3.11c: (1)). Die

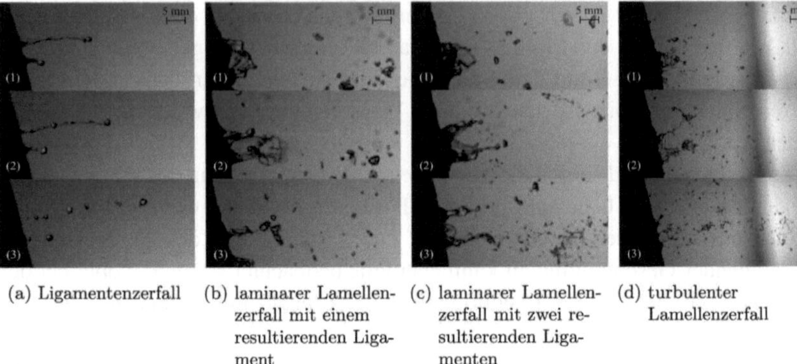

(a) Ligamentenzerfall (b) laminarer Lamellenzerfall mit einem resultierenden Ligament (c) laminarer Lamellenzerfall mit zwei resultierenden Ligamenten (d) turbulenter Lamellenzerfall

Abb. 3.11 Drei aufeinander folgende Zeitschritte der einzelnen Abrissmechanismen am Außenspiegel nach [73]

Stabilität der Lamelle wird durch lokale Störungen, wie z. B. aus der Strömung resultierende Turbulenzen, zerplatzende Tropfen oder Tropfen, welche die Lamelle berühren, beeinflusst. Durch diese Beeinflussung entstehen Löcher in der Lamelle (siehe Abbildungen 3.11b und 3.11c: (2)), welche sich in alle Richtungen innerhalb der Lamelle ausbreiten. Wenn sich zwei dieser Löcher treffen, vereinen sich deren Ränder und bilden einen Faden aus Tropfen. Der immer breiter werdende Rand der Löcher bildet zum Schluss Ligamente aus. Wenn das Loch mittig in der Lamelle entsteht, reißt dieses immer weiter auf und es bilden sich an den Rändern der Lamelle zwei einzelne Ligamente aus (siehe Abbildung 3.11c: (3)). Außerdem kann nach dem Aufreißen des Lochs auch nur ein einzelnes Ligament in der Mitte der ursprünglichen Lamelle entstehen (siehe Abbildung 3.11b: (3)). Dies hat zwei unterschiedliche Ursachen. Im ersten Fall entstehen in der Lamelle zwei Löcher an den äußeren Rändern, welche sich in der Mitte vereinigen und das Ligament bilden. Aus den äußeren Bereichen der Lamelle reißen Tropfen ab, sodass sich hier keine weiteren Ligamente bilden. Die zweite Möglichkeit besteht darin, dass sich in der Mitte ein Loch bildet, welches nicht bis zur Oberfläche des Spiegels einreißt. Hierbei entsteht ein Impuls, welcher die Ränder der Lamelle bzw. des Loches zusammenzieht, wodurch sich ein Ligament in der Mitte formt. Die so verbleibenden Ligamente zerfallen nach dem aus dem vorherigen Absatz bekannten Abrissprozess des Ligamentenzerfalls.

Der letzte auftretende Abrissprozess ist der turbulente Lamellenzerfall (engl. turbulent sheet formation), welcher in den hier gezeigten Untersuchungen lediglich bei 120 km/h und 140 km/h auftritt (siehe Abbildung 3.11d). Dieser Prozess ist dem laminaren Lamellenzerfall sehr ähnlich, tritt jedoch deutlich seltener auf. Wie bei dem laminaren Zerfall bildet das Wasser beim turbulenten Lamellenzerfall eine dünne Lamelle hinter dem Spiegel (Abbildung 3.11d: (1)). Diese Lamelle reißt ebenfalls in der Mitte ein, bildet im Vergleich zur laminaren Variante deutlich mehr kleine Tropfen (Abbildung 3.11d: (2)) und ist deutlich instabiler und turbulenter. Durch diesen turbulenteren Prozess sind die Tropfen in ihrer Flugrichtung deutlich ungerichteter und können auch im Vergleich zum Abrisspunkt stark nach innen und nach außen fliegen (Abbildung 3.11d: (3)). Das bei den laminaren Prozessen überbleibende Ligament kann hier häufig nicht beobachtet werden, da ein stetiger Tropfenabriss aus der Lamelle vorhanden ist und am Ende nicht genug Wasservolumen verbleibt, um ein Ligament zu formen.

3.2.2 Tropfenzerfall hinter dem Spiegel

Nachdem die Tropfen vom Spiegel abgerissen sind, bilden diese eine disperse Phase in der Luftströmung und können zerfallen. Die Zerfallsmechanismen des sekundären Tropfenzerfalls können mithilfe der We-Zahl (nach Gleichung 2.59) in verschiedene Prozesse (siehe Abbildung 2.4) unterteilt werden. Um die We-Zahl der Tropfen berechnen zu können, wird die Relativgeschwindigkeit zwischen den Tropfen und der Luft benötigt. Da die Messung der Luftgeschwindigkeit am Spiegel nicht trivial ist, wird in dieser Arbeit zur Berechnung der We-Zahl eine Vereinfachung vorgenommen. Durch den kurzen zeitlichen Abstand zwischen Tropfenabriss und Tropfenzerfall wird die Geschwindigkeit des Tropfens, wie in der Literatur beschrieben, mit null angenommen und die Geschwindigkeit der Luft wird mittels einer RANS-Rechnung überschlägig bestimmt. Die Luftgeschwindigkeit ist im Bereich des Spiegels um einen Faktor 1,3 größer als in der freien Anströmung des Fahrzeuges. So treten bei Anströmgeschwindigkeiten von 100 km/h im Bereich des Spiegels Luftgeschwindigkeiten von 130 km/h auf. Die charakteristische Länge des Tropfens (Tropfendurchmesser) wird jeweils am unbeeinflussten Ausgangszustand (Abbildung 3.12 jeweils das oberste Bild) bestimmt.

Nach dem Abriss der Tropfen vom Spiegel können die Tropfen zerfallen oder ohne Zerfall den betrachteten Messbereich verlassen. Wenn die Tropfen zerfallen, treten die in Abbildung 3.12 dargestellten sekundären Zerfallsprozesse auf, welche hier anhand der im Versuch visuell identifizierten Prozesse beschrieben werden.

Schwingungszerfall

In Abbildung 3.12a ist der Schwingungszerfall (engl. vibrational breakup) dargestellt, der bei sehr geringen We-Zahlen ($\approx 3 < We \lessapprox 11$) auftritt. Bei diesem erfährt der Tropfen aus Abbildung 3.12a 1, welcher schon leicht horizontal gestreckt ist, durch die Umströmung der Luft eine oszillierende Deformation, die durch einen Druckunterschied zwischen dem vorderen und hinteren Staupunkt und dem Rest der Tropfenoberfläche erzeugt wird. Durch die Schwingung wird der Tropfen abwechselnd in den Raumrichtungen gestreckt und gestaucht (Abbildung 3.12a: (2)). Diese Schwingung nimmt zu, bis die Oberflächenkräfte überwunden sind und der Tropfen in mehrere kleine Tropfen zerfällt (Abbildung 3.12a: (3)). Die so entstehenden Tropfen sind von gleicher Größenordnung wie der Ursprungstropfen, sodass dieser Prozess nur teilweise als Zerfallsprozess gewertet wird [81]. Der Schwingungszerfall tritt am Seitenspiegel in den meisten Fällen bei sehr großen Tropfen auf, weshalb auch die berechnete We-Zahl des gezeigten Zerfalls ($We = 27,7$) deutlich über dem Bereich des Schwingungszerfalls ($We \lessapprox 11$) liegt. Dies kann darauf zurückgeführt werden, dass bei der Berechnung der We-Zahl die Strömungsgeschwindigkeit in der schnellen Strömung am Spiegel betrachtet wird und nicht der Bereich hinter der Spiegelkante oder im Spiegelnachlauf, in denen die Geschwindigkeit deutlich geringer ist. Die großen Tropfen erfahren häufig schon durch den Abriss vom Spiegel eine oszillierende Schwingung, wodurch der Zerfallsmechanismus initialisiert wird. Der Schwingungszerfall ist ein langwieriger Zerfallsprozess, dies kann in den hier gezeigten Versuchen genauso beobachtet werden wie in der Literatur beschrieben (vergleiche Pilch und Erdman [70]). Somit kann der oszillierende Tropfen einen höheren relativen Geschwindigkeitsunterschied erfahren, z. B. durch das Verlassen des langsamen Strömungsbereiches (Spiegelnachlauf) oder durch einen

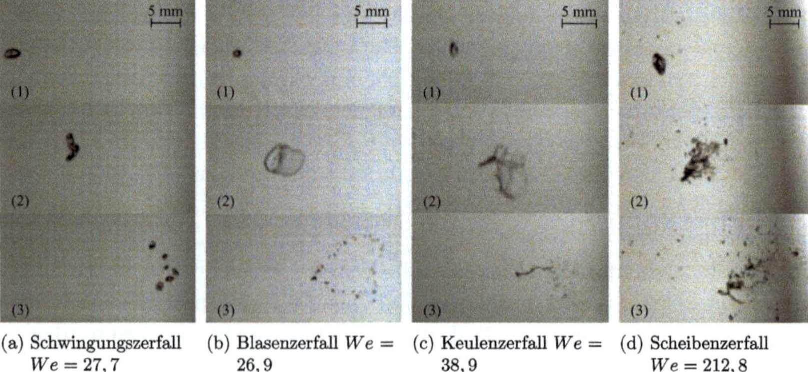

(a) Schwingungszerfall $We = 27,7$ (b) Blasenzerfall $We = 26,9$ (c) Keulenzerfall $We = 38,9$ (d) Scheibenzerfall $We = 212,8$

Abb. 3.12 Drei aufeinander folgende Zeitschritte der einzelnen sekundären Zerfallsmechanismen hinter dem Außenspiegel [73]

Luftströmungswirbel, welcher in das langsame Strömungsgebiet eindringt. Durch den erhöhten Geschwindigkeitsunterschied kann einer der nachfolgenden Zerfallsprozesse eingeleitet werden, welche zeitlich schneller ablaufen.

Blasenzerfall

Mit einer Erhöhung der We-Zahl ($\approx 11 < We \lessapprox 35$) entsteht der Blasenzerfall (engl. bag breakup), welcher in Abbildung 3.12b dargestellt ist. Der unverformte Tropfen aus dem Abriss (Abbildung 3.12b: (1)) wird durch die Anströmung so beeinflusst, dass sich aus dem Tropfen eine Blase (Abbildung 3.12b: (2)) oder Tasche (engl. bag) bildet. Die Taschenbildung kann nach Chor [83] in zwei Schritte unterteilt werden. Die Ausformung einer Scheibe, was hier Abbildung 3.12b nicht gezeigt wird, und im Anschluss die Bildung der Blase. Nach Han und Tryggvason [84, 85] entsteht die Blase durch eine Ablösung der umgebenden Strömung, die eine Druckdifferenz zwischen dem vorderen Staupunkt und dem Nachlauf erzeugt. Diese Erkenntnis basiert auf einer direkten numerischen Simulation (DNS).

Das Volumen dieser Blase und des umgebenden Rings wächst über die Zeit an. Dies kann nach Chou und Faeth [83] auf den hohen Staudruck im inneren der Blase zurückgeführt werden. Nach Opfer et al. [46] wird die Dynamik der Flüssigkeitsblase durch das Gleichgewicht zwischen Trägheitskräften und dem dynamischen Druck der Luftströmung dominiert.

Beim Zerfall reißt zu Beginn der dünne Flüssigkeitsfilm auf und bildet viele kleine Tropfen, welche in Abbildung 3.12b aufgrund der Auflösung nicht sichtbar sind. Der Ursprung des Aufrisses des dünnen Films sind entstehende Löcher, welche auf andere Tropfen im Tropfenfeld oder nach Liu und Reitz [86] auf lokale Störungen der Luftströmung oder Partikelverunreinigungen der Tropfenflüssigkeit zurückgeführt werden. Diese Löcher breiten sich weiter aus, bis die gesamte Blase zerfallen ist. Der Ring der Tasche bleibt eine kurze Zeit bestehen, bis auch dieser durch Rayleigh-Taylorinstabilitäten in größere Tropfen zerfällt (Abbildung 3.12b: (3)), die untereinander etwa die gleiche Größe aufweisen. Nach Chou und Faeth [83] beinhaltet der Ring etwa 60 % des Ausgangsvolumens des Ursprungstropfens und die resultierenden Tropfen aus dem Ring besitzen einen Durchmesser, welcher etwa 30 % von dem des Ursprungstropfens entspricht. Der Durchmesser der kleinen Tropfen, welche aus der Tasche resultieren, beträgt lediglich 4 % des Durchmessers des Ausgangstropfens.

Keulenzerfall

Ein weiterer Zerfallsprozess ist der Keulenzerfall (engl. bag-and-stamen breakup), der bei höheren We-Zahlen ($\approx 35 < We \lessapprox 80$) auftritt. Der Zerfallsmechanismus ist dem Blasenzerfall sehr ähnlich. Der Tropfen (Abbildung 3.12c: (1)) wird ebenfalls durch die Luftströmung verformt und bildet eine Tasche mit einer zusätzlichen Keule (engl. stamen) in der Mitte, sodass der Tropfen die Form eines Pilzes annimmt (Abbildung 3.12c: (2)). Nach Guildenbecher et al. [81] gibt es zwei Theorien für die Entstehung der Keule in der Mitte des Tropfens. Nach Pilch und Erdman [70] entsteht die Keule durch Rayleigh-Taylorinstabilitäten, welche durch den Dichteunterschied zwischen Wasser und Luft an der Tropfenfront entstehen. Im Gegensatz zum Blasenzerfall, bei dem eine Rayleigh-Taylor Welle über dem ganzen Tropfen entsteht, sind im Keulenzerfall zwei Wellen vorhanden, welche in der Mitte für eine Ansammlung an Wasser sorgen. Nach Theofanous et al. [87] werden diese anfänglichen Instabilitäten durch die wirkenden aerodynamischen Kräfte verstärkt und bilden die Blase und die Keule aus. Der zweite Ansatz für die Bildung der Keule ist der interne Fluss von Khosla und Smith [88]. Hierbei besagt die Theorie, dass durch die Verformung ein interner Fluss des Wassers von den Polen in die Mitte des Tropfens entsteht. Beim Blasenzerfall ist die Oberflächenspannung groß genug, um die internen Flüsse zu minimieren, sodass sich das Wasser im Ring sammelt. Beim Scheibenzerfall sammelt sich das Wasser durch die gesteigerte We-Zahl in der Mitte des Tropfens und bildet den zweiten Extremfall dieser Theorie. Beim Keulenzerfall, welcher ein Übergangsfall zwischen Blasen- und Scheibenzerfall ist, sind beide Phänomene ausgeglichen. Die Blase bildet sich wie zuvor beim Blasenzerfall, während sich in der Mitte eine Keule bildet, welche sonst beim Scheibenzerfall in der Mitte die Wasseransammlung darstellt. Wie beim Blasenzerfall wächst das Volumen der Tasche an, bis der Tropfen in mehreren Schritten zerfällt. Im ersten Schritt reißt die Tasche ein und zerfällt in eine große Anzahl an kleinen Tropfen. Nach einer kurzen Dauer, in welcher der Ring bestehen bleibt, reißt dieser auf und bildet größere Tropfen. Zum Schluss bleibt für eine kurze Zeit die Keule bestehen (Abbildung 3.12c: (3)), welche im Anschluss ebenfalls zerfällt und die größten Tropfen des Zerfalls erzeugt. So entstehen drei charakteristische Tropfengrößen für den Keulenzerfall. Die kleinsten Tropfen aus der Tasche, mittelgroße Tropfen aus dem Ring der Tasche und größere Tropfen aus der Keule. In wenigen Fällen zieht sich die Keule zusammen und bildet erneut einen großen Tropfen. Dai und Faeth [89] haben dabei herausgefunden, dass mit steigender We-Zahl der Anteil des Wasservolumens in der Keule steigt, was ebenfalls die Theorie von Khosla und Smith [88] unterstützt.

Scheibenzerfall

Der letzte visuell identifizierbare Zerfallsprozess ist der Scheibenzerfall (engl. sheet-thinning), welcher von den hier gezeigten Zerfallsprozessen im Bereich der höchsten We-Zahlen liegt ($\approx 80 < We \lessapprox 350$). In der Literatur finden sich hierzu nach Guildenbecher et al. [81] zwei Ansätze zur Erklärung des physikalischen Prozesses.

Zum einen gibt es den shear stripping Ansatz nach Nicholls und Ranger [90], bei dem die umgebende Strömung eine Grenzschicht innerhalb der Tropfenoberfläche erzeugt und sobald diese instabil wird, Masse aus dem Rand des Tropfens abreißen lässt. Zum anderen den sheet thinning Ansatz von Liu und Reitz [86]. Durch die Trägheit der umgebenden Phase wird der Rand des Tropfens in Richtung der Strömung abgelenkt und es bildet sich eine Scheibe, aus deren Rand sich Ligamente ausbilden, welche anschließend zu einzelnen Tropfen zerfallen. Dieses Verhalten kann auch in den gezeigten Untersuchungen beobachtet werden. Der Tropfen wird von der Strömung in eine Scheibe deformiert (Abbildung 3.12d: (1)). Aus dem Rand der Scheibe reißen kleine Tropfen ab, welche sich in die obere rechte Ecke bewegen (Abbildung 3.12d: (2)), wobei sich der Ursprungstropfen in der unteren linken Ecke des Tropfenfeldes befindet. Die Bildung von Ligamenten [86] kann in den hier gezeigten Untersuchungen jedoch nicht gesehen werden. Dieser Vorgang setzt sich so lange fort, bis die Scheibe einen Großteil ihres ursprünglichen Volumens verloren hat. Der Ursprungstropfen kann nach dem Volumenverlust als einzelner Tropfen weiter bestehen oder durch einen der vorherig erläuterten Zerfallsprozesse in kleine Tropfen zerfallen (Abbildung 3.12d: (3)). Nach Han und Tryggvason [84, 85] verhindert die starke Verwirbelung hinter dem Tropfen während des Zerfallsprozesses die Bildung einer Blase.

Wie schon im Abschnitt zu dem Schwingungszerfall erwähnt, unterscheiden sich die optisch identifizierten Zerfallsprozesse teilweise von den berechneten We-Zahlen, sodass die berechnete We-Zahl außerhalb des theoretischen We-Zahl Bereichs des jeweiligen Zerfalls liegt. Dies hat unterschiedliche Ursachen, zum einen, wie schon erwähnt, die Vereinfachung der Relativgeschwindigkeit durch die Geschwindigkeit aus der RANS-Berechnung, welche nicht in jedem Fall auf einen Tropfen einwirken muss. Dies kann sowohl an der Position des Tropfens liegen als auch an der turbulenten Strömung, welche für Geschwindigkeitsschwankungen sorgen kann. Der zweite Grund liegt in der Begrenzung der Zerfallsprozesse selbst. Die Zerfallsprozesse weisen keine klaren We-Zahl Grenzen auf, sondern besitzen Übergangsbereiche, in denen beide angrenzende Zerfallsformen und Kombinationen aus diesen auftreten können. In ca. 70 % der untersuchten Zerfallsprozesse stimmen die berechneten und die optisch identifizierten Zerfallsprozesse überein. Bei den nicht übereinstimmenden Prozessen liegen ca. 60 % innerhalb von Übergangsbereichen und etwa 40 % bestehen aus dem Schwingungszerfall von großen Tropfen.

Zum Abschluss wird noch der Einfluss der Geschwindigkeit auf die Zerfallsprozesse untersucht. In Abbildung 3.13 ist die Auftrittswahrscheinlichkeit der einzelnen Zerfallsmechanismen in Abhängigkeit von der Geschwindigkeit wiedergegeben. Diese Anteile wurden durch Zählung der auftretenden Prozesse in den Highspeed-Videos ermittelt. Für 80 km/h tritt der Blasenzerfall (rot) am häufigsten auf. Dieser Anteil wird mit steigender Luftgeschwindigkeit reduziert und bei 100 km/h und

120 km/h ist der Keulenzerfall (grün) der vorherrschende Zerfallsmechanismus. Bei 140 km/h ist der Scheibenzerfall (gelb) der dominierende Zerfallsmechanismus. Somit lässt sich hierfür zusammenfassend sagen, dass eine höhere Anströmgeschwindigkeit zu Zerfallsprozessen mit einer höheren benötigten We-Zahl führt. Zu erwähnen ist hier der Anteil des Schwingungszerfalls (blau), welcher bei allen Geschwindigkeiten ermittelt werden konnte. Bei 120 km/h ist in dem ausgewerteten Zeitraum kein Schwingungszerfall aufgetreten, allerdings kann dieser über die gesamten Messzeit, welche nicht komplett für die Auswertung verwendet wird, ebenfalls identifiziert werden. Der konstante Anteil des Schwingungszerfalls ist vor allem darauf zurückzuführen, dass er lediglich bei großen Tropfen im Spiegelnachlauf beobachtet werden konnte, welche bei allen Geschwindigkeiten auftreten.

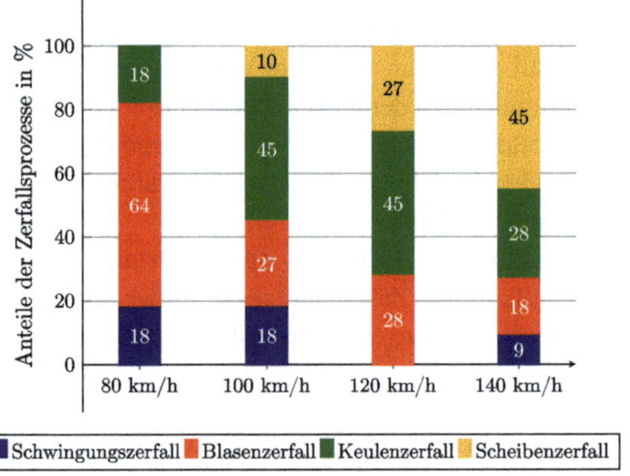

Abb. 3.13 Verteilung der visuell identifizierten Zerfallsprozesse in Abhängigkeit der Geschwindigkeit hinter einem Außenspiegel nach [73]

3.2.3 Tropfengrößen hinter dem Spiegel

Zur Vervollständigung der Auswertung der Windkanalversuche wird zusätzlich ein Überblick über die gemessenen Tropfengrößen hinter dem Spiegel gegeben. Hierfür sind in den in Abbildung 3.8 dargestellten Ebenen Tropfengrößen gemessen worden. Durch die Positionierung der verschiedenen Ebenen können die Tropfengrößen direkt nach dem Abriss und nach einiger Flugzeit bestimmt werden. Zur Darstellung der Tropfengrößen werden zwei unterschiedliche Methoden genutzt. Zum einen werden charakteristische Tropfengrößen (Durchschnittswerte) bestimmt, die das gesamte Tropfenfeld mit einem einzelnen Zahlenwert charakterisieren. Des

Weiteren werden die Tropfenfelder mit Histogrammen charakterisiert, welche die Häufigkeitsverteilung der unterschiedlichen Tropfendurchmesser, Tropfengeschwindigkeiten und Tropfenrichtungen widerspiegeln. Die charakteristischen Tropfengrößen eines Tropfenfeldes werden nach Lefebvre und McDonell [91] bestimmt:

$$D_{ab} = \left[\frac{\sum N_i D_i^a}{\sum N_i D_i^b} \right]^{\frac{1}{(a-b)}} \tag{3.1}$$

Mit: $i...$ Index eines Tropfendurchmesserbereiches
$N...$ Anzahl der Tropfen in einem Tropfendurchmesserbereich
$D...$ Mittlerer Tropfendurchmesser in einem Tropfendurchmesserbereich
$a, b...$ Index des charakteristischen Durchmessers

In der hier gezeigten Arbeit wird sich auf zwei charakteristische Durchmesser (D_{10} und D_{30}) fokussiert. Hierbei beschreibt der D_{10} den arithmetischen Mittelwert aller Tropfendurchmesser und der D_{30} beschreibt den volumetrischen Mittelwert aller Tropfen. Wenn das Volumen eines Tropfens mit dem Durchmesser D_{30} mit der Gesamtanzahl aller Tropfen multipliziert wird, entspricht das resultierende Volumen dem Gesamtvolumen aller gemessenen Tropfen.

Standardabweichung

Zur Berechnung der Fehlerfortpflanzung bei den charakteristischen Durchmessern D_{10} und D_{30} wird die Gleichung 3.2 (Gaussche Fehlerfortpflanzung) genutzt, um den Fehler der Berechnungsgleichung zu bestimmen. Der erste Term wird mit der halben Breite des Tropfendurchmesserbereichs angenommen und der zweite Term kann durch Gleichung 3.7 ersetzt werden. Diese lässt sich mithilfe der Kettenregel für Ableitungen aus Gleichung 3.1 bestimmen:

$$\sigma_{D_{ab}} = \sqrt{\sum \sigma_{D_j}^2 \left(\frac{\partial}{\partial D_j} D_{ab} \right)^2} \tag{3.2}$$

$$D_{ab} = \left(\frac{\sum N_i D_i^a}{\sum N_i D_i^b} \right)^{\frac{1}{a-b}} \tag{3.3}$$

$$\frac{\partial D_{ab}}{\partial D_j} = \frac{1}{a-b} D_{ab}^{(1-a+b)} \cdot \frac{\partial}{\partial D_j} \frac{\sum N_i D_i^a}{\sum N_i D_i^b} \tag{3.4}$$

mit $b = 0$:

$$\frac{\partial D_{a0}}{\partial D_j} = \frac{1}{a} D_{a0}^{(1-a)} \cdot \frac{\partial}{\partial D_j} \frac{\sum N_i D_i^a}{\sum N_i D_i^0} \tag{3.5}$$

$$\frac{\partial D_{a0}}{\partial D_j} = \frac{1}{a} D_{a0}^{(1-a)} \cdot \frac{1}{\sum N_i} a N_j D_j^{a-1} \tag{3.6}$$

$$\frac{\partial D_{a0}}{\partial D_j} = \frac{1}{\sum N_i} D_{a0}^{(1-a)} \cdot N_j D_j^{a-1} \tag{3.7}$$

In Abbildung 3.14 sind D_{10} und D_{30} für alle Messebenen und Geschwindigkeiten dargestellt. Die zusammengehörenden Messebenen (hintereinanderliegend) sind miteinander verbunden. Bei D_{30} (quadratischer Marker) zeigt sich mit steigender Distanz zum Tropfenabriss eine Verkleinerung des Tropfendurchmessers ($D_{30} \sim \frac{1}{\text{Abstand zur Abrisskante}}$) für alle Geschwindigkeiten sowohl in den inneren (Ebene 4 bis 6) als auch in den äußeren Messebenen (Ebene 1 bis 3). In den äußeren Messebenen resultieren kleinere D_{30} als in den inneren Messebenen. Dieses Verhalten kann auf den sekundären Tropfenzerfall in der Strömung zurückgeführt werden. Beim Vergleich der Geschwindigkeiten ist deutlich zu erkennen, dass eine höhere Geschwindigkeit zu einem kleineren D_{30} führt ($D_{30} \sim \frac{1}{\text{Luftgeschwindigkeit}}$).

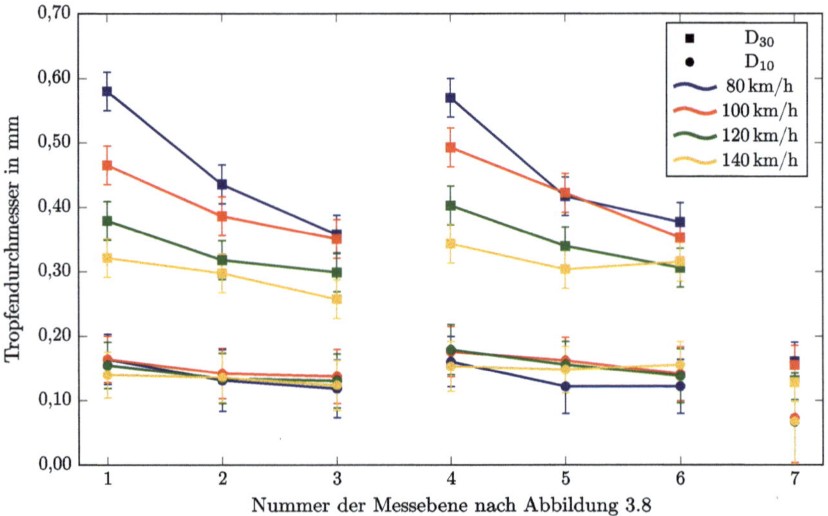

Abb. 3.14 Charakteristische Durchmesser D_{10} und D_{30} des Tropfenfeldes hinter dem Seitenspiegel mit zugehörigen Standardabweichungen (multipliziert mit Faktor 30) in Abhängigkeit der Messebene und Luftgeschwindigkeit nach [73]

Ein größerer Sprung erscheint zwischen 100 km/h und 120 km/h, welcher auf den Wechsel des Hauptzerfallsprozesses von Ligamentenzerfall auf Lamellenzerfall zurückzuführen ist. In Ebene 7 ist der Sprung ebenfalls sichtbar, allerdings nicht so stark wie bei den anderen Ebenen.

Beim D_{10} (kreisförmiger Marker) kann die Abnahme des charakteristischen Durchmessers mit Distanz zum Spiegel ebenfalls bei nahezu allen Geschwindigkeiten identifiziert werden ($D_{10} \sim \frac{1}{\text{Abstand zur Abrisskante}}$). Eine Reduktion des charakteristischen Durchmessers mit steigender Geschwindigkeit hingegen kann nicht identifiziert werden. Dies kann auf zwei unterschiedliche Weisen erklärt werden. Durch die Berechnungsformel des charakteristischen Tropfendurchmessers wird D_{30} (3. Potenz des Durchmessers) im Vergleich zum D_{10} (1. Potenz des Durchmessers) stärker durch wenige große Tropfen beeinflusst. Diese großen Tropfen treten bei geringen Luftgeschwindigkeiten häufiger auf. Des Weiteren besteht die Annahme, dass eine große Anzahl an kleinen Tropfen, welche D_{10} beeinflussen würden, durch die untere Messgrenze von 30 µm nicht gemessen werden können. Diese Annahme beruht auf den im Nachgang in Abbildung 3.15 gezeigten Histogrammen.

In Abbildung 3.15 sind Tropfendurchmesserhistogramme für verschiedene Messebenen hinter dem Spiegel (siehe Abbildung 3.8) dargestellt. Die hier gezeigten Tropfenanzahlen sind mit den Gewichtungsfaktoren der DOF-Kalibrierung beaufschlagt, um die größere Tiefenschärfe der großen Tropfen im Vergleich zu den kleineren Tropfen mit in Betracht zu ziehen (siehe Abschnitt 3.1.3).

In Abbildung 3.15a sind die Tropfengrößen in Messebene 1 direkt nach dem Abriss am Außenspiegel dargestellt. Die Graphen weisen für alle Geschwindigkeiten zwei lokale Maxima auf. Das erste Maximum liegt zwischen 30 µm und 40 µm und das zweite Maximum liegt zwischen 50 µm und 60 µm. Der Einfachheit halber werden im Folgenden die Maxima lediglich mit dem Mittelwert der einzelnen Bereiche bezeichnet (35 µm und 55 µm). Die Tropfenanzahl nimmt mit steigendem Durchmesser stark ab ($N_{\text{Tropfen}} \sim \frac{1}{\text{Tropfendurchmesser}}$) und ist für alle Geschwindigkeiten ab einem Durchmesser von 300 µm annähernd gleich. Unter 0,3 mm nimmt die Tropfenanzahl bei allen Geschwindigkeiten stetig bis zur Messuntergrenze bei 30 µm zu, sodass aus statistischer Sicht davon ausgegangen werden kann, dass auch kleinere Tropfen unterhalb der Messgrenze vorliegen. Unter 0,3 mm zeigen sich zwischen den einzelnen Geschwindigkeiten Unterschiede, so nimmt mit steigender Geschwindigkeit die Anzahl an gemessenen Tropfen zu ($N_{\text{Tropfen}} \sim$ Luftgeschwindigkeit). So weist der Graph für 140 km/h (gelb) einen maximalen Wert von 110.000 Tropfen und der Graph für 80 km/h (blau) im Vergleich an derselben Stelle lediglich 50.000 Tropfen auf. Dieses Verhalten kann auf die unterschiedlichen Abrissprozesse zwischen den einzelnen Geschwindigkeiten zurückgeführt werden.

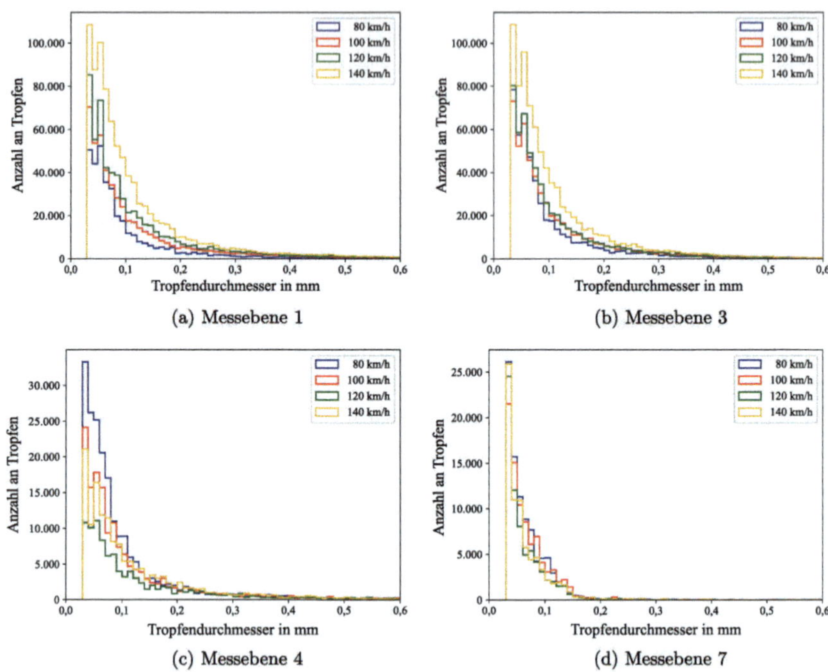

Abb. 3.15 Tropfenhistogramme für verschiedene Messebenen (Position siehe Abbildung 3.8) hinter dem Seitenspiegel in Abhängigkeit der Luftgeschwindigkeit nach [73]

In Abbildung 3.15b sind die Tropfengrößen nach einiger Verweilzeit in der Luft in der Messebene 3 dargestellt. Viele der im vorherigen Abschnitt getroffenen Aussagen treffen auch hier zu. Die lokalen Maxima liegen wieder bei 35 µm und 55 µm, die Tropfenanzahl nimmt bis zur Messgrenze hin zu ($N_{\text{Tropfen}} \sim \frac{1}{\text{Tropfendurchmesser}}$). Oberhalb eines Tropfendurchmessers von 300 µm können die Graphen für die unterschiedlichen Geschwindigkeiten kaum unterschieden werden. Im Bereich unter 0,3 mm zeigt sich jedoch ein Unterschied, die maximale Tropfenanzahl liegt wie zuvor mit demselben Wert bei 140 km/h vor, allerdings weisen die anderen Geschwindigkeiten (80 km/h, 100 km/h und 120 km/h) etwa die gleiche Tropfenanzahl auf, welche auf das Niveau von 120 km/h direkt nach dem Abriss angestiegen ist. Dies kann auf den sekundären Tropfenzerfall während der Verweilzeit in der Luftströmung zurückgeführt werden, wodurch eine größere Anzahl an kleinen Tropfen entsteht.

In Abbildung 3.15c sind die Tropfengrößen der Tropfenabrisse in der inneren Messebene (näher an der Tür) gezeigt. Es wird deutlich, dass der Verlauf der einzelnen Graphen ähnlich dem der Abbildung 3.15a ist. Die Tropfenanzahl nimmt zur minimalen Messgrenze von 30 µm kontinuierlich zu ($N_{\text{Tropfen}} \sim \frac{1}{\text{Tropfendurchmesser}}$). Hierbei sind die maximalen Tropfenanzahlen in diesem Bereich um den Faktor drei kleiner als in Messebene 1. Des Weiteren kann keine Geschwindigkeitsabhängigkeit beobachtet werden ($N_{\text{Tropfen}} \nsim$ Luftgeschwindigkeit). Bei geringen Geschwindigkeiten (80 km/h und 100 km/h) tritt die höchste Anzahl an Tropfen auf. Bei höheren Geschwindigkeiten (120 km/h und 140 km/h) kann eine Steigerung der Tropfenanzahl mit zunehmender Geschwindigkeit nicht beobachtet werden. Dies ist darauf zurückzuführen, dass die Messebene im Abrissbereich der kleineren Geschwindigkeiten positioniert ist (siehe Abbildung 3.9). Bei 80 km/h (blauer Graph) zeigt sich ein lokales Maximum bei 35 µm. Hingegen kann ein Maximum bei 55 µm nicht detektiert werden. Das fehlende lokale Maximum bei 55 µm kann auf den fehlenden sekundären Tropfenzerfall in der Abrissregion zurückgeführt werden, da dieser sowohl in Ebene 5 als auch in Ebene 6 wieder gemessen wird. Die Eigenschaften, die die Graphen in Ebene 4 aufweisen, sind ebenfalls in Ebene 5 und 6 (hier nicht gezeigt) zu beobachten. Dieses Verhalten ist darauf zurückzuführen, dass bei gesteigerter Luftgeschwindigkeit ein größerer Anteil des Wassers in den äußeren Spiegelbereich abgeleitet wird und in Messebene 1 abreißt.

In Abbildung 3.15d sind die Tropfengrößen der sich im Spiegelnachlauf befindenden Tropfen dargestellt. Diese gelangen zu einem Teil auf das Spiegelglas und zum anderen verbleiben sie im Nachlauf. Bei den hier gezeigten Graphen ist ein deutlicher Unterschied zu den Graphen in den vorangegangenen Histogrammen zu sehen. So zeigen alle Graphen nahezu denselben Verlauf und dieselbe Anzahl an Tropfen auf. Oberhalb von 0,2 mm werden kaum Tropfen gemessen und unterhalb von 0,2 mm liegt ein stetiger Anstieg bis zur Messgrenze bei 30 µm vor ($N_{\text{Tropfen}} \sim \frac{1}{\text{Tropfendurchmesser}}$). Dies kann auf den Spiegelnachlauf zurückgeführt werden, welcher bei allen Anströmgeschwindigkeiten die gleichen Tropfengrößen transportieren kann, da der Geschwindigkeitsunterschied im Nachlauf deutlich kleiner ist als in der Hauptströmung. In dieser Messebene zeigt sich kein zweites lokales Maximum bei 55 µm, was auf die lange Verweilzeit in der Strömung zurückzuführen ist. Die Tropfen in der Strömung können alle zerfallen und je kleiner die Tropfen sind, umso leichter lassen sich diese von der Strömung transportieren, sodass am Spiegelglas kein deutlicher Unterschied gemessen werden kann.

Für eine detailliertere Aussage eignen sich kumulative Histogramme, da mit deren Hilfe eine Abschätzung der Tropfenanzahlen bezogen auf alle Tropfen gemacht werden kann. In Abbildung 3.16 sind vier Histogramme für verschiedene Geschwindigkeiten (80 km/h und 140 km/h) und Messebenen (Ebene 5 und 7) dargestellt. Vergleicht man die beiden Graphen für Ebene 5, so ist deutlich sichtbar, dass bei 80 km/h (blau) der Anstieg bei geringeren Tropfendurchmessern deutlich stärker ist als bei 140 km/h (grün). Dies kann auf die Messebene zurückgeführt werden. Wie schon im vorangegangenen Absatz erklärt, liegen die Ebenen 4 bis 6 im Hauptabrissbereich von 80 km/h und 100 km/h. Somit ergibt sich für Messebene 5 ein höherer relativer Anteil an kleinen Tropfen bei 80 km/h im Vergleich zu 140 km/h. Betrachtet man die absoluten Daten, so hat die höhere Geschwindigkeit im dazugehörigen Abrissbereich (weiter außen am Spiegel in Messebene 1 bis Messebene 3) eine deutlich höhere Anzahl an Tropfen. Dies kann auf die unterschiedlichen Abrissprozesse zurückgeführt werden. Der Ligamentenzerfall bei 80 km/h resultiert in gleichgroße Tropfen, wohingegen der Lamellenzerfall zu deutlich unterschiedlichen Tropfengrößen führt. Ebenfalls ist aus den Graphen zu entnehmen, dass für beide Geschwindigkeiten Tropfen mit einem Durchmesser über 0,4 mm durchaus gemessen wurden und etwa 5 % aller Tropfen ausmachen. Betrachtet man hingegen Ebene 7, so zeigen sich einige Unterschiede. Der Anstieg im Bereich von sehr kleinen Tropfendurchmessern (d_{Tr} <100 µm) ist deutlich höher als der in Messebene 5. Dies kann schon aus Abbildung 3.15d abgelesen werden, da hier ein großer Anteil der Tropfen unter 100 µm liegt. Des Weiteren zeigen beide Graphen das gleiche Verhalten unabhängig von der Geschwindigkeit auf ($N_{\text{Tropfen}} \not\propto$ Luftgeschwindigkeit).

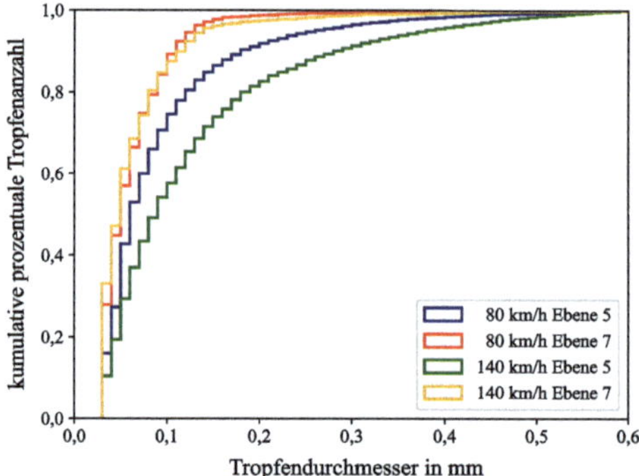

Abb. 3.16 Kumulatives Tropfendurchmesserhistogramm für verschiedene Messebenen und Luftgeschwindigkeiten nach [73]

Zusätzlich zu den Tropfengrößen werden mittels des Laserdoppelpulses Tropfengeschwindigkeiten und -richtungen gemessen. In Abbildung 3.17 sind die Geschwindigkeitsverteilung und Flugwinkelverteilung der Tropfen in verschiedenen Messebenen bei unterschiedlichen Geschwindigkeiten dargestellt. Der Einfluss der Distanz zur Abrisskante auf die Tropfengeschwindigkeit ist in Abbildung 3.17a visualisiert. Bei 80 km/h in Messebene 1 (blau) zeigt sich eine Ansammlung an Tropfen im Bereich zwischen 0,5 m/s und 2 m/s, wobei mit steigender Tropfengeschwindigkeit die Häufigkeit stark abnimmt, bis sie bei 7 m/s etwa bei Null ist. Mit steigender Distanz zum Spiegel (Messebene 2 und Messebene 3; rot und grün) treten vor allem die Tropfengeschwindigkeiten zwischen 1 m/s und 5 m/s mit einer hohen relativen Häufigkeit auf und nehmen außerhalb dieser Ränder schnell ab. Dies kann mit der längeren Flugzeit der Tropfen erklärt werden. In Messebene 1 sind die Tropfen direkt nach dem Abriss noch langsamer und werden mit steigender Flugzeit (Messebene 2 und Messebene 3) beschleunigt. Ebenfalls ist zu sehen, dass schon in Messebene 2 ein nahezu konstanter Geschwindigkeitszustand erreicht ist, ab dem die Tropfen nicht weiter beschleunigt werden. Die Geschwindigkeit der Tropfen liegt mit 21 km/h deutlich unter der ungestörten Anströmung von 80 km/h. Die Erhöhung der Anströmgeschwindigkeit von 80 km/h auf 140 km/h resultiert ebenfalls nicht in einer Beschleunigung der Tropfen in Messebene 3 (gelb). Dies

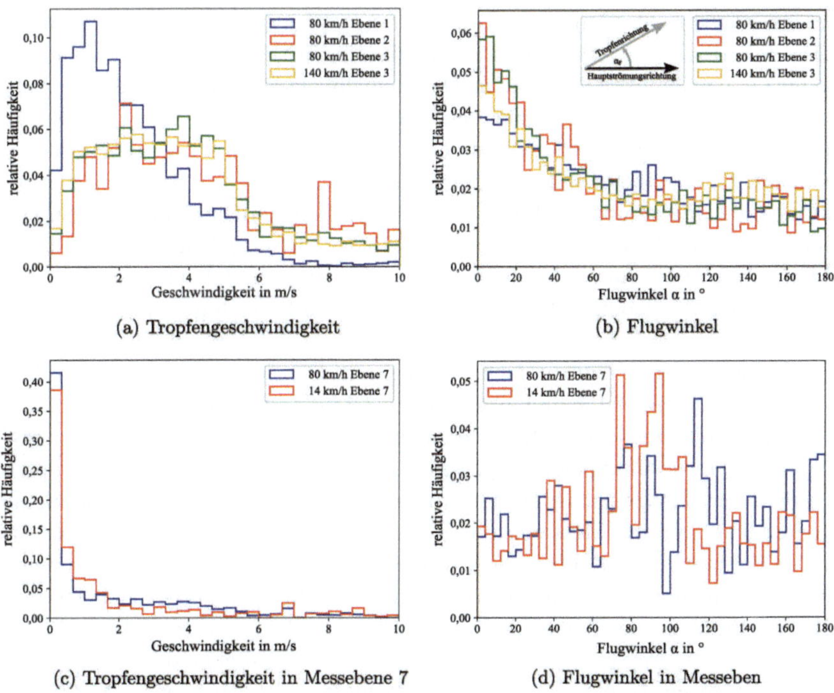

Abb. 3.17 Histogramme des Flugwinkels und der Tropfengeschwindigkeit in verschiedenen Ebenen und für unterschiedliche Luftgeschwindigkeiten nach [73]

kann auf die langsame Strömung im Spiegelnachlauf im Vergleich zur Anströmung zurückgeführt werden.

In Abbildung 3.17b ist die Häufigkeitsverteilung der Flugwinkel der einzelnen Tropfen dargestellt. Hierbei beschreibt der Winkel α_F die Ablenkung des Tropfens zur ungestörten idealen Hauptströmungsrichtung des Windkanals. Bei 80 km/h zeigen alle Messebenen oberhalb von $\alpha_F = 60^\circ$ eine nahezu konstante Häufigkeitsverteilung. Unterhalb von $\alpha_F = 60^\circ$ nimmt mit steigender Distanz zum Spiegel die Auftrittswahrscheinlichkeit der Tropfen stärker zu, was den Schluss zulässt, dass der Tropfenflug mit steigender Distanz zum Abrisspunkt gerichteter wird. Mit einer Erhöhung der Geschwindigkeit von 80 km/h auf 140 km/h wird die Wahrscheinlichkeit von Tropfenwinkeln unter 60° reduziert. Dies kann auf den turbulenteren und ungerichteten Tropfenflug bei höheren Geschwindigkeiten zurückgeführt werden, welcher sowohl aus turbulenten Wirbeln als auch aus dem Zerfallsprozess resultiert.

In Abbildung 3.17c sind die Tropfengeschwindigkeiten in Messebene 7 dargestellt. Die in Richtung des Spiegels fliegenden Tropfen weisen eine von den anderen Messebenen stark abweichende Verteilung auf. Der Großteil der Tropfen hat eine Geschwindigkeit unter 2 m/s, wobei die meisten Tropfen eine Geschwindigkeit unter 0,33 m/s besitzen. Die Anströmgeschwindigkeit hat in Messebene 7 keinen Einfluss auf die Geschwindigkeit der Tropfen. Der Flugwinkel (Abbildung 3.17d) zeigt kein eindeutiges Verhalten. Die Winkel sind nahezu gleich verteilt über das gesamte Spektrum, wobei eine Anhäufung um einen Flugwinkel von 90° zu sehen ist. Die reduzierte Geschwindigkeit kann auf die längere Verweilzeit in dem Spiegelnachlauf und die Umkehrung des Flugwinkels der Tropfen zurückgeführt werden. Der Flugwinkel wird ebenfalls stark durch die Strömung im Spiegelnachlauf beeinflusst. In kurzem Abstand zum Spiegelglas ist die Strömung parallel zur Spiegeloberfläche, wodurch die Tropfen abgelenkt werden und im Bereich um 90° eine höhere Häufigkeit auftritt.

Die Fähigkeit der Tropfen der Strömung zu folgen, kann mithilfe der St-Zahl visualisiert werden. Dafür sind in Abbildung 3.18 die St-Zahlen (Gleichung 2.61) für Tropfen mit unterschiedlichen Durchmessern in einer instationären Strömungssimulation hinter dem Spiegel dargestellt. Die St-Zahlen wird sowohl für Tropfen unterhalb der Messgrenze als auch oberhalb der Messgrenze untersucht. Für kleine Tropfen unterhalb der Messgrenze ($d_{Tr} = 10\,\mu\text{m}$) sind lediglich sehr kleine St-Zahlen (Abbildung 3.18a) berechnet worden, wodurch die Tropfen der Strömung gut folgen und nicht durch die Grenzschicht auf das Spiegelglas gelangen können. Mit einer Erhöhung des Tropfendurchmessers auf die Messgrenze von $d_{Tr} = 30\,\mu\text{m}$ zeigen sich vor dem Spiegelglas erste Erhöhungen der St-Zahl (Abbildung 3.18b), sodass die ersten Tropfen durch die Grenzschicht gelangen können. Mit weiter steigendem Durchmesser auf 90 µm wird die St-Zahl ein weiteres Mal erhöht

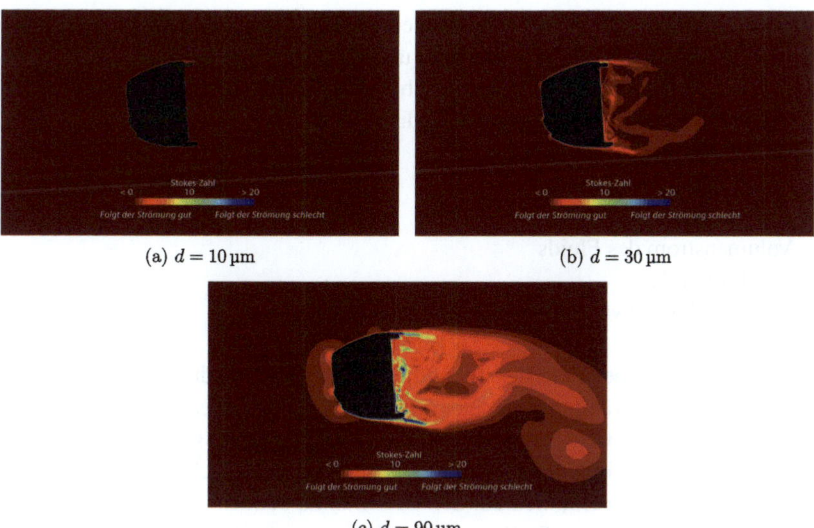

(a) $d = 10\,\mu\text{m}$

(b) $d = 30\,\mu\text{m}$

(c) $d = 90\,\mu\text{m}$

Abb. 3.18 Stokes-Zahl hinter dem Spiegel für verschiedene Tropfendurchmesser d bei 120 km/h in einem instationären Strömungszustand. (Simulation)

(Abbildung 3.18c), sodass mehr Tropfen den Strömungsänderungen nicht folgen und somit in einer größeren Anzahl auf das Spiegelglas gelangen können. Somit ist die Messgrenze des Schattenverfahrens für die Simulation der Spiegelglasverschmutzung kein Hindernis, da die kleineren Tropfen in der Simulation nicht auf das Spiegelglas gelangen können. Modelle zur Darstellung zusätzlicher Anziehungskräfte an der Oberfläche, die hier für die sehr kleinen Partikel relevant sein könnten (z. B. Elektrostatik) wurden in dieser Arbeit nicht näher untersucht. Diese kleinen Tropfen haben durch das kleine Volumen lediglich einen geringen Einfluss auf die entstehende Verschmutzung auf dem Spiegelglas und werden somit in den nachfolgenden Simulationen außer Acht gelassen.

3.3 Untersuchung des Tropfenabrisses und Zerfall an einer generischen Kante

Zusätzlich zu den Abrissuntersuchungen am Außenspiegel im Windkanal aus Abschnitt 3.2 werden Abrissuntersuchungen an einer generischen Platte durchgeführt. Da die bisher vorgestellten Untersuchungen mit einer festen Spiegelgeometrie ohne Varianten durchgeführt wurden, sollen diese Plattenversuche dazu dienen, den Einfluss unterschiedlicher geometrischer und physikalischer Einflussparameter auf den grundlegenden Prozess des Tropfenabrisses an einer Kante zu untersuchen.

Die zu untersuchenden Parameter sind:

- Anströmgeschwindigkeit der Luft
- Abrisskantenradius
- Volumenstrom des Fluids
- Art des Fluids
- Kontaktwinkel zwischen der Flüssigkeit und der Platte

Die einzelnen Parameter werden anhand der gegebenen Randbedingungen ausgewählt, sodass die gewählten Parameter möglichst nah an der Realität sind. So wurde die Anströmgeschwindigkeit zwischen 60 km/h und 100 km/h gewählt. Der Abrisskantenradius liegt zwischen 1 mm und 20 mm, um die gesetzlichen Grenzen für den minimalen Radius im Hinblick auf den Crashfall zu betrachten. Diese gesetzliche Grenze gibt den minimalen Radius an einer Fahrzeugaußenhaut an. Der Radius liegt bei 2,5 mm und soll verhindern, dass Kanten im Falle eines Unfalles in die Haut eines Menschen einschneiden. Zusätzlich wird der Einfluss von kleineren und größeren Radien auf den Tropfenabriss untersucht. Die Art des Fluids ist anhand typischer an einem Fahrzeug vorkommender Flüssigkeiten gewählt worden. So repräsentiert das normale Wasser den Regenaufschlag bei einem Fahrzeug, das Salzwasser (gesättigte Lösung), die Fahrt im Winter und die Reinigungsflüssigkeit die am Fahrzeug auftretenden Verschmutzungen, wenn Scheiben oder Scheinwerfer gereinigt werden. Der Kontaktwinkel wird mittels der Applikation einer Beschichtung zur Erhöhung des Kontaktwinkels (Rain-X) auf die Oberfläche verändert, was den Kontaktwinkel von Wasser von 65° auf 80° anhebt. Eine Anhebung des Kontaktwinkels führt zu einer geringeren Verschmutzung, da das Wasser durch die geringere Auflagefläche schneller ablaufen kann.

3.3.1 Fluideigenschaften der untersuchten Flüssigkeiten

Ein großer Bestandteil der Parameterstudie ist der Einfluss der Fluideigenschaften auf den Tropfenabriss und Zerfall. Die Messverfahren zur Bestimmung dieser Fluideigenschaften ist in Abschnitt 3.1.4 erläutert. In Abbildung 3.19 sind die Fließkurven mit Fehlerbalken von Salzwasser und Scheibenreiniger gemittelt über die wiederholten Messungen dargestellt. Unterhalb einer Scherrate von 100 s^{-1} liegen größere Schwankungen im Wert der dynamischen Viskosität vor, da das

Messsystem hier an seinen Messgrenzen arbeitet. Mit steigenden Scherraten stabilisiert sich der Wert der dynamischen Viskosität und ist nahezu konstant. Somit ergeben sich für die untersuchten Flüssigkeiten die in Tabelle 3.1 dargestellten Eigenschaften, wobei die Werte für Wasser aus dem VDI-Wärmeatlas [92] entnommen sind.

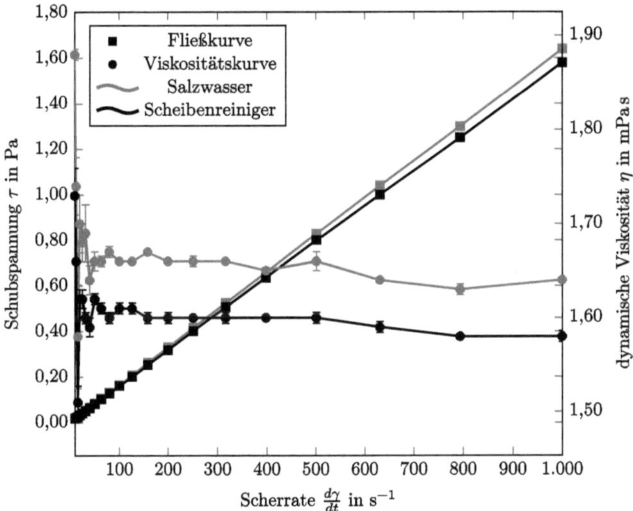

Abb. 3.19 Fließ- und Viskositätskurven der untersuchten Flüssigkeiten

Tab. 3.1 Gemessene Fluideigenschaften (Viskosität, Dichte, Oberflächenspannung) der genutzten Flüssigkeiten bei 25 °C mit Standardabweichung

Flüssigkeit	dynamische Viskosität	Dichte	Oberflächenspannung
Wasser [92]	0,890 mPa s	0,997 kg/dm^3	71,97 mN/m
Salzwasser	1,655 mPa s ±0,68 %	1,189 kg/dm^3 ±0,04 %	55,44 mN/m ± 1 %
Scheibenreiniger	1,597 mPa s ±0,62 %	0,831 kg/dm^3 ±0,03 %	24,25 mN/m ±0,06 %

Mithilfe dieser Fluideigenschaften können die Re-Zahl des Tropfens nach Gleichung 2.63, die Oh-Zahl nach Gleichung 2.60 und die We-Zahl nach Gleichung 2.59 bestimmt werden, welche für die Charakterisierung des Tropfenzerfallsbereichs benötigt werden. Die Ergebnisse sind in Tabelle 3.2 dargestellt und werden in den folgenden Abschnitten genutzt, um den Einfluss der einzelnen Stoffgrößen auf den Tropfenabriss und Tropfenzerfall einzuordnen. Wobei nach Joshi und Anand [49] der Einfluss der Viskosität auf den Tropfenzerfall vernachlässigt werden kann, da die Oh-Zahl klein ($Oh < 0,1$) ist.

Tab. 3.2 Berechnete dimensionslose Kennzahlen des Tropfenzerfalls für einen Tropfen mit einem Durchmesser von 1 mm bei einer Relativgeschwindigkeit von 100 km/h und den gemessenen Fluideigenschaften aus Tabelle 3.1

Flüssigkeit	Ohnesorge-Zahl	Weber-Zahl	Reynolds-Zahl
Wasser	0,0033	12,69	31.117
Salzwasser	0,0064	16,48	19.967
Scheibenreiniger	0,0112	37,67	14.455

3.3.2 Tropfenabriss an einer generischen Kante

Für die Untersuchung des Tropfenabrisses wird eine Platte mit einer elliptischen Spitze genutzt (siehe Abbildung 3.21). Die Spitze besitzt eine Länge von 150 mm und eine Gesamthöhe von 50 mm. Die 530 mm lange Platte besteht aus Acrylnitril Butadien-Styrol-Copolymer (ABS). Sie wurde mittels des Fused Deposition Modeling (FDM)-Verfahrens 3D-gedruckt und die Oberfläche ist im Nachgang nicht weiter bearbeitet worden. An ihrem Ende können verschiedene Abrissgeometrien angebracht werden, welche einen unterschiedlichen Abrissradius aufweisen. Die Abrissgeometrien weisen einen minimalen Radius von 1 mm auf, welcher mit einem Wechsel des Anbauteils auf 2,5 mm vergrößert wird, was dem gesetzlichen Mindestradius an Außenkanten entspricht. Oberhalb von 2,5 mm wurde der Radius bis auf 20 mm jeweils verdoppelt. Die Anbauteile besitzen alle eine Länge von 35 mm und eine Bohrung für die Aufbringung des Wassers mit einem Durchmesser von 6 mm. Bei dem größten Abrissradius von 20 mm kann das Wasser nach dem Aufbringen noch über eine Länge von 4,5 mm horizontal verlaufen, ohne auf die Abrisskante zu gelangen. Das Wasser wird hier direkt auf die Unterseite der Platte aufgebracht, um den Tropfenabriss am Spiegel möglichst detailliert nachzubilden. Die Anbauteile sind ebenfalls aus ABS 3D gedruckt, jedoch im Gegensatz zu der Platte nachbehandelt. Hierbei wurde die Oberfläche verspachtelt, abgeschliffen und im Nachgang lackiert (siehe Abbildung 3.20), um eine lackierte Spiegeloberfläche nachzubilden.

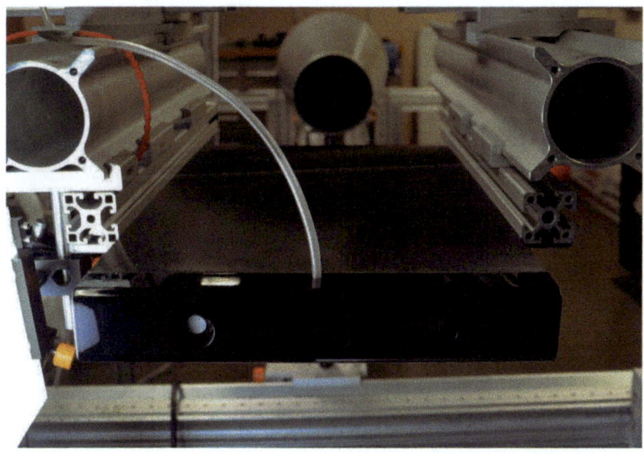

Abb. 3.20 Aufbau der generischen Abrisskante hinter dem Kalibrierwindkanal

In Abbildung 3.21 ist der Versuchsaufbau der generischen Platte in einer Seitenansicht und einer Ansicht von unten dargestellt. Die Platte wird im Freistrahl eines Kalibrierwindkanales mit einem Abstand von 500 mm zum Auslass positioniert. Der Kalibrierwindkanal kann durch seine Geometrie und die verbauten Komponenten bei einem Ausströmdurchmesser von 152 mm eine maximale Geschwindigkeit von 30 m/s erreichen. Um für die Kalibrierung die Ausströmung aus dem Kalibrierwindkanal zu optimieren, besitzt dieser vor der Düse einen Gleichrichter. Die Anströmung am Fahrzeugspiegel ist jedoch turbulent, weshalb in dieser Untersuchung an der Platte hinter der elliptischen Krümmung ein Turbulator positioniert wird, welcher einen Umschlag der laminaren in eine turbulente Grenzschicht erzeugt. Um das Wasser geregelt aufzubringen, wird wie zuvor bei den Spiegelversuchen ein Standardscheibenreinigungssetup genutzt. Dieses besteht aus einem Wassertank und einer 12 V Waschwasserpumpe. Zur Regelung des Systems ist hinter der Pumpe eine Drossel montiert, mit der der Volumenstrom manuell eingestellt werden kann. Um die Tropfen hinter der Platte zu analysieren, werden dieselben Messmittel wie bei den Windkanalversuchen am Außenspiegel genutzt. Die Schattenaufnahmen dienen der Ermittlung der Tropfengröße und die Highspeed-Aufnahmen zur Identifikation der einzelnen Abriss- und Zerfallsprozesse. Der Unterschied zu den Versuchen am Spiegel ist, dass der Abrissvorgang nicht von oben, sondern von der Seite beobachtet wird.

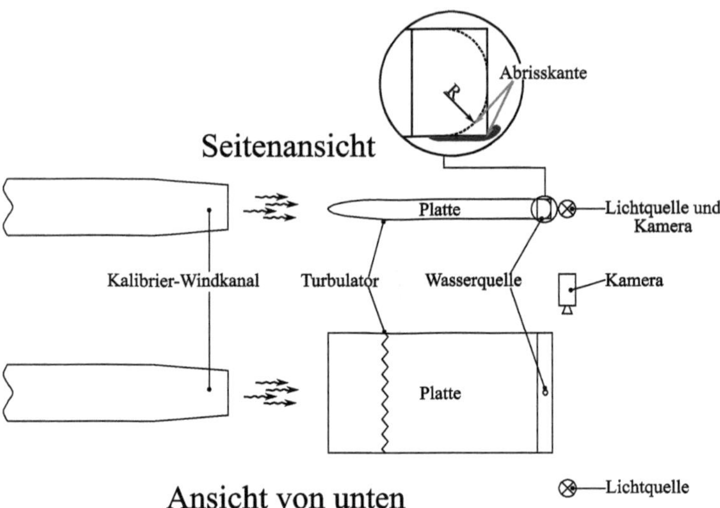

Abb. 3.21 Messaufbau des Tropfenabrissversuchs hinter der generischen Platte (Seitenansicht und Ansicht von unten) nach [74]

Der Tropfenabriss hinter der generischen Platte kann, wie zuvor am Spiegel in zwei Bereiche unterteilt werden: den Abrisspunkt und den Abrissprozess. Da bei dieser Untersuchung der Abriss von der Seite betrachtet wird, kann der Einfluss des Plattenradius auf die Abrisshöhe und die Hauptrichtung der abgerissenen Tropfen untersucht werden. In Abbildung 3.22 ist die Abrissposition beispielhaft bei einem konstanten Volumenstrom für verschiedene Geschwindigkeiten und Plattenradien dargestellt. In den Abbildungen 3.22a und 3.22b ($R = 1\,\text{mm}$ bzw. $R = 2{,}5\,\text{mm}$) kann kein Unterschied zwischen den Abrisspositionen ermittelt werden, das Wasser reißt nahezu horizontal von der Platte ab. Durch die kleinen Abrisskantenradien entsteht ein klar definierter Strömungsabriss. Somit reißt das Wasser ebenfalls an einer klar definierten Position ab. Bei einer Vergrößerung des Abrisskantenradius wird die Strömung turbulenter und instationärer und kann der Krümmung teilweise folgen. Aus diesem Grund folgt das Wasser der Krümmung ebenfalls länger und reißt bei einem Plattenradius von $R = 5\,\text{mm}$ (Abbildung 3.22c) weiter oben ab und fängt stärker an umherzuwabern. Dieser Effekt wird mit einer Vergrößerung des Radius auf 10 mm und 20 mm (Abbildungen 3.22d und 3.22e) weiter verstärkt ($h_{\text{Abriss}} \sim$ Plattenradius). In den Abbildungen 3.22e und 3.22f ist der Tropfenabriss bei gleichem Volumenstrom und Plattenradius mit veränderter Luftgeschwindigkeit von 60 km/h und 100 km/h dargestellt. Hier zeigt sich deutlich, dass das Wasser bei einer höheren Luftgeschwindigkeit länger an der Oberfläche verbleibt und vertikal an einer höheren Position abreißt ($h_{\mathrm{Abriss}} \sim$ Luftgeschwindigkeit) (Abbildungen 3.22e und 3.22f).

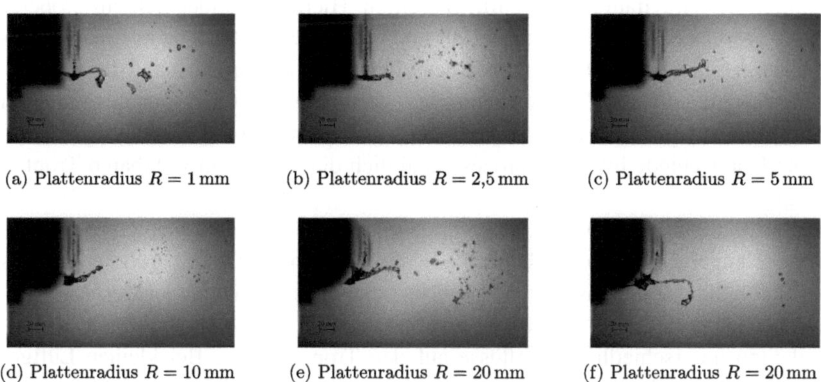

(a) Plattenradius $R = 1\,\mathrm{mm}$ (b) Plattenradius $R = 2{,}5\,\mathrm{mm}$ (c) Plattenradius $R = 5\,\mathrm{mm}$

(d) Plattenradius $R = 10\,\mathrm{mm}$ (e) Plattenradius $R = 20\,\mathrm{mm}$ (f) Plattenradius $R = 20\,\mathrm{mm}$

Abb. 3.22 Seitenansicht des Tropfenabrisses von Wasser von der generischen Platte bei 100 km/h (a)–(e) und 60 km/h (f) für unterschiedliche Abrisskantenradien [74]

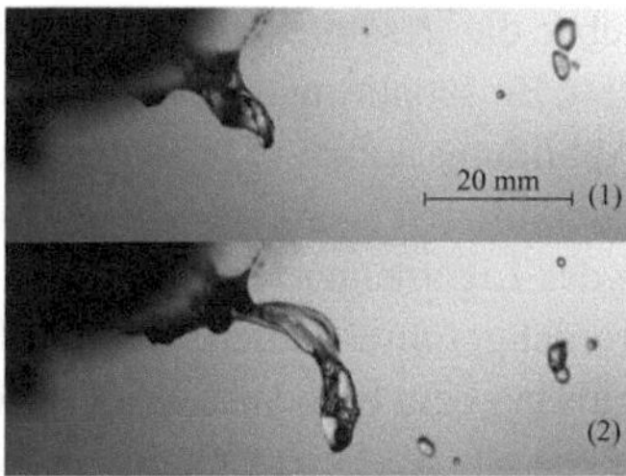

Abb. 3.23 Vergleich der Anfangsposition des Tropfenabrisses bei 60 km/h für einen Volumenstrom von (a) 1,8 ml/s und (b) 2,6 ml/s bei einem Plattenradius von $R = 20\,\mathrm{mm}$ [74]

Der Volumenstrom des Wassers hat in Abhängigkeit von der Luftgeschwindigkeit ebenfalls einen großen Einfluss auf die Abrissposition (Abbildung 3.23). In Ausnahmefällen kann es bei 60 km/h passieren, dass Teile des Wassers durch die geringe Luftgeschwindigkeit direkt in die Luftströmung gelangen und nicht wandgebunden bis zur Abrisskante transportiert werden. Mit einer Erhöhung der Geschwindigkeit auf 80 km/h tritt dieser Effekt nicht mehr auf. Sowohl bei 60 km/h als auch bei 80 km/h zeigt sich, dass ein höherer Volumenstrom zu einem beginnenden Abriss auf einer niedrigeren vertikalen Position führt. Dies ist vor allem auf den größeren Einfluss der Gravitationskraft zurückzuführen. Hierdurch bildet sich ein größerer Head-Tropfen beim Ligamentenzerfall und eine größere Blase beim Ligamenten-Blasenzerfall, wodurch das Volumen des Ligamentes kleiner wird und die letztendliche Gesamtablösung des Ligamentes von der Platte bei 80 km/h unabhängig von dem Volumenstrom ist. Bei 100 km/h zeigen sich zwischen den Volumenströmen keine Unterschiede im Abrissprozess, lediglich die Anzahl an sichtbaren Tropfen steigt.

Zusammenfassend lässt sich sagen, dass ab einem Plattenradius $R \geq 5\,\text{mm}$ das Wasser länger an der Oberfläche verbleibt und der Abrisspunkt mit größerem Radius vertikal höher steigt. Das Gleiche kann auch bei einer Erhöhung der Geschwindigkeit beobachtet werden. Der Volumenstrom zeigt bei unterschiedlichen Geschwindigkeiten unterschiedliche Einflüsse auf den Tropfenabriss. Bei kleinen Luftgeschwindigkeiten hat der Volumenstrom einen großen Einfluss auf die Abrissposition, welcher mit steigender Luftgeschwindigkeit verringert wird.

Im Gegensatz zu den Außenspiegeluntersuchungen (Abschnitt 3.2.1) treten bei der Platte bei allen Geschwindigkeiten lediglich zwei Abrissprozesse auf (siehe Abbildung 3.24). Der Ligamentenzerfall ist in Abbildung 3.24a dargestellt und in Abschnitt 3.2.1 genauer erläutert. Die Wasseransammlung auf der unteren Seite der Platte wird durch die Luft geschert (Abbildung 3.24a: (1)) und beginnt sich nach einer gewissen Dehnung über die gesamte Länge des Ligamentes einzuschnüren (Abbildung 3.24a: (2)). Diese Einschnürungen führen zum Zerreißen des Ligamentes in mehrere Tropfen (Abbildung 3.24a: (3)), wobei hier in den meisten Fällen kein klarer Head-Tropfen identifiziert werden kann (Abbildung 3.24a: (4)). Diese leicht abgewandelte Form des Ligamentenzerfalls kann auf das größere Volumen im jeweiligen Ligament zurückgeführt werden. Der Einfluss durch die Gravitationskraft ist deutlich höher als bei dem Standardzerfall, welcher in der Literatur und in Abschnitt 3.2.1 beschrieben ist, wodurch sich ein sichelförmiger Head-Tropfen formt.

Der zweite Zerfallsmechanismus ist dem Ligamentenzerfall sehr ähnlich und wird nach Kille et al. [74] Ligament-Blasenzerfall genannt. Vergleichbare Abrissprozesse sind der bag-type breakup, der bei den koaxialen pneumatischen Zerstäuberdüsen (engl. coaxial air-blast atomizers) auftritt [93]. Und der bag breakup, welcher bei der Entstehung von Meergischt unter starken Winden zu beobachten ist [94]. Bei beiden Literaturvergleichen entsteht direkt eine Blase, welche anschließend zerreißt. In den hier gezeigten Ergebnissen ist eine Kombination des Blasenzerfalls und des Ligamentenzerfalls vorhanden. Bei diesem Abrissprozess wird das Wasser durch die Luftströmung gestreckt (Abbildung 3.24b: (1)), wobei durch das große Wasservolumen an der Spitze des entstehenden Ligamentes eine Blase entsteht (Abbildung 3.24b: (2)). Diese Blase reißt ähnlich dem Blasenzerfall (siehe Abschnitt 3.2.2) auf und bildet viele kleine Tropfen (Abbildung 3.24b: (3)). Durch den Impuls des Blasenzerfalls initialisiert sich der Ligamentenzerfall deutlich schneller (Abbildung 3.24b: (4)). Der Ligamentenzerfall läuft nach den zuvor beschriebenen Prozessen ab (siehe Abschnitt 2.2).

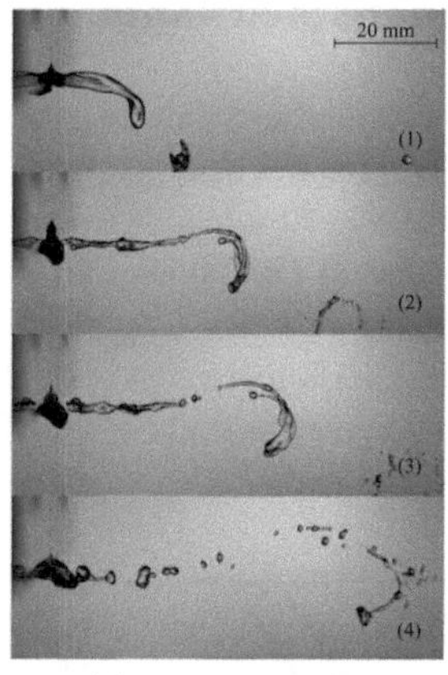

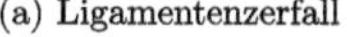
(a) Ligamentenzerfall

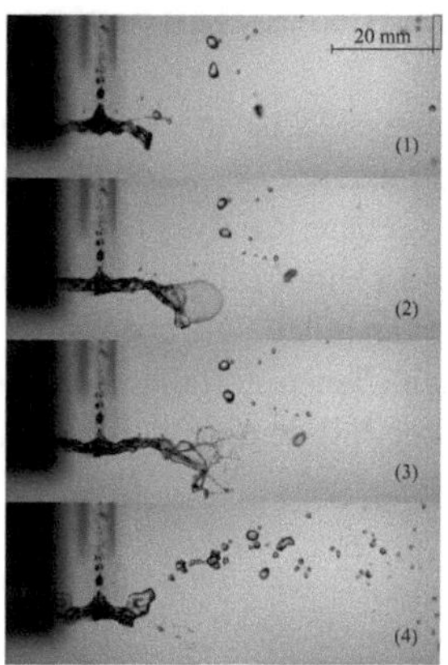

(b) Ligament-Blasenzerfall

Abb. 3.24 Abrissprozesse am Beispiel von Wasser hinter der generischen Platte in vier aufeinanderfolgenden Zeitschritten [74]

Die beiden Abrissprozesse treten unabhängig von der Geschwindigkeit und dem Radius auf und können immer identifiziert werden, wobei eine Erhöhung der Geschwindigkeit die Wahrscheinlichkeit für den Ligament-Blasenzerfall erhöht. Vergleicht man den Abrissprozess von Wasser und Salzwasser, so können keine Unterschiede identifiziert werden. Sowohl die Art des Abrisses als auch die resultierenden Tropfengrößen sind optisch identisch. Eine detaillierte Analyse der Tropfengrößen ist in Abschnitt 3.3.4 gegeben. Auch bei dem Vergleich zwischen Reinigungsflüssigkeit und Wasser kann bei der Art des Abrisses kein Unterschied ausgemacht werden. Lediglich die Anzahl und Größe der entstehenden Tropfen ist unterschiedlich. So entstehen bei der Reinigungsflüssigkeit deutlich mehr und deutlich kleinere Tropfen, was auf die geringere Oberflächenspannung zurückführbar ist. Auch bei der Volumenstromerhöhung können keine zusätzlichen Abrissprozesse beobachtet werden, jedoch tritt wie schon bei der Erhöhung der Geschwindigkeit, gleichermaßen der Ligament-Blasenzerfall deutlich häufiger auf. Dies kann auf das größere Volumen am Anfang des Ligaments zurückgeführt werden, wodurch sich deutlich leichter eine Blase ausbilden kann. Der Kontaktwinkel, welcher durch eine Rain-X Beschichtung von $\theta = 65°$ auf $\theta = 80°$ erhöht wird, zeigt keinen Einfluss auf den Tropfenabriss, weder auf die Art, die Wahrscheinlichkeit noch auf die entstehenden Tropfengrößen.

3.3.3 Tropfenzerfall hinter einer generischen Kante

In Abbildung 3.25 ist die Einteilung der Zerfallsmechanismen in Abhängigkeit der Oh-Zahl und der We-Zahl dargestellt. Die Tropfen mit dem Hauptdurchmesser von 65 µm (genaue Analyse der Durchmesser kann in Abschnitt 3.3.4 nachgelesen werden) und kleiner können aufgrund der zu kleinen Oh-Zahlen und We-Zahlen nicht weiter zerfallen. Die ebenfalls vorkommenden größeren Tropfen können sich durch verschiedenen Zerfallsmechanismen auflösen. Hierbei treten bei 60 km/h und 80 km/h zwei Zerfallsmechanismen auf, der Schwingungszerfall ($\approx 3 < We \lessapprox 11$)

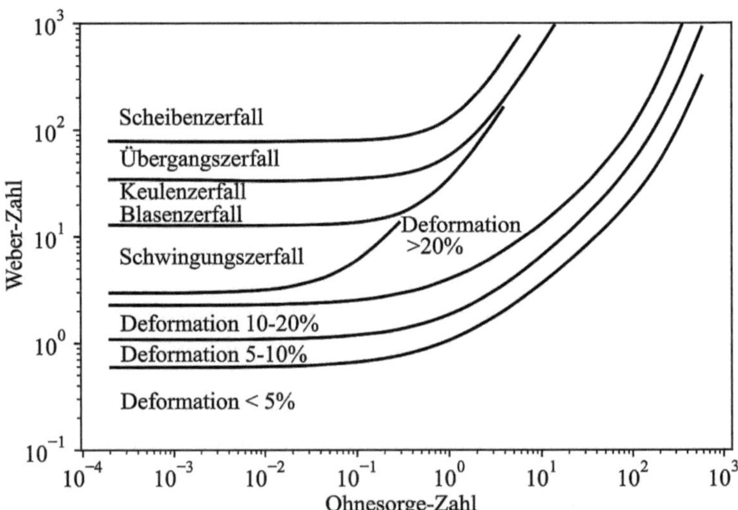

Abb. 3.25 Einteilung der Tropfenzerfallsmechanismen in Abhängigkeit der Weber-Zahl und der Ohnesorge-Zahl nach Hsiang und Faeth [95]. (Quelle: Schmehl, 2003, [96, S.11])

und der Blasenzerfall ($\approx 11 < We \lessapprox 35$). Mit einer Erhöhung der Geschwindigkeit auf 100 km/h können zwei weitere Mechanismen beobachtet werden, der Keulenzerfall ($\approx 35 < We \lessapprox 80$) und der Scheibenzerfall ($\approx 80 < We \lessapprox 350$). Die Beschreibung der einzelnen Zerfallsmechanismen ist in Abschnitt 3.2.2 dargestellt und wird hier aufgrund der fehlenden Änderungen im Prozess im Vergleich zu dem Spiegelabriss nicht erneut erläutert. Trotzdem kann ein Unterschied zwischen den Versuchen am Spiegel und der Platte ermittelt werden. Bei der Platte tritt eine deutlich geringere Anzahl an sekundären Tropfenzerfallsprozessen auf. Dies kann zum einen auf den verwendeten Kalibrierwindkanal zurückgeführt werden. Die geringere Luftgeschwindigkeit im Plattenversuch verhindert einen Zerfall nach dem Abriss. Zum anderen führt bei den Plattenversuchen der Ligament-Blasenzerfall schon während der Auflösung zu einer größeren Anzahl sehr kleinen Tropfen, welche nicht weiter zerfallen können.

Der Plattenradius hat keinen Einfluss auf den Zerfallsprozess der Tropfen hinter der Platte, lediglich der Höhenbereich, in dem der Tropfenzerfall auftreten kann, ist mit steigendem Radius größer. Dies wird auf den größeren Bereich des Tropfenabrisses und die stärkere Turbulenz hinter der Platte bei einem höheren Radius zurückgeführt. Die Art der Flüssigkeit hat einen großen Einfluss auf den Sekundärzerfall. Durch die ähnlichen Fluideigenschaften von Wasser und Salzwasser (siehe Tabelle 3.1) zeigen diese auch ein ähnliches Zerfallsmuster. Die Reinigungsflüssigkeit hingegen zeigt ein deutlich anderes Verhalten und weist als einzige Flüssigkeit bei 100 km/h zu großen Teilen den Scheibenzerfall ($\approx 80 < We \lessapprox 350$) auf. Dies kann auf die Oh-Zahl und somit auf die deutlich niedrigere Oberflächenspannung des Scheibenreinigers zurückgeführt werden. Diese Ergebnisse werden ebenfalls durch die Untersuchungen von Joshi und Anand [49] unterstützt, welche einen Einfluss der Oberflächenspannung auf die Tropfenverformung ermittelt haben.

3.3.4 Tropfengrößen hinter einer generischen Kante

Den Abschluss der Auswertung der Plattenversuche bildet die Untersuchung der Tropfengrößen in den verschiedenen Messebenen, welche in Abbildung 3.26 dargestellt sind. Die drei Messebenen sind in einer Raumebene positioniert. Die Mitte der Messebenen liegt hier auf der Höhe der Unterkante der Platte und die erste Ebene ist mit einem Abstand von 60 mm zur Platte positioniert. Die folgenden Messebenen sind um 25 mm nach hinten verschoben. Die Auswertung wird ebenfalls in zwei Aspekte unterteilt: die Auswertung des charakteristischen Tropfendurchmessers und im Anschluss die Analyse der Histogramme.

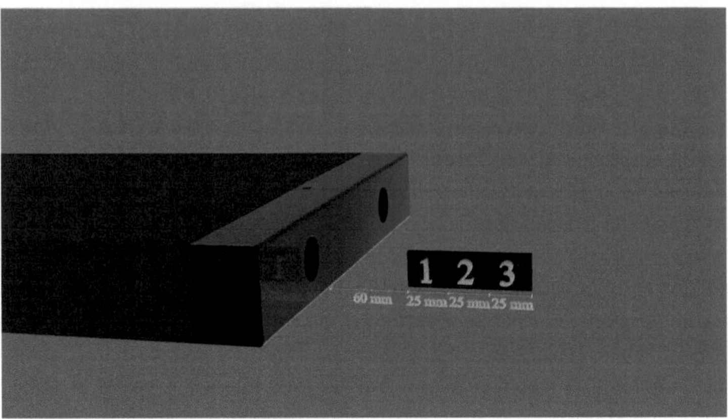

Abb. 3.26 Position der Messebenen des Schattenverfahrens hinter der generischen Platte

Für den ersten Schritt sind in den Abbildungen 3.27 bis 3.29 der volumetrische charakteristische Durchmesser D_{30} (siehe Gleichung 3.1) des vermessenen Tropfenfeldes für verschiedene Parameter dargestellt. In Abbildung 3.27 ist die Abhängigkeit von D_{30} von der Geschwindigkeit und der Distanz zur Abrisskante (steigende Nummer der Messebene) bei einem Plattenradius von $R = 1$ mm dargestellt. Zwei Hauptaussagen können getroffen werden: D_{30} wird mit steigender Entfernung zur Abrisskante ($D_{30} \sim \frac{1}{\text{Abstand zur Abrisskante}}$) sowie mit steigender Geschwindigkeit kleiner ($D_{30} \sim \frac{1}{\text{Luftgeschwindigkeit}}$). Hierbei zeigen die Experimente bei 60 km/h und 80 km/h eine stärkere Reduktion von D_{30} zwischen Messebene 1 und Messebene 2 und eine sehr kleine Verringerung zwischen Messebene 2 und Messebene 3. Bei 100 km/h ist dieses Verhalten genau umgekehrt. Zwischen Messebene 1 und Messebene 2 ist kein Unterschied zu sehen und zwischen Messebene 2 und Messebene 3 ist hingegen ein größerer Sprung zu sehen. Dies kann auf den deutlich stärkeren Einfluss der Gravitationskräfte im Vergleich zu den aerodynamischen Kräften bei 60 km/h und 80 km/h zurückgeführt werden. Zusätzlich ist der Unterschied zwischen 60 km/h und 80 km/h deutlich größer als der zwischen 80 km/h und 100 km/h, dies kann darauf zurückgeführt werden, dass bei 60 km/h eine geringere Anzahl an kleinen Tropfen im Vergleich zu 80 km/h und 100 km/h gemessen wird. Hierdurch wird D_{30} nicht so stark reduziert.

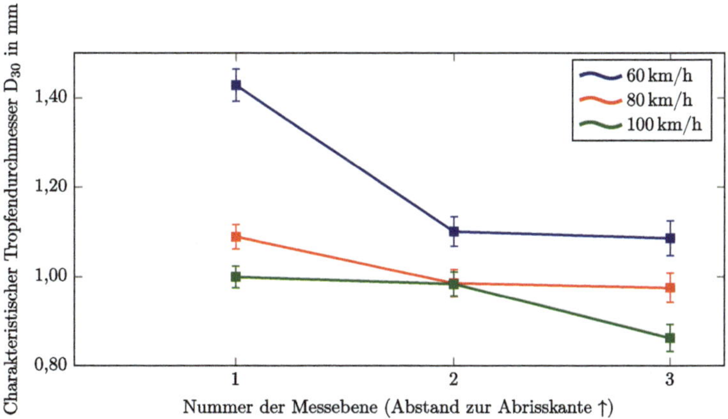

Abb. 3.27 Charakteristischer Durchmesser D_{30} des Tropfenfeldes von Wasser hinter der generischen Platte mit zugehörigen Standardabweichungen (multipliziert mit Faktor 300) für verschiedene Luftgeschwindigkeiten bei einem Plattendurchmesser von $R = 1$ mm nach [74]

In Abbildung 3.28 ist der Einfluss der einzelnen Fluidtypen auf D_{30} bei einer Geschwindigkeit von 100 km/h, einem Plattenradius von $R = 2{,}5$ mm und dem höheren Volumenstrom von $\dot{V} = 2{,}6$ ml/s dargestellt. Durch das größere Wasservolumen zeigt sich bei Wasser dasselbe Verhalten wie in Abbildung 3.27 bei geringeren Geschwindigkeiten (Abnahme D_{30} von Ebene 1 auf 2 und ein konstanter D_{30} zwischen Ebene 2 und 3). Mit einer hydrophoben Beschichtung der Plattenoberfläche kann der charakteristische Durchmesser leicht verringert werden.

Den größeren Einfluss hat die Veränderung des Fluids, so kann mithilfe einer Beimischung von Salz zu dem Wasser D_{30} stärker reduziert werden. Ein Einfluss auf das optisch identifizierte Tropfenfeld (vergleiche Abschnitt 3.3.3) ist nicht zu erkennen. Bei dem Wechsel auf die Reinigungsflüssigkeit kann D_{30} noch einmal deutlich verkleinert werden. Diese Verringerung der charakteristischen Durchmesser bei den einzelnen Fluiden kann auf die sinkende Oberflächenspannung der Fluide (vergleiche Tabelle 1.1) zurückgeführt werden ($D_{30} \sim \sigma$), welche einen Abriss in kleinere Tropfen und einen Sekundärzerfall in der Luft begünstigen. Dies kann ebenfalls durch die Oh-Zahl, welche die Wahrscheinlichkeit zur Verformung und somit des Zerfalls angibt, bestätigt werden. Wasser und Salzwasser besitzen eine ähnliche Oh-Zahl, wohingegen der Scheibenreiniger eine deutlich höhere besitzt. Bei allen Flüssigkeiten zeigt sich jedoch eine Verminderung des D_{30} mit steigendem Abstand zur Platte ($D_{30} \sim \frac{1}{\text{Abstand zur Abrisskante}}$).

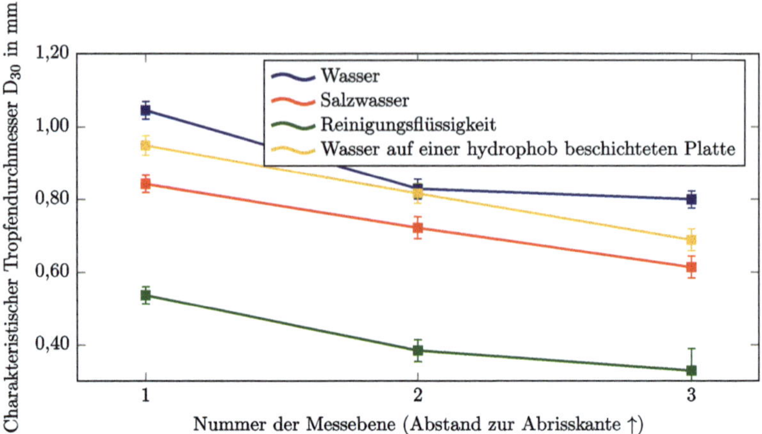

Abb. 3.28 Charakteristischer Durchmesser D_{30} des Tropfenfeldes hinter der generischen Platte mit zugehörigen Standardabweichungen (multipliziert mit Faktor 300) für die verschiedene untersuchte Fluide bei einem Plattenradius von $R = 2{,}5$ mm, 100 km/h Luftgeschwindigkeit und $\dot{V} = 2{,}6$ ml/s Volumenstrom nach [74]

In Abbildung 3.29 ist der Einfluss des Plattenradius auf D_{30} bei einer Luftgeschwindigkeit von 100 km/h dargestellt. Die Plattenradien können mit einer Ausnahme in zwei Gruppen eingeteilt werden: die Radien mit einem direkten Abriss und die Radien, bei denen das Wasser durch die Krümmung länger an der Platte haften kann und somit beeinflusst wird. Die Platten der ersten Gruppe (1 mm und 2,5 mm) zeigen sehr ähnliche D_{30}, welche mit steigendem Abstand zur Abrisskante verringert werden ($D_{30} \sim \frac{1}{\text{Abstand zur Abrisskante}}$). Hierbei weist die Messung des Radius von $R = 2{,}5$ mm leicht kleinere D_{30}-Werte auf. Dies kann ebenfalls bei der zweiten Gruppe (5 mm und 20 mm) beobachtet werden. Der größere Plattenradius führt auch hier wieder zu einem kleineren D_{30}. Der Graph für den Radius $R = 10$ mm zeigt einen deutlich anderen Verlauf. In Messebene 1 zeigt er mit Abstand den größten charakteristischen Durchmesser, welcher kontinuierlich reduziert wird. In Messebene 2 sinkt der Wert des charakteristischen Durchmessers auf den D_{30}-Bereich der ersten Gruppe und in Messebene 3 in den Bereich der zweiten Messgruppe. Somit zeigt der Graph eine deutlich stärkere Abhängigkeit von der Messebene als die anderen Graphen. Da die Werte in Messebene 1 und Messebene 2 jedoch sehr hoch sind, ist hier davon auszugehen, dass es sich um Fehlmessungen handelt. Bei einem Abrisskantenradius von $R = 10$ mm wurde eine geringe Anzahl an sehr großen Durchmessern ($d_{Tr} > 10\,\text{mm}$) gemessen. Dies ist bei den anderen Plattenradien und in Messebene 3 nicht der Fall. Da bei der Berechnung des D_{30} die dritte Potenz des Durchmessers eingeht, haben schon wenige große Tropfen einen großen Einfluss auf das Ergebnis. In Messebene 3 zeigt sich ein erwarteter Wert für die Annahme, dass der charakteristische Tropfendurchmesser mit zunehmendem Plattenradius abnimmt. Insgesamt lässt sich zusammenfassen, dass D_{30} mit steigendem Plattenradius abnimmt ($D_{30} \sim \frac{1}{\text{Plattenradius}}$).

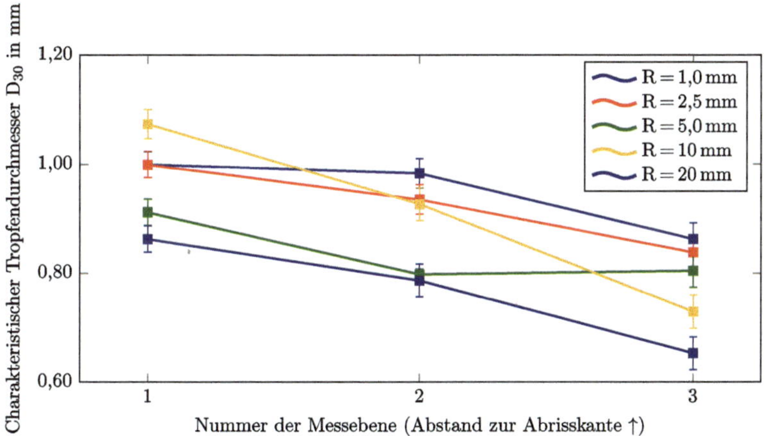

Abb. 3.29 Charakteristischer Durchmesser D_{30} des Tropfenfeldes von Wasser hinter der generischen Platte mit zugehörigen Standardabweichungen (multipliziert mit Faktor 300) bei einer Luftgeschwindigkeit von 100 km/h für verschiedene Plattenradien R nach [74]

Der zweite Auswertepunkt sind die verschiedenen Histogramme, welche in Abbildung 3.30 und 3.31 abgebildet sind.

In Abbildung 3.30 ist der Einfluss der Luftgeschwindigkeit auf die Tropfengrößenverteilung in Messebene 3 mit Wasser dargestellt. Die maximale Anzahl an gemessenen Tropfen für 80 km/h und 100 km/h liegt zwischen 60 µm bis 70 µm (im Anschluss als 65 µm bezeichnet), wohingegen bei 60 km/h der Peak nicht eindeutig identifiziert werden kann. Hingegen zeigt sich ein Plateau mit nahezu konstanter Tropfenanzahl zwischen 50 µm and 100 µm. Abgesehen von diesem Verhalten kann gesagt werden, dass die Anzahl an gemessenen Tropfen kontinuierlich bis zum Maximum zunimmt ($N_{\text{Tropfen}} \sim \frac{1}{\text{Tropfendurchmesser}}$). Im Gegensatz zu den Experimenten am Seitenspiegel nimmt die Tropfenanzahl jedoch unterhalb des Maximums wieder ab. Betrachtet man die einzelnen Geschwindigkeiten, so ist zu sehen, dass die Tropfenanzahl mit zunehmender Geschwindigkeit gesteigert wird ($N_{\text{Tropfen}} \sim$ Luftgeschwindigkeit). Dies ist zum Teil auf die Abrissprozesse zurückzuführen. Mit einer gesteigerten Luftgeschwindigkeit kann der Ligamenten-Blasenzerfall häufiger beobachtet werden, welcher zu kleineren Tropfen führt. Des Weiteren ist bei einer höheren Luftgeschwindigkeit der Einfluss der Gravitationskraft auf den Tropfenflug geringer als bei geringeren Geschwindigkeiten, wodurch bei höheren Geschwindigkeiten mehr Tropfen in die Messebene getragen werden und dementsprechend gemessen werden können. Dies ist vor allem dadurch sichtbar, dass in Messebene 1 der Unterschied zwischen 60 km/h und 100 km/h deutlich geringer ist. Die hier gezeigte Abhängigkeit der Tropfenanzahl von der Luftgeschwindigkeit kann in Messebene 1 und Messebene 2 ebenfalls beobachtet werden.

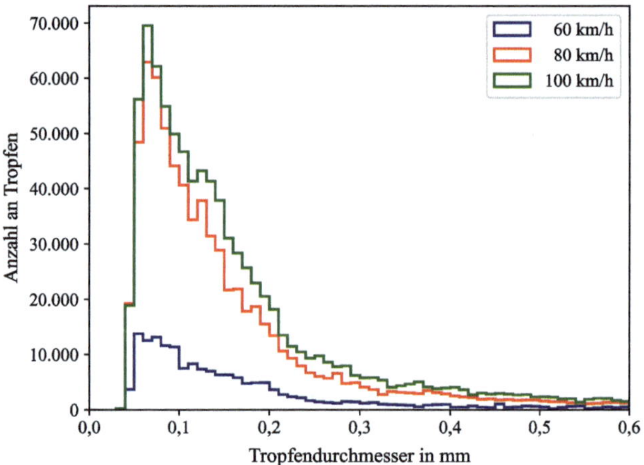

Abb. 3.30 Tropfenhistogramme hinter der generischen Platte in Messebene 3 für verschiedene Luftgeschwindigkeiten bei einem Plattenradius von $R = 2{,}5$ mm mit Wasser und einem Volumenstrom von $\dot{V} = 1{,}8$ ml/s nach [74]

In Abbildung 3.31a ist das Tropfengrößenhistogramm für die drei Messebenen bei 100 km/h und einem Abrissradius von $R = 1{,}0$ mm dargestellt. Alle drei Graphen weisen den gleichen Verlauf auf. Der Durchmesser mit den meisten Tropfen liegt bei 65 µm. Im Gegensatz zu den Histogrammen am Außenspiegel zeigen sich keine zwei Hauptpeaks, sondern lediglich ein Peak, welcher nicht an der minimalen Messgrenze von 30 µm liegt. In Messebene 1 werden die meisten Tropfen gemessen. Mit steigender Distanz zur Abrisskante wird die Anzahl reduziert, wobei der Unterschied zwischen Messebene 2 und Messebene 3 deutlich geringer ist

($N_{\text{Tropfen}} \sim \frac{1}{\text{Tropfendurchmesser}}$). Dies kann auf die Flugrichtung der Tropfen zurückgeführt werden. Die in Abbildung 3.31b illustriert ist. In Messebene 1 werden noch alle Tropfen gemessen, was durch die breitere Verteilung des Flugwinkels gesehen werden kann. Mit steigender Distanz werden lediglich die horizontal fliegenden Tropfen gemessen. Dieser Effekt kann durch die Konzentration des Flugwinkels auf kleine Werte gesehen werden, wobei hier auch die Reduktion der Streuung mit steigender Flugzeit mit einfließt. Das Fehlen des zweiten Maximums, wie es bei den Außenspiegelversuchen zu sehen war, wird auf die deutlich reduzierte Anzahl von Sekundärzerfällen zurückgeführt. Der charakteristische Durchmesser D_{30} sinkt mit steigender Distanz zum Abriss. Die hier gezeigten Ergebnisse würden ein Steigen des D_{30} nahelegen. Diese Diskrepanz kann auf den Einfluss von großen Tropfen auf D_{30} zurückgeführt werden. Durch die sinkende Anzahl an großen Tropfen (im Histogramm durch die kleine Anzahl nicht sichtbar) wird D_{30} reduziert, obwohl auch die Anzahl an kleinen Tropfen reduziert wird.

In Abbildung 3.31c ist der Einfluss des Radius der Abrisskante auf die Tropfenanzahl dargestellt. Wie schon im vorherigen Abschnitt erwähnt, zeigt sich lediglich ein lokales Maximum bei 65 µm für alle Plattenradien. Bei den kleinsten Radien von $R = 1$ mm und 2,5 mm zeigt sich mit Abstand die größte Anzahl an Tropfen in diesem Bereich. Dies kann auf den direkten Abriss zurückgeführt werden. Daher ist der Unterschied zwischen diesen beiden auch deutlich geringer als zwischen den anderen Radien. Ein größerer Plattenradius führt zu einer Verringerung der Tropfenanzahl ($N_{\text{Tropfen}} \sim \frac{1}{\text{Tropfendurchmesser}}$). Bei den größeren Radien mit einem indirekten Abriss kann dieses Phänomen der sinkenden Tropfenanzahl mit steigendem Radius ebenfalls beobachtet werden. Der große Sprung zwischen 2,5 mm und 5 mm kann auf den Abrissbereich und die Richtung der abgerissenen Tropfen zurückgeführt werden. Dies kann ebenfalls auf den scharfen Abriss bei geringen Plattenradien und den turbulenten Abriss bei höheren Plattenradien zurückgeführt werden. Dieser Effekt wird noch durch die Umströmung der Platte verstärkt. Durch die größeren Radien weist die Geschwindigkeit direkt nach der Platte eine größere z-Komponente im Vergleich zu kleineren Radien auf, wodurch die Tropfen ebenfalls stärker nach oben beschleunigt werden und schlechter gemessen werden können. In Abbildung 3.31d ist dieses Verhalten zu sehen. Bei den kleinen Plattenradien ist der Flugwinkel der Tropfen deutlich stärker verteilt. Mit steigendem Plattenradius werden deutlich mehr Tropfen mit einer horizontalen Flugbahn gemessen.

In Abbildung 3.31e ist der Einfluss des Volumenstroms auf die Anzahl an gemessenen Tropfen für 80 km/h bei einem Plattenradius $R = 2{,}5$ mm in zwei Messebenen dargestellt. Für alle Graphen zeigt sich ebenfalls ein Hauptdurchmesser von 65 µm. Vergleicht man in Messebene 1 die beiden Graphen miteinander, so weist der höhere Volumenstrom eine leicht kleinere Anzahl an Tropfen auf. Dies kann

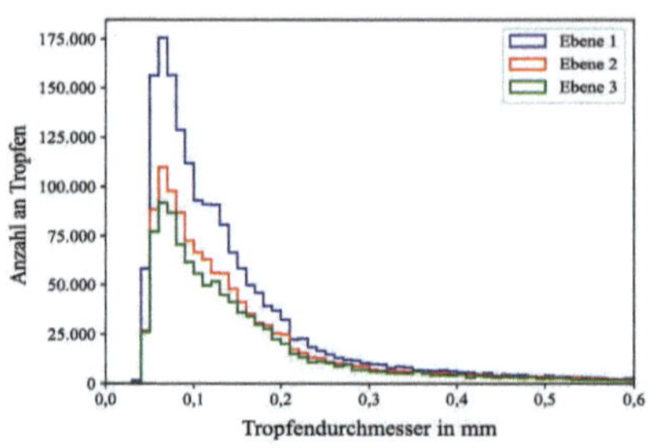

(a) Tropfenhistogramm für die drei Messebenen hinter der Platte bei 100 km/h Luftgeschwindigkeit und einem Plattenradius von $R = 1{,}0\,\text{mm}$

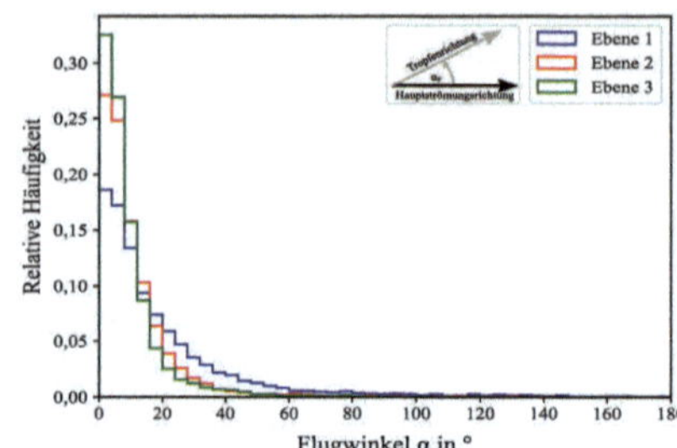

(b) Flugwinkel in den drei Messebenen bei 100 km/h Luftgeschwindigkeit und einem Plattenradius von $R = 1{,}0\,\text{mm}$

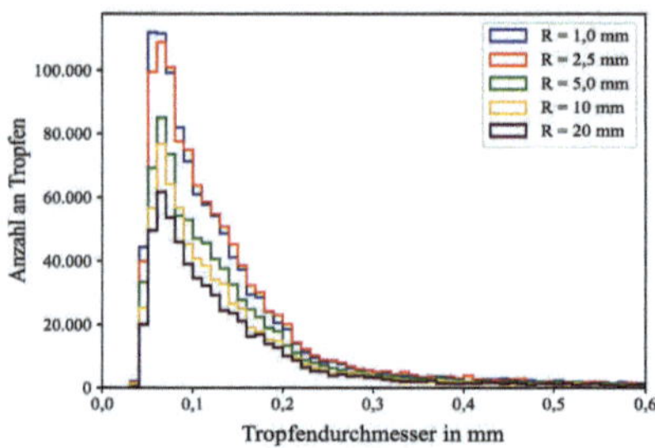

(c) Tropfenhistogramm bei verschiedenen Plattenradien bei 80 km/h Luftgeschwindigkeit in Messebene 1

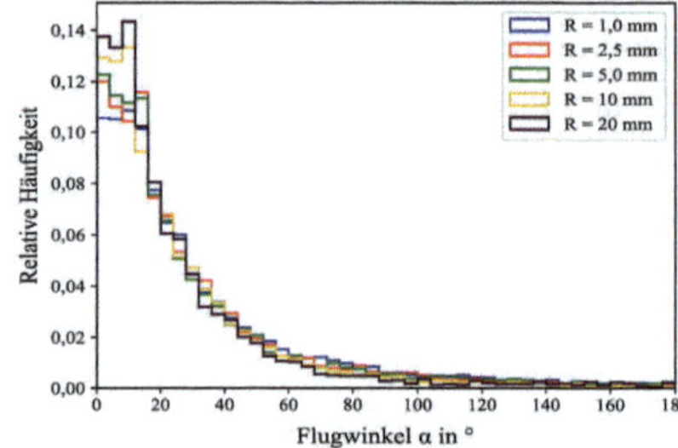

(d) Flugwinkel bei verschiedenen Plattenradien bei 80 km/h Luftgeschwindigkeit in Messebene 1

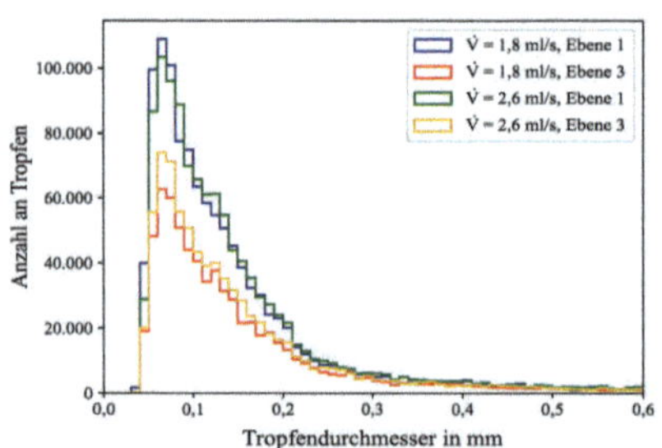

(e) Tropfenhistogramm bei verschiedenen Volumenströmen und Messebenen bei 80 km/h Luftgeschwindigkeit bei einem Plattenradius $R = 2{,}5\,\text{mm}$

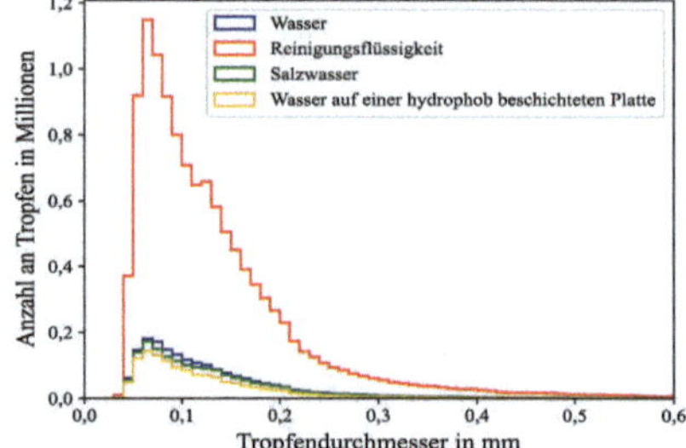

(f) Tropfenhistogramm für verschiedene Flüssigkeiten bei 100 km/h Luftgeschwindigkeit in Messebene 1 und einem Plattenradius $R = 2{,}5\,\text{mm}$

Abb. 3.31 Tropfenhistogramme hinter der generischen Platte für unterschiedliche Messebenen, Plattenradien R, Volumenströme und Flüssigkeiten nach [74]

ebenfalls in Messebene 2 und bei 60 km/h in Messebenen 1 und Messebene 2 beobachtet werden (hier nicht gezeigt). Dem entgegen wird in Messebene 3 bei einem höheren Volumenstrom auch eine höhere Anzahl an Tropfen gemessen, was ebenfalls bei 60 km/h beobachtet werden kann. Im Gegensatz zu den geringeren Geschwindigkeiten (60 km/h und 80 km/h) kann bei 100 km/h in jeder Messebene mit einem höheren Volumenstrom auch eine höhere Anzahl an Tropfen gemessen werden (siehe Abbildung 3.32). Bei 100 km/h reicht die Energie der Luft aus, um den Einfluss der zusätzlichen gravitationsbedingten Einflüsse bei einem höheren Volumenstrom zu überwinden. So können auch bei dem größeren Volumenstrom die Abrissprozesse in derselben Höhe wie zuvor stattfinden. Bei den niedrigeren Geschwindigkeiten hingegen ist der Gravitationseinfluss dominierend, wodurch der Abriss der Tropfen auf einer niedrigeren Höhe als bei einem geringen Volumenstrom stattfindet. Durch diese niedrigere Abrissposition im unteren Bereich und unterhalb der Messebenen werden in den Messebenen 1 und 2 bei einem höheren Volumenstrom weniger Tropfen gemessen. Durch die Strömungsrichtung hinter der Platte gelangen die Tropfen auf die Höhe der Messebenen, wodurch in Ebene 3 mehr Tropfen gemessen werden.

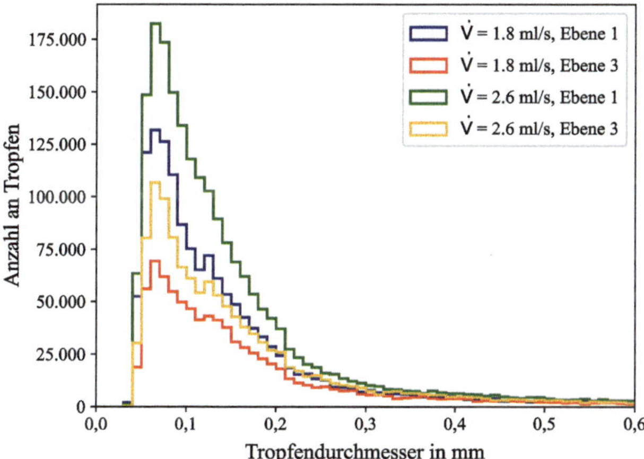

Abb. 3.32 Tropfenhistogramm bei verschiedenen Volumenströmen und Messebenen bei 100 km/h Luftgeschwindigkeit bei einem Plattenradius $R = 2{,}5$ mm

In Abbildung 3.31f ist der Einfluss der Flüssigkeit auf die Tropfenanzahl bei 100 km/h bei einem Plattenradius von $R = 2{,}5$ mm dargestellt. Wie zuvor zeigt sich auch hier für alle Graphen ein globales Maximum der Tropfenanzahl bei 65 μm. Die

Reinigungsflüssigkeit weist eine deutlich höhere Anzahl an Tropfen (Faktor 5–6) über einen großen Bereich auf, was auf die deutlich kleinere Oberflächenspannung der Reinigungsflüssigkeit (Tabelle 3.1) zurückgeführt werden kann. Durch diese Reduktion steigt die Oh-Zahl und damit die Möglichkeit des Zerfalls eines Tropfens. Auch bei der Reinigungsflüssigkeit nimmt die Tropfenanzahl mit steigendem Abstand zur Platte ab (hier nicht gezeigt). Die Flugrichtung des Tropfenfeldes der Reinigungsflüssigkeit ist in Messebene 1 schon deutlich gerichteter als bei Wasser und ist vergleichbar mit der Flugrichtung von Wasser in Messebene 3. Die Tropfenanzahl der anderen Fluide ist deutlich geringer und in einer Größenordnung, wobei Wasser die größte Anzahl an Tropfen aufweist. Der Unterschied zwischen Wasser und Salzwasser nimmt mit steigendem Abstand zur Platte zu, sodass Salzwasser in Messebene 3 deutlich weniger Tropfen aufweist als Wasser. Dies kann auf die höhere Dichte des Salzwassers zurückgeführt werden. Die hydrophobe Beschichtung der Platte führt zu einer noch kleineren Anzahl an Tropfen, welche ebenfalls mit steigendem Abstand zur Platte stärker abnimmt als Wasser, jedoch etwas weniger als das Salzwasser. Betrachtet man die Oh-Zahlen und We-Zahlen, so sollte Wasser eine geringere Anzahl an Tropfen haben. Dies kann hier nicht beobachtet werden, was unterschiedliche Ursachen haben kann. Eine Möglichkeit ist der geringe Unterschied in den Oh-Zahlen und den We-Zahlen, welche zu klein sind, um große Unterschiede in den Tropfengrößen hervorzurufen.

In Abbildung 3.33 sind die Tropfengeschwindigkeiten bei einer Luftströmung von 100 km/h dargestellt. In Abbildung 3.33a ist die Beschleunigung der Tropfen bei einem Plattenradius von $R = 1{,}0\,\mathrm{mm}$ in Abhängigkeit der Messebenen dargestellt. Im Gegensatz zu den Windkanalergebnissen ist eindeutig sichtbar, dass die

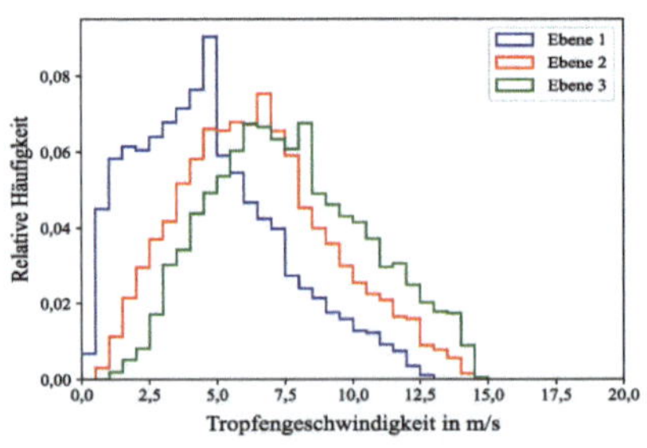

(a) Geschwindigkeitshistogramm für die drei Messebenen hinter der Platte bei 100 km/h Luftgeschwindigkeit und einem Plattenradius von $R = 1{,}0\,\mathrm{mm}$

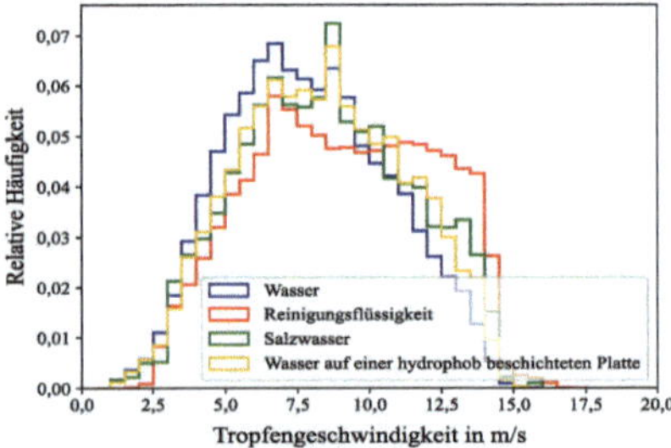

(b) Geschwindigkeitshistogramm für verschiedene Flüssigkeiten bei 100 km/h Luftgeschwindigkeit in Messebene 3 und einem Plattenradius $R = 2{,}5\,\mathrm{mm}$

Abb. 3.33 Geschwindigkeitshistogramm der an der Platte abgerissenen Tropfen

Geschwindigkeit der Tropfen kontinuierlich mit Abstand zur Platte zunimmt. Dies kann darauf zurückgeführt werden, dass die Tropfen sich nicht im Nachlaufgebiet der Platte, sondern in der ungestörten Anströmung befinden und somit größere Luftgeschwindigkeiten erfahren. Betrachtet man Abbildung 3.33b, so ist zu sehen, dass Wasser in Messebene 3 die geringste Geschwindigkeit aufweist. Salzwasser und Wasser (auf einer hydrophob beschichteten Platte) sind im Vergleich leicht schneller. Lediglich die Reinigungsflüssigkeit weist einen deutlichen Unterschied auf. Ein Großteil der Tropfen besitzt eine Geschwindigkeit zwischen 5 m/s und 15 m/s ohne große Unterschiede bis auf einen Peak bei 6 m/s, der bei allen untersuchten Fluiden auftritt.

3.4 Vergleich der Spiegel- und Plattenversuche

Zum Abschluss der Versuche wird noch ein Vergleich zwischen den Untersuchungen durchgeführt. In beiden Fällen wird der Tropfenabriss an der Unterseite einer Kante analysiert. Sowohl Gemeinsamkeiten als auch Unterschiede konnten aufgezeigt werden. Bei der Untersuchung der Platte konnten im Gegensatz zu den Untersuchungen am Außenspiegel lediglich zwei Ligamentenabrissprozesse beobachtet werden. Am Spiegel konnten zusätzlich noch Lamellenabrissprozesse beobachtet werden. Dies ist darauf zurückzuführen, dass sich das Wasser am Außenspiegel über eine breitere Fläche verteilen kann. An der Plattenkante kann sich das Wasser durch die lokale Aufbringung und fehlende Queranströmung nicht genug verteilen, sodass sich ein Wasserpool mit großem Volumen auf einer kleinen Fläche bildet. Betrachtet man die sekundären Zerfallsprozesse der Tropfen in der Luft, so können in beiden Untersuchungen jeweils dieselben Zerfallsprozesse (Schwingungszerfall, Blasenzerfall, Keulenzerfall und Scheibenzerfall) beobachtet werden. Die Anzahl auftretender Zerfallsprozessen ist bei den Plattenversuchen geringer, was auf eine geringere Strömungsgeschwindigkeit zurückführbar ist. Durch diese geringere Anzahl an sekundären Zerfallsprozessen kann in den Tropfengrößenhistogrammen auch kein zweites lokales Maximum gesehen werden. Zusammenfassend lassen sich für die Tropfenfelder folgende Aussagen treffen:

- $D_{30} \sim \frac{1}{\text{Abstand zur Abrisskante}}$
- $D_{30} \sim \frac{1}{\text{Luftgeschwindigkeit}}$
- $N_{\text{Tropfen}} \sim \text{Luftgeschwindigkeit}$
- $N_{\text{Tropfen}} \sim \frac{1}{\text{Tropfendurchmesser}}$

Zusätzlich wurde bei der Platte der Einfluss des Fluidtyps auf den Tropfenzerfall und die Tropfengröße ermittelt. So sind D_{30} als auch die Anzahl an gemessenen Tropfen direkt proportional zu der Oberflächenspannung der Fluide. Die Ergebnisse der Plattenversuche lassen somit Rückschlüsse auf den Tropfenzerfall am Außenspiegel ziehen, wobei in zukünftigen Untersuchungen die Randparameter (Geschwindigkeit der Luft, Queranströmung, Aufbringung des Wassers) an den Außenspiegel angepasst werden sollten.

Die hier gezeigten Ergebnisse werden zur Plausibilisierung mit einschlägiger Literatur verglichen. Die Aussage, dass der Tropfendurchmesser mit steigender Distanz zum Spiegel und mit steigender Geschwindigkeit abnimmt, haben Tivert und Davidson [43] ebenfalls beobachtet. Die kontinuierliche Beschleunigung der Tropfen in Abhängigkeit von diesen Parametern konnte in dieser Arbeit nicht reproduziert werden, was auf die Wahl der Messebenen im Spiegelnachlauf zurückzuführen ist. Vergleicht man die Ergebnisse von Hagemeier [33] mit den hier gezeigten Ergebnissen, so zeigen sich einige Gemeinsamkeiten. Bei Hagemeier verringert sich der D_{10} von 401,6 µm vor dem Spiegel auf 200,2 µm in einem Abstand von 0,6 m hinter dem Spiegel. Dieser charakteristische Tropfendurchmesser berücksichtigt neben den am Spiegelgehäuse abgerissenen Tropfen noch weitere Tropfen. Zum einen Tropfen, welche auf das Spiegelgehäuse aufgetroffen sind und dabei zurückgeworfen und ggf. zerplatzt sind. Und zum anderen Tropfen, welche aus dem Sprühgestell resultieren. In den hier gezeigten Untersuchungen ist der D_{10} in Messebene 3 bei 80 km/h bei 118,6 µm, wobei hier nur abgerissene Tropfen gemessen wurden. Vergleicht man die Tropfenhistogramme miteinander, so kann bei Hagemeier eine kontinuierliche Steigerung der Tropfenanzahl mit reduzierter Tropfengröße festgestellt werden. Dieses Verhalten wurde in dieser Arbeit erweitert, da zwei lokale Maxima in kleinen Tropfendurchmesserbereichen gemessen worden sind. Diese sind bei Hagemeier aufgrund der Skalierung des Histogramms nicht sichtbar.

Volume-of-Fluid Simulation des Gesamtfahrzeuges

4

Basierend auf den vorangegangenen Versuchsergebnissen wird in diesem Kapitel ein 3D-CFD-Modell erarbeitet, mithilfe dessen der Tropfenabriss am Außenspiegel untersucht wird. Hierbei wird vor allem auf den Simulationsaufbau, eine Parameterstudie zu unterschiedlichen Parametern wie der Geschwindigkeit der Luft und auf den Vergleich zwischen der Simulation und dem Spiegelversuch im Windkanal eingegangen.

4.1 Simulationsaufbau

Die VOF-Simulation ist als Nachbildung der Windkanalversuche zum Tropfenabriss am Außenspiegel mit lokaler Wasseraufbringung in OpenFOAM® v20.12 aufgebaut. In der Simulation wird ein Computer Aided Design (CAD)-Modell des Fahrzeuges in einer virtuellen Windkammer positioniert (siehe Abbildung 4.1). Die Windkammer beschreibt die Messstrecke eines Windkanals, wobei der Lufteinlass konstant über eine gesamte Fläche (linke Seite des Quaders vor dem Fahrzeug) realisiert wird und der Geschwindigkeitsvektor senkrecht zur Einlassfläche ist. Um dies zu realisieren, wird ein Geschwindigkeitseinlass (Velocity-Inlet) genutzt, welcher Luft mit einer vordefinierten Geschwindigkeit in das Simulationsgebiet einleitet. Aus dieser Geschwindigkeitsvorgabe kann der Druck am Einlass berechnet werden, wobei hier die Annahme eines Druckgradienten von null getroffen wird. Die Turbulenz der Luftströmung wird mithilfe des IDDES-Modells abgebildet. Durch die Modellierung von mehreren Phasen bei der VOF-Simulation wird zusätzlich noch die Phasenfunktion α_i integriert, welche am Einlass (Inlet) den Anteil der unterschiedlichen Phasen vorgibt. Die Luftgeschwindigkeit wird in der Simulation zwischen 80 km/h und 140 km/h gewählt.

L. Kille, *Numerische Untersuchung der Fremdverschmutzung im Bereich der Seitenscheibe und des Außenspiegels bei leichten Nutzfahrzeugen*, AutoUni – Schriftenreihe 177, https://doi.org/10.1007/978-3-658-48922-9_4

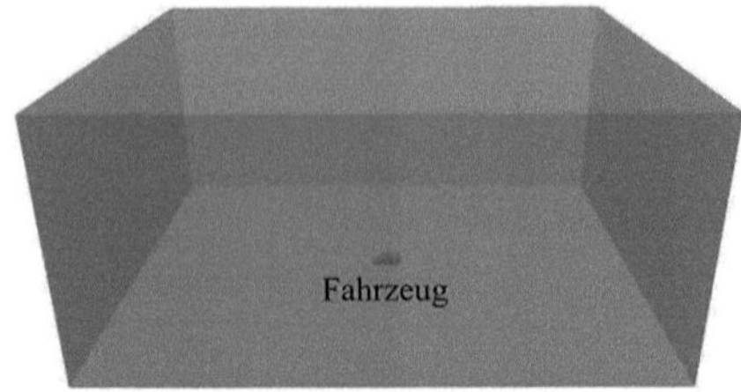

Abb. 4.1 Bereich der simulierten Windkammer in der VOF-Simulation (x:73 m; y: 63 m, z: 33 m); Fahrzeug befindet sich in x und y in der Mitte

Die so entstehende Luftströmung bewegt sich weiter durch den Quader, wobei die Wände unterschiedliche Randbedingungen (engl. Boundaryconditions (BC)) aufweisen. Die weit von dem Fahrzeug entfernten Wände werden als Symmetrieebenen (engl. Symmetryplanes) ausgeführt. Über einer Symmetrieebene sind alle Flüsse null und alle normalen Anteile der physikalischen Größen zur Symmetrieebene werden null, so ist die Geschwindigkeit immer parallel zu einer Symmetrieebene. Auf dem Fahrzeug und seiner direkten Umgebung werden Haft-Wandrandbedingungen aufgebracht (engl. no-slip wall BC). Die Haft-Wandrandbedingung reduziert die Strömungsgeschwindigkeit auf der Oberfläche auf null, sodass die Strömung auf der Wand haftet. Die Haft-Randbedingung auf dem Boden vor und um das Fahrzeug wird genutzt, um die Anströmverhältnisse an die Verhältnisse des Windkanals anzupassen. Auf der Oberfläche des Fahrzeuges werden Kontaktwinkel von 60° vorgegeben, um den Wasserverlauf auf der Oberfläche auf die Experimente abzustimmen und um den Einfluss des standardmäßig verwendeten Kontaktwinkels von 90° zu verhindern.

Nach der Umströmung des Fahrzeuges wird die Luft durch den Druckauslass (engl. Pressure-Outlet) aus dem Simulationsgebiet herausgelassen. Im Gegensatz zu dem Geschwindigkeitseinlass wird bei dem Druckauslass der Druck vorgegeben und die unbekannten Strömungsgrößen werden mittels der Annahme eines Gradienten über den Ausfluss von null bestimmt.

Die in Abschnitt 2.1.1 erläuterten kleinen Kontrollvolumina, in denen die Berechnung der physikalischen Transportgrößen stattfindet, entstehen aus der Vernetzung des gesamten Strömungsgebietes. Hierbei wird der gesamte mit dem Fluid gefüllte Raum vernetzt. Dieses Netz kann unterschiedliche Zellgrößen aufweisen. Für die Verschmutzung eines Kraftfahrzeuges ist die Umströmung des Fahrzeuges von besonderer Bedeutung, daher wird in dieser Region das Rechennetz mit Verfeinerungsregionen (engl. Refinement Level (RL)) feiner aufgelöst. Hingegen können an den äußeren Seiten der Windkammer deutlich gröbere Netzzellen genutzt werden. Eine Faustformel für die minimale Zellanzahl zum Auflösen der Grenzschicht eines VOF-Tropfen sind drei Netzzellen im Durchmesser, sodass das Volumen des Tropfens mit mindestens neun Zellen aufgelöst ist. Im Folgenden wird detailliert auf die Verfeinerungen im Bereich der A-Säule, der Seitenscheibe und des Spiegels eingegangen. In Abbildung 4.2 sind die einzelnen RL in der Region der Seitenscheibe und des Seitenspiegels abgebildet. Die feinste Verfeinerung (RL 12) mit einer Zellbreite von 0,5 mm wird auf den türkisfarbenen Bereich angewandt. Dieser Bereich deckt den gesamten Spiegel und den Spiegelnachlauf ab, sodass der Tropfenabriss und der Tropfenflug inklusive der Umkehr der Tropfen in der Luft simuliert werden kann. Die restlichen Verfeinerungsregionen sind nicht auf die Tropfensimulation, sondern auf die Strömungssimulation der Luft zurückzuführen, wodurch sich teilweise die Regionen überlagern. Um den Spiegel herum (lilafarbiger Bereich) ist ein Offset generiert, in welchem eine RL 11 angelegt ist, sodass die Zellen auf eine Länge von 1 mm anwachsen. Die Seitenscheibe (grüner Bereich), die A-Säule (gelber Bereich) und das größere Offset um den Spiegel (roter Bereich) weisen alle eine Verfeinerungsregion RL 10 auf, sodass die Zellen eine Breite von 2 mm aufweisen. Das gesamte Gebiet ist noch mit einer Box (grauer Bereich) verfeinert, da es bei zu starken Netzgrößenunterschieden zu numerischen Instabilitäten mit dem VOF-Modell kommen kann. Dieser Bereich, der die Verfeinerungen umfasst, hat eine Netzauflösung von 4 mm. Das so entstehende Netz weist eine Gesamtanzahl von 250 Mio. Zellen auf, wobei von diesen etwa 150 Mio. Zellen in der kleinsten Verfeinerungsregion (türkisfarbener Bereich) enthalten sind.

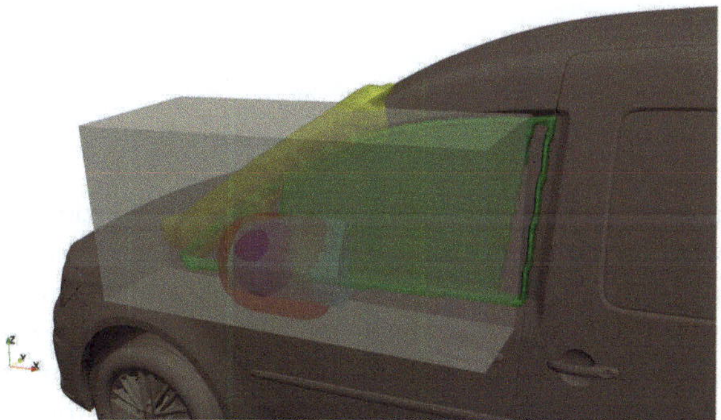

Abb. 4.2 Verfeinerungsregionen des Rechennetzes in der VOF-Simulation um den Außenspiegel

Um das Aufbringen des Wassers möglichst nah an den Versuchen zu halten, wird ein 3D-Modell des Schlauches auf dem Spiegel positioniert (siehe Abbildung 4.3b). Das Model des Schlauches wird mithilfe von Bildern näherungsweise an die reale Position des Versuchs gebracht, da kein 3D-Scan des Aufbaus inklusive Schlauch für eine genauere Positionierung verfügbar war. In Abbildung 4.3 ist der Vergleich der Positionen im Versuch und in der Simulation abgebildet und in Abschnitt 4.3.3 wird der Einfluss der Injektionsposition und des Injektionswinkels des Wassers zur Oberfläche auf den Tropfenabriss untersucht. Die Injektionsfläche befindet sich wie bei dem realen Schlauch in der Mitte der Ebene am Ende des Schlauches. Die Injektionsfläche ist ein Massenstromeinlass (Massflow Inlet), wobei die Einlassgeschwindigkeit über den Massenstrom, die Dichte und die Injektionsfläche berechnet wird.

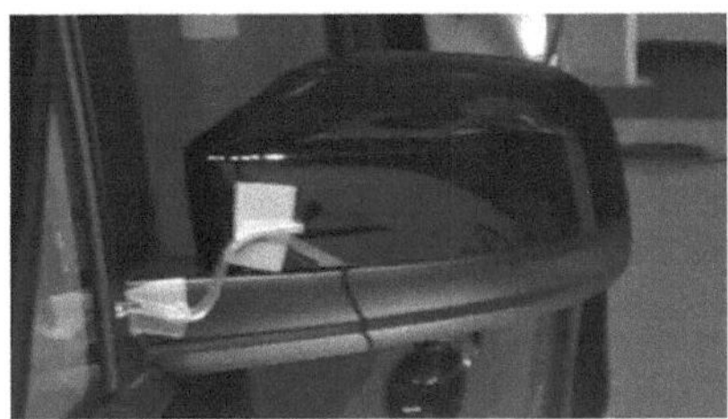

(a) Positionierung des Wasserschlauches auf dem Außenspiegel im Windkanalversuch

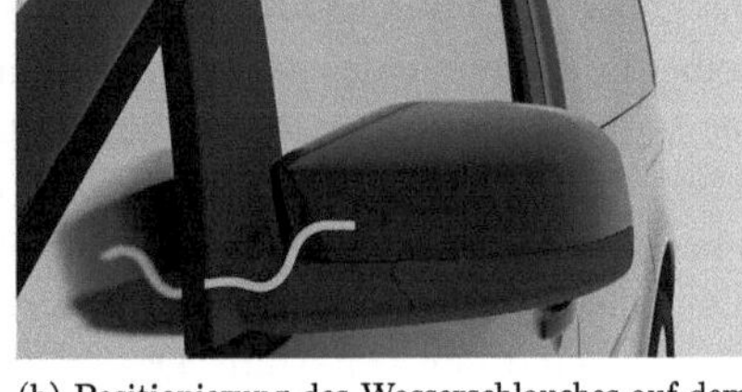

(b) Positionierung des Wasserschlauches auf dem Außenspiegel in der VOF-Simulation

Abb. 4.3 Vergleich der Positionierung des Wasserschlauches auf dem Außenspiegel

4.2 Detektion und Messung der Tropfen

Zur Detektion der Tropfen in der Simulation wird ein modifizierter Algorithmus von Spitzenberger et al. [97] genutzt. Spitzenberger et al. haben gezeigt, dass der Algorithmus deutlich bessere Tropfendurchmesser ermittelt als der Standardalgorithmus in OpenFOAM®. Dies konnte ebenfalls in den hier gezeigten Simulationen zur Gesamtfahrzeugverschmutzung beobachtet werden. Im Folgenden soll der grundlegende Ablauf der modifizierten Tropfendetektion vorgestellt werden. Der VOF-Wassertropfen wird in der in Abbildung 4.4 dargestellten Ebene parallel zum Spiegelglas gemessen. Die Messebenen aus den in Abschnitt 3.2 vorgestellten Realversuchen können in der Simulation nicht genutzt werden, da die Tropfen zur

Detektion in der Simulation die Messebene durchdringen müssen. Somit werden die Tropfengrößen hinter dem Spiegel gesamtheitlich gemessen. In Abbildung 4.5 ist ein Flussdiagramm abgebildet, welches den Verlauf des Algorithmus erläutert. Unabhängig vom Algorithmus wird die Simulation initialisiert und der VOF-Löser (engl. Solver) berechnet die VOF-Phasen. Im Anschluss an einen Zeitschritt wird innerhalb der Messebene die räumliche Detektion des Wassers durchgeführt. Basierend auf den räumlich detektierten Tropfen zu einem Zeitschritt wird eine zeitliche Detektion der Tropfen durchgeführt, welche die ermittelten Tropfen in einen zeitlichen Zusammenhang führt. Diese zusammengehörenden Tropfen werden gesammelt und die so entstehenden Tropfeneigenschaften, wie beispielsweise das Tropfenvolumen, in jedem Zeitschritt aktualisiert. Im Anschluss werden alle Tropfen gespeichert und der nächste Zeitschritt beginnt und somit die nächste Detektion.

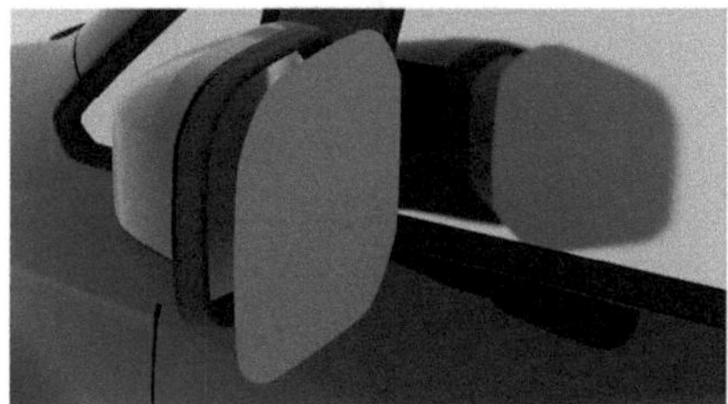

Abb. 4.4 Vertikale Messebene zur Detektion der VOF-Tropfen hinter dem Außenspiegel

In Abbildung 4.6 ist der Ablauf zur räumlichen Detektion eines Tropfens dargestellt. Bei der räumlichen Detektion werden zuerst von allen Zellen, welche mit der Wasserphase beaufschlagt sind ($\alpha_i > 0$), sämtliche Zellen ermittelt, deren Füllungsgrad oberhalb des Phasengrenzwertes ($\alpha_t = 0,1$) liegen. Alle Zellen mit einem Wert über dem Phasengrenzwert wird ein Phasenwert von 1 zugewiesen (Zelle ist gefüllt mit Wasser), allen anderen Zellen wird ein Phasenwert von 0 zugewiesen (Zelle komplett gefüllt mit Luft), dies ist in Abbildung 4.6 in der Mitte zu sehen. Im Anschluss wird eine Kennzeichnung abgeschlossener Bereiche (engl. Connected Component Labeling (CCL)) durchgeführt. Diese CCL ermittelt in der Messebene alle zusammengehörenden abgeschlossenen Bereiche, in denen Wasser vorliegt, somit den Bereich eines Tropfens, der im aktuellen Zeitschritt von der Messebene geschnitten wird. Jedem Bereich, im Folgenden als Scheibe bezeichnet, wird eine Kennung (in Abbildung 4.6 unten 0 und 1) zugewiesen. So können alle Scheiben des aktuellen Zeitschrittes ermittelt werden.

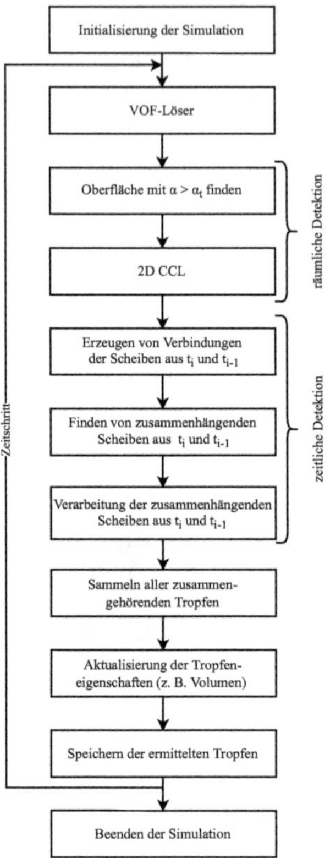

Abb. 4.5 Algorithmus zur Detektion und Messung der VOF-Tropfen nach [97]

Die zeitliche Detektion ermittelt aus den aus der räumlichen Detektion resultierenden Scheiben zeitliche Zusammenhänge mit vorangegangen Zeitschritten. Hierzu wird im ersten Schritt eine Verbindung der räumlich identifizierten Scheiben im aktuellen Zeitschritt (t_i) mit denen aus dem vorherigen Zeitschritt (t_{i-1}) hergestellt und zusammenhängende Scheiben über die Zeitschritte hinaus identifiziert (siehe Abbildung 4.7). Hierbei sind im aktuellen Zeitschritt (t_i) zwei Scheiben identifiziert worden, welche eine Verbindung zu Scheiben aus dem vorherigen Zeitschritt (t_{i-1}) besitzen. Eine Verbindung existiert, wenn mindestens eine Zelle in beiden Zeitschritten mit Flüssigkeit gefüllt ist. In dem Beispiel aus Abbildung 4.7 besitzt die dunkelgraue Scheibe (0) eine Verbindung zu einer Scheibe (0) aus dem vorhergehenden Zeitschritt. Die hellgraue Scheibe (1) im aktuellen Zeitschritt besitzt jedoch zwei Verbindungen zu zwei im vorherigen Zeitschritt unabhängigen Scheiben (1&2). Diese Prozedur wird so lange weitergeführt, bis alle Verbindungen zu Scheiben aus vorherigen Zeitschritten ermittelt worden sind. Durch diese zeitliche Detektion können Scheiben, welche innerhalb eines Zeitschrittes nicht miteinander verbunden sind, aber über die Zeit zusammenhängend sind, vereint und als ein Tropfen identifiziert werden.

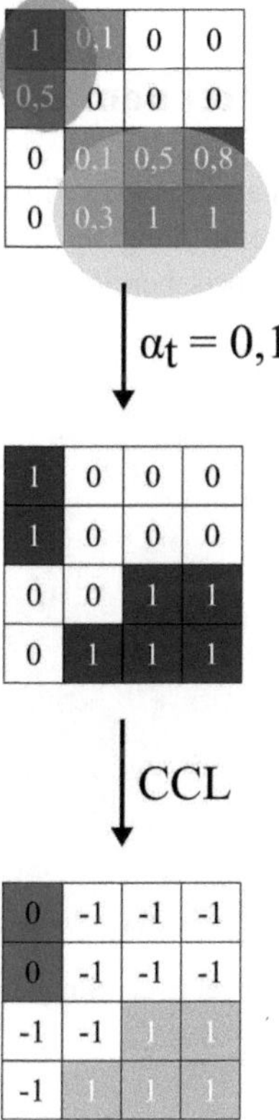

Abb. 4.6 Schema zur räumliche Detektion der VOF-Tropfen nach [97]

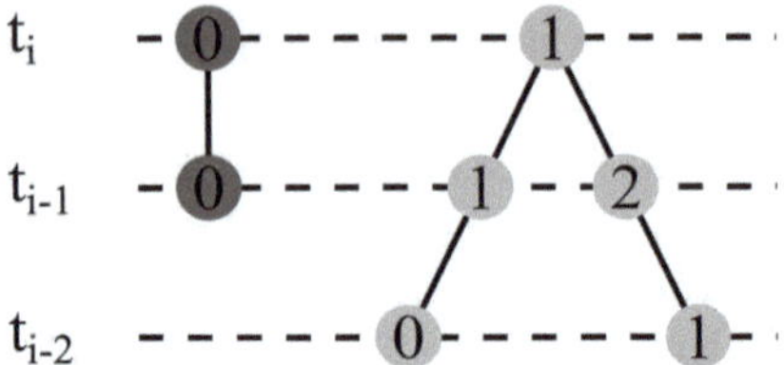

Abb. 4.7 Schema zur zeitliche Detektion der VOF-Tropfen nach [97]

4.3 Tropfenbildung hinter dem Spiegel

In Abbildung 4.8 ist der Tropfenabriss in der Simulation dargestellt. Die sich so ergebenen Zeitverläufe der Tropfenbildung werden im Folgenden genutzt, um die physikalischen Prozesse und die Abrissbereiche in der Simulation zu untersuchen.

Abb. 4.8 Tropfenabriss am Außenspiegel in der Simulation

4.3.1 Abrissprozesse in der Simulation

Im Folgenden (Abbildung 4.9) werden die Tropfenabrissprozesse in der VOF-Simulation dargestellt und die Auftrittshäufigkeit bei unterschiedlichen Geschwindigkeiten wird erläutert. Es können vier unterschiedliche Abrissprozesse beobachtet werden. Bei der niedrigsten Geschwindigkeit von 80 km/h reißen die Tropfen vor allem direkt am Spiegel ab. Des Weiteren tritt der Ligamentenzerfall (siehe Abbildung 4.9b) auf, wobei die Anzahl der Ligamentenprozesse bei 80 km/h deutlich geringer ist als die des Abtropfprozesses. Mit steigender Geschwindigkeit wird dieses Verhältnis umgekehrt und der Ligamentenzerfall ist der dominierende Abrissprozess. Ab 100 km/h können erste Lamellenabrisse beobachtet werden (siehe Abbildungen 4.9c und 4.9d), wobei nach dem Abriss wie im Versuch ein zentrales oder zwei äußere Ligamente verbleiben können. Bei Geschwindigkeitszunahme steigen die Anteile an Lamellenabrissen, jedoch bleibt ihr Anteil unterhalb des Anteils von den Abtropfprozessen. Somit können die Abrissprozesse aus den durchgeführten Versuchen am Gesamtfahrzeug in der Simulation gut reproduziert werden.

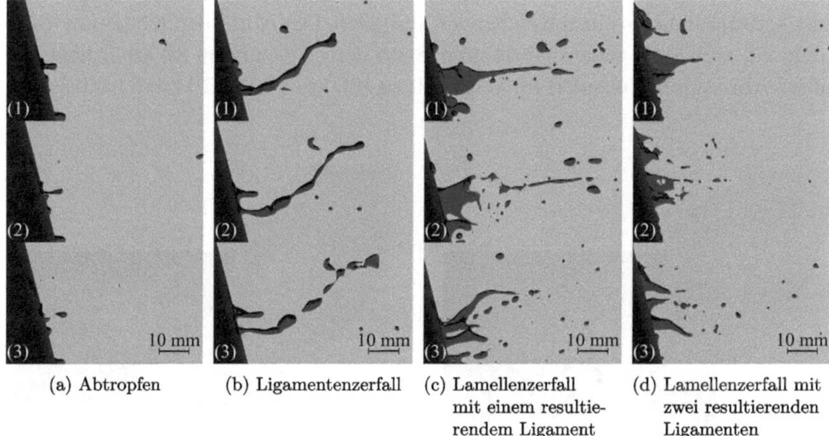

(a) Abtropfen (b) Ligamentenzerfall (c) Lamellenzerfall mit einem resultierendem Ligament (d) Lamellenzerfall mit zwei resultierenden Ligamenten

Abb. 4.9 Drei aufeinander folgende Zeitschritte der einzelnen Abrissmechanismen am Außenspiegel aus der VOF-Simulation

Zum Abschluss wird der in den vorangegangenen Kapiteln nicht erläuterte Abrissprozess des Abtropfens erklärt. In Abbildung 4.9a ist das Prinzip des Abtropfens (siehe Abbildung 2.3 a) dargestellt. Ein Tropfen bildet sich aus dem Wasserpool am Spiegel (Abbildung 4.9a: (1)). Durch die aerodynamischen Scherkräfte wird der Pool gestreckt und schnürt direkt hinter dem Tropfen ein (Abbildung 4.9a: (2)), wodurch lediglich ein einzelner Tropfen aus dem Pool abreißt (Abbildung 4.9a: (3)).

4.3.2 Einfluss der Geschwindigkeit auf den Tropfenabriss

Im folgenden Abschnitt soll der Einfluss der Geschwindigkeit auf den Tropfenabriss in der Simulation beleuchtet und mit dem Verhalten aus dem Versuch verglichen werden. In Abbildung 4.10 ist der Abrissbereich des Wassers in der Simulation durch begrenzende blaue Linien und für den Versuch mit rot gestrichelten Linien für unterschiedliche Geschwindigkeiten dargestellt. Bei 80 km/h (Abbildung 4.10a) findet der Abriss mittig an der Spiegelgehäuseunterkante statt. Mit steigender Geschwindigkeit (100 km/h und 120 km/h, siehe Abbildungen 4.10b und 4.10c) wandert der Abrissbereich nach außen und die Breite des Bereichs wird verkleinert, was vor allem auf die Abrissposition an der äußeren Spiegelkante (untere blaue Linie in den Grafiken) zurückzuführen ist, da diese sich nicht verändert. Bei 140 km/h (Abbildung 4.10d) zeigt sich ein abweichendes Verhalten. Der Abrissbereich nimmt in der Breite zu, wobei die innere Abrissgrenze auf dem Niveau von 80 km/h liegt, die äußere Abrissgrenze wandert im Vergleich zu 100 km/h und 120 km/h nach außen.

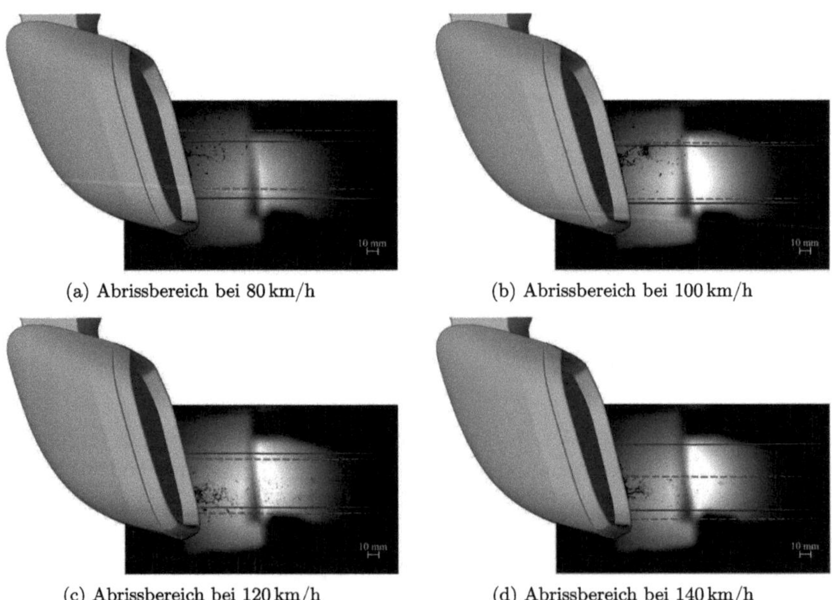

(a) Abrissbereich bei 80 km/h

(b) Abrissbereich bei 100 km/h

(c) Abrissbereich bei 120 km/h

(d) Abrissbereich bei 140 km/h

Abb. 4.10 Geschwindigkeitseinfluss auf den Abrissbereich des lokal auf den Spiegel aufgebrachten Wassers im Windkanal (rot) und in der VOF-Simulation (blau) an der Unterkante des Spiegels (Draufsicht). Kombination eines CAD-Spiegels und eines Versuchsbildes.

Bei Geschwindigkeiten von 80 km/h und 120 km/h bildet der Wasserstrahl auf der Oberfläche einen geschlossenen Film. Mit einer Erhöhung der Geschwindigkeit auf 140 km/h wird der Film durch die höhere Luftgeschwindigkeit und damit die höhere Wassergeschwindigkeit in einzelne Tropfen aufgeteilt, wodurch die Luftströmung einen höheren Einfluss auf den Verlauf des Wassers auf der Oberfläche hat. Die kleinen Tropfen können deutlich leichter von den turbulenten Wirbeln beeinflusst werden und weiter nach außen und innen abgeleitet werden, als dies bei einem zusammenhängenden Film der Fall ist. Somit nimmt die Breite des Abrissbereiches im Vergleich zu den geringeren Geschwindigkeiten zu. Ein weiterer beobachteter Effekt ist die Dauer, welche das Wasser benötigt, um bis zur Abrisskante zu gelangen. Mit steigender Luftgeschwindigkeit nimmt die Dauer, die das Wasser bis zur Abrisskante benötigt, kontinuierlich ab, was physikalisch durch die höheren Schergeschwindigkeiten begründet werden kann.

4.3.3 Einfluss des Injektors auf den Tropfenabriss

Im nächsten Abschnitt soll der Einfluss von unterschiedlichen Parametern auf den Abrissbereich der Tropfen untersucht werden. Sowohl die Injektionsposition als auch der eingebrachte Massenstrom des Wassers werden variiert. In Abbildung 4.11a sind die drei untersuchten Injektionspositionen abgebildet. In der ersten Version (gelb) wurde in der Simulation die Injektionsposition aus den Versuchen anhand von Bildern nachempfunden. Die Injektionsfläche (Fläche am Schlauchende) und die Oberfläche des Spiegels weisen einen 85° Winkel zueinander auf, damit die Flüssigkeit nach dem Einbringen schnell einen flächigen Kontakt zur Spiegelgehäuseoberfläche bekommt. In der zweiten Version (rot) wurde diese Injektionsposition um 5 mm nach innen verschoben. Die letzte Version (weiß) entspricht der Position der vorherigen Version (rot), wobei die Injektionsfläche senkrecht zur Spiegeloberfläche ausgerichtet ist. In Abbildung 4.11b sind die resultierenden Abrissbereiche für die drei unterschiedlichen Injektionsvarianten dargestellt.

In der Grundversion (gelb) zeigt sich der schmalste Abrissbereich. Dies kann darauf zurückgeführt werden, dass das Wasser auf der Unterseite des Spiegels in der Regenfangkante lediglich eine kurze Zeit gehalten wird. Das Wasser überwindet die Regenfangleiste zu einem Teil am direkten Auftreffpunkt und fließt nach der kurzen Verweilzeit leicht abgelenkt nach außen. Bei der zweiten Version, welche 5 mm nach innen verschoben ist, zeigt sich die gleiche äußere Grenze, das Wasser überwindet auch hier die Regenfangkante an derselben Stelle. Die innere Grenze wandert hingegen weiter auf die Innenseite des Spiegels (nach oben im Bild), beim Auftreffen des Wassers auf die Regenfangkante wird diese zum Teil direkt überwunden,

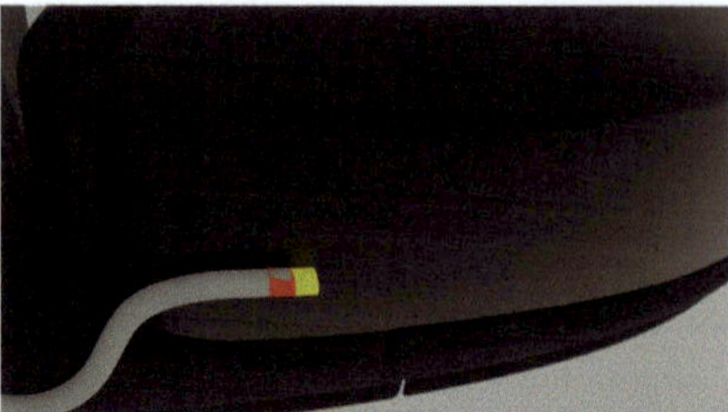

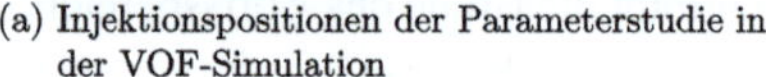

(a) Injektionspositionen der Parameterstudie in der VOF-Simulation

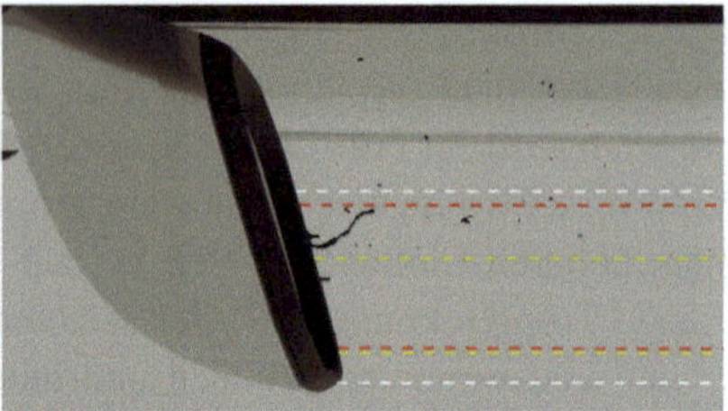

(b) Abrissbereich der unterschiedlichen Injektionspositionen aus der Parameterstudie bei einer Luftgeschwindigkeit von 120 km/h

Abb. 4.11 Einfluss der Injektionsposition auf den Tropfenabrissbereich. (Gelb: Versuchsposition, rot: Versuchsposition um 5 mm nach innen verschoben, weiß: Position wie bei dem roten Schlauch die Injektionsfläche ist jedoch senkrecht zur Oberfläche)

sodass das Wasser weiter innen abreißt. Das Wasser gelangt zudem durch die 5 mm nach innen verschobene Injektionsposition deutlich schneller auf die Unterseite des Spiegels und wird dadurch als gesamter Film nicht so stark von der Krümmung des Spiegelgehäuses beeinflusst und nach außen gedrückt. Resultierend hieraus ist im Abrissbild die innere Grenze deutlich mehr als 5 mm nach innen verschoben. Dadurch entsteht der größere Abrissbereich im Vergleich zu der gelben Variante aus dem Versuch. Dasselbe Verhalten kann auch in der letzten Version (weiß) beobachtet werden, da sich die Injektionsposition zwischen der weißen und der roten Version nicht unterscheidet. Hingegen wandert die äußere Abrissgrenze deutlich nach außen. Dies kann darauf zurückgeführt werden, dass das Wasser teilweise durch die parallele Injektion nicht direkt auf das Spiegelgehäuse gelangt und somit nicht von Kontaktkräften beeinflusst wird. Somit gelangt das Wasser auf der Vorderseite des Spiegelgehäuses schon sehr weit nach außen und reißt nicht mehr an der Unterkante des Spiegels ab, sondern an der Außenkante.

Neben der Injektionsposition kann auch der eingebrachte Massenstrom des Wassers einen Einfluss auf den Abrissbereich haben. Da der Massenstrom, um den Gegendruck der Pumpe zu reduzieren, nicht aktiv im Versuch mit einem Durchflussmesser gemessen wurde, soll hier eine kurze Parameterstudie zu dem Einfluss des Massenstroms durchgeführt werden. Im Anschluss an die Versuche im Windkanal wurde mit demselben Versuchsaufbau der Massenstrom der Pumpe ermittelt. In Abbildung 4.12 sind die hieraus resultierenden Abrissbereiche bei der Injektionsposition aus den Windkanalversuchen (gelber Schlauch in Abbildung 4.11a) und einer Luftströmungsgeschwindigkeit von 120 km/h abgebildet. Die Grundvariante, welche dem gemessenen Massenstrom aus den Windkanalversuchen entspricht, ist mit 0,005 kg/s der geringste Massenstrom und in weiß dargestellt. Der zweite Massenstrom (in grau dargestellt) hat einen Wert von 0,010 kg/s und stellt somit eine Verdopplung des Ausgangswertes dar. Der letzte dargestellte Massenstrom (schwarz) ist noch einmal ein 20-prozentiger Anstieg auf 0,012 kg/s. Größere Volumenströme sind nicht mehr sinnvoll zu betrachten, da schon bei dem größten untersuchten Massenstrom das Wasser zum Teil seitlich am Spiegel abreißt.

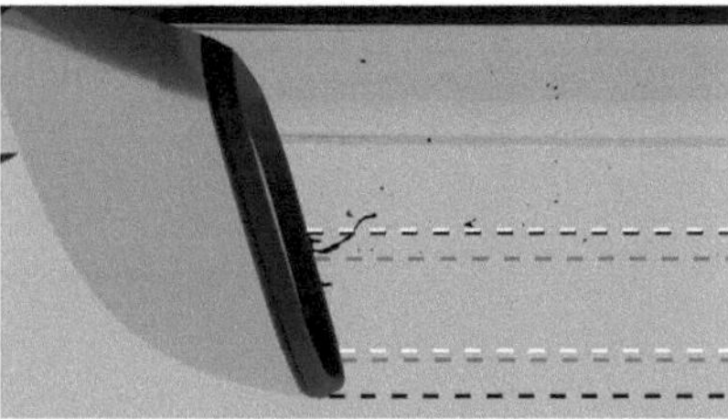

Abb. 4.12 Einfluss des Injektionsmassenstroms auf den Tropfenabrissbereich bei der Injektionsgeometrie aus den Windkanalversuchen und einer Geschwindigkeit von 120 km/h. (Schwarz: 0,012 kg/s, grau: 0,010 kg/s, weiß: 0,005 kg/s)

Durch eine Vergrößerung des Massenstroms und somit der Injektionsgeschwindigkeit kann beobachtet werden, dass das Wasser schneller an die Abrisskante gelangt und eine geringere Zeit im Wasserpool verbringt und durch das größere Volumen schneller abreißt. An der äußeren Abrissgrenze in Abbildung 4.12 können zwei Phänomene beobachtet werden. Zum einen erreicht das Wasser bei den geringeren Massenströmen (weiß und grau) ein Maximum, welches auch zuvor in den Versuchen und den Injektionsgeometrievariationen gesehen werden konnte. Der größte Massenstrom (schwarz) gelangt auf die Außenseite des Spiegels, was darin begründet ist, dass durch die höhere Injektionsgeschwindigkeit das Wasser stärker in die Außenkrümmung des Spiegels gelangt und so leicht nach außen und an die Spiegelaußenkante transportiert werden kann. Zum anderen zeigt die innere Abrissgrenze bei den kleineren Massenströmen die Tendenz, dass das Wasser mit steigendem Massenstrom nach außen wandert und somit der Abrissbereich kleiner wird. Der größte Massenstrom weist auch hier wieder eine Ausnahme auf und besitzt eine ähnliche Grenze wie der geringste Massenstrom. Dies ist darauf zurückzuführen, dass in dem gesamten betrachteten Zeitraum ein Tropfenabriss deutlich weiter innen stattgefunden hat und in allen Fällen die maximale Grenze genutzt wird. Betrachtet man hingegen die durchschnittliche Abrissposition (in dieser Arbeit nicht dargestellt), kann auch hier beobachtet werden, dass der maximale Massenstrom zu einer Verschiebung der inneren Abrissgrenze nach außen führt.

4.4 Tropfengrößen hinter dem Seitenspiegel

In Abbildung 4.13 ist das Histogramm der Tropfengrößen mit dem modifizierten Algorithmus nach Spitzenberger et al. dargestellt. Ebenfalls ist der mit den verwendeten Einstellungen theoretisch minimal messbare Tropfendurchmesser von 0,29 mm gezeigt. Dieser ergibt sich aus der minimalen Zellgröße von 0,125 mm^3 bei einer Zelllänge von 0,5 mm und aus $\alpha_t = 0,1$ (siehe Abbildung 4.6).

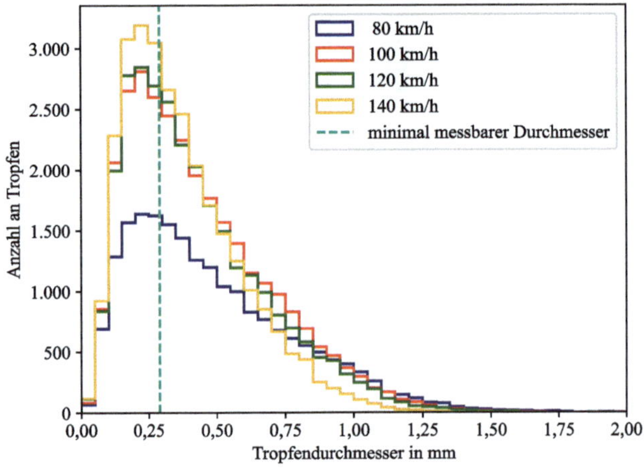

Abb. 4.13 Tropfenhistogramme in der VOF-Simulation mithilfe des modifizierten Algorithmus für verschiedene Luftgeschwindigkeiten

Unabhängig von der Luftgeschwindigkeit kann bei allen Graphen eine maximale Tropfenanzahl knapp unterhalb des minimal messbaren Tropfendurchmessers festgestellt werden. Somit zeigt sich hier ein kontinuierliches Ansteigen der Tropfenanzahl zur numerischen Messgrenze von beiden Richtungen (Tropfendurchmesser unterhalb bzw. oberhalb der Messgrenze). Betrachtet man lediglich die messbaren Tropfen, so ergibt sich eine Abhängigkeit der Tropfenanzahl vom Tropfendurchmesser ($\mathrm{N_{Tropfen}} \sim \frac{1}{\mathrm{Tropfendurchmesser}}$). Die Tropfenanzahl steigt ebenfalls mit einer steigenden Strömungsgeschwindigkeit. Dies kann darauf zurückgeführt werden, dass bei höheren Geschwindigkeiten eine größere Zahl an Tropfen mit kleinerem Durchmesser beim Tropfenabriss vom Spiegelgehäuse entsteht ($\mathrm{N_{Tropfen}} \sim$Luftgeschwindigkeit). Bei 80 km/h ist dieser Unterschied besonders groß, was auf die deutlich größeren maximalen Tropfendurchmesser zurückführbar ist. Bei den Geschwindigkeiten über 100 km/h beträgt der maximale Tropfendurchmesser 2 mm (bei 140 km/h 1,8 mm), bei 80 km/h hingegen ist dieser Durchmesser mit 2,5 mm größer, was bei einem konstanten Volumenstrom zu einer Verringerung der Anzahl von kleineren Tropfen führen muss. In Abbildung 4.14 ist das aufsummierte gemessene Gesamttropfenvolumen für die verschiedenen Geschwindigkeiten abgebildet. Das Tropfenvolumen bei den niedrigen Geschwindigkeiten (80 km/h und 100 km/h) bleibt konstant, nimmt aber mit zunehmender Geschwindigkeit (bei konstantem Zeitschritt) stark ab. Dies kann auf die CFL-Zahl zurückgeführt werden. Mit steigender Strömungsgeschwindigkeit und gleichbleibendem Netz und Zeitschritt wird die CFL-Zahl größer, wodurch eine numerische Diffusion auftreten kann. Diese führt zu einer Reduktion der VOF-Phase in der Simulation, wodurch ein geringeres Wasservolumen gemessen wird. Die CFL-Zahl im Fall von 140 km/h liegt mit $c = 0{,}6$ unterhalb der $c_{crit} = 1$ Grenze, allerdings oberhalb der $c_{crit-VOF}$ Grenze von 0,5. Um den Einfluss der CFL-Zahl auf das gemessene Tropfenvolumen zu bestimmen, wurde die 140 km/h Berechnung mit einem Zeitschritt von 0,6 ms (anstatt 0,8 ms) wiederholt. In Abbildung 4.14 ist das gemessene Tropfenvolumen der Simulation mit verkleinertem Zeitschritt mit einem Quadrat anstelle eines Kreises dargestellt. Es ist zu sehen, dass das gemessene Tropfenvolumen um 10 % gesteigert werden kann. Das Tropfenvolumen erreicht jedoch nicht das Niveau von 80 km/h und 100 km/h. Dies liegt darin begründet, dass bei einer Erhöhung der Geschwindigkeit auch eine größere Anzahl an kleineren Tropfen entsteht, welche durch den Algorithmus nicht aufgelöst werden können. Hierdurch wird das Tropfenvolumen reduziert, sodass die CFL-Zahl (numerische Grenzen) und die Tropfenbildungsprozesse (physikalische Grenzen bei gegebenen numerischen Vorgaben) Einfluss auf das gemessene Tropfenvolumen besitzen.

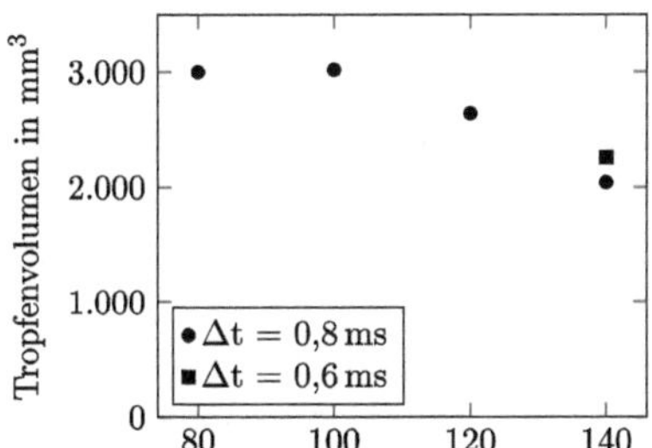

Abb. 4.14 Berechnetes Gesamtvolumen des Wassers in der Messebene in Abhängigkeit der Luftgeschwindigkeit und des Zeitschrittes in der VOF-Simulation nach zwei Sekunden simulierter Zeit

4.5 Spiegelglasverschmutzung

Im Folgenden wird der Verlauf der resultierenden Spiegelglasverschmutzung aus der VOF-Simulation in Abhängigkeit von der Geschwindigkeit dargestellt. Hierzu wird der Verschmutzungszustand in vier aufeinanderfolgenden Zeitpunkten abgebildet. Der zeitliche Abstand der Bilder wird anhand der Geschwindigkeit und dem daraus resultierendem Verschmutzungsgrad angepasst. Um die Verschmutzung in der Simulation zu visualisieren, wird auf den Oberflächenzellen des Spiegelglases der α_i-Wert (Volumenanteil der jeweiligen Phase) visualisiert, wobei die Farbgebung denen aus den Windkanalversuchen mit fluoreszierendem Wasser entspricht. Die auf die Oberfläche treffenden Tropfen verteilen sich in den Oberflächenzellen, wodurch der α_i-Wert ebenfalls die prozentuale Höhe des Wassers in der ersten Zellschicht widerspiegelt.

Für alle Geschwindigkeiten kann festgestellt werden, dass die Spiegelglasverschmutzung von den Bereichen des Tropfenabrisses ausgeht. Die Verschmutzung breitet sich im Anschluss über das gesamte Spiegelglas aus. Da das Wasser bei den höheren Geschwindigkeiten schneller an die Abrisskante gelangt und somit schneller in die Luftströmung gelangt, beginnt die Verschmutzung bei höheren Geschwindigkeiten eher als bei niedrigeren Geschwindigkeiten. Somit verschmutzt das Spiegelglas bei gleichbleibender Betrachtungsdauer bei höheren Geschwindigkeiten stärker. Bei 140 km/h kann dieser Trend jedoch nicht beobachtet werden, es gelangt weniger Wasser als bei 120 km/h auf das Spiegelglas, was auf das geringere Wasservolumen bei 140 km/h zurückgeführt werden kann (CFL-Zahl, Netzauflösung). Mit der Verkleinerung des Zeitschrittes auf 0,6 ms gelangt auch wieder mehr Wasser auf die Oberfläche, was auf eine geringere numerische Diffusion der VOF-Phase zurückzuführen ist.

4.6 Vergleich zwischen der Simulation und dem Versuch

Im letzten Abschnitt werden die Ergebnisse der VOF-Simulation und der Windkanalversuche miteinander verglichen.

Die Tropfenbildungsprozesse (Tropfenabriss und sekundärer Tropfenzerfall) werden in der Simulation bis auf wenige Ausnahmen größtenteils reproduziert. Der sekundäre Tropfenzerfall kann aufgrund der Netzauflösung in der Simulation nur für wenige große Tropfen nachgebildet werden. Die physikalischen Prozesse des Tropfenabrisses am Spiegelgehäuse können in der Simulation gut nachgebildet werden. Der Abtropfprozess tritt simulativ deutlich häufiger auf als im Vergleich zum Versuch. Der höhere prozentuale Anteil an Abtropfprozessen kann ebenfalls auf die Netzauflösung zurückgeführt werden. Die Lamellenzerfallprozesse (laminar und turbulent) werden mit Einschränkungen abgebildet, da die Lamellen wenige Mikrometer dick sind und somit in der Simulation nicht zuverlässig abgebildet werden können, wenngleich einzelne Lamellenzerfallprozesse auftreten. Eine feinere Vernetzung ist für eine realistischere Abbildung der Prozesse jedoch nicht sinnvoll, da die resultierenden Tropfengrößen aus den sekundären Zerfallsprozessen und die Lamellendicke deutlich kleiner sind als das Netz, was zu stark ansteigenden Rechenzeiten führt. Mit einer Steigerung der Rechenleistung in den nächsten Jahren können diese Simulationen durchgeführt werden.

Betrachtet man den Abrissbereich für die Simulation und den Versuch (siehe Abbildung 4.10), so zeigt sich eine gute Übereinstimmung zwischen den Versuchen und den Simulationen. Der Abrissbereich weist mit steigender Geschwindigkeit in beiden Fällen zwei Charakteristika auf. Zum einen wandert der Abrissbereich zur äußeren Kante des Spiegels und zum anderen wird der Abrissbereich mit steigender Geschwindigkeit schmaler. Diese Verhaltensweisen können in der Simulation bis 120 km/h nachgebildet werden. Bei 140 km/h zeigt sich jedoch eine Abweichung von diesem Verhalten und der Abrissbereich ist durch das Aufreißen des Flüssigkeitsfilmes deutlich breiter. Die Bewegung der Position der Abrisszone wird in der Simulation deutlich verstärkt. Dies zeigt, dass das Verhalten des Wassers in der Simulation stark geschwindigkeitsabhängig ist. Der Abrissbereich wird stark durch die Injektionsposition und den Injektionswinkel beeinflusst, deshalb ist nicht zu erwarten, dass die Abrissbereiche aus dem Versuch genau reproduzierbar ist.

Für die gemessenen Tropfengrößen kann ebenfalls gesagt werden, dass der Verlauf der Tropfenhistogramme aus Versuch und Simulation übereinstimmt. Mit kleiner werdendem Tropfendurchmesser bis hin zur Mess- bzw. Auflösungsgrenze steigt die Tropfenanzahl kontinuierlich an und erreicht ihr Maximum bei der unteren Auflösungsgrenze. Ein Unterschied ist jedoch der minimale Tropfendurchmesser, welcher bei den Versuchen mit 30 µm deutlich kleiner ist als bei den Simulationen mit 290 µm. Somit entfällt bei den Simulationen auch der zweite Hauptpeak, welcher durch den sekundären Tropfenzerfall entsteht, da dieser durch das Netz nicht aufgelöst werden kann. Die Ergebnisse stimmen jedoch im geschwindigkeitsabhängigen Verhalten überein. Mit steigender Geschwindigkeit nimmt ebenfalls die Anzahl an gemessenen Tropfen in beiden Fällen zu.

Vergleicht man Abbildung 4.15 und Abbildung 1.9, so ist bei beiden Grafiken für 80 km/h zu sehen, dass die Verschmutzung von dem Abrissbereich ausgeht und sich im Folgenden gleichmäßig über das Spiegelglas ausbreitet, wobei in der oberen rechten Ecke in beiden Fällen nur wenige Tropfen landen. Mit steigender Geschwindigkeit nimmt die Verschmutzungsstärke und -geschwindigkeit auf dem Spiegelglas zu. Die Zunahme der Spiegelverschmutzung und der Verschmutzungsgeschwindigkeit wird in der Simulation ebenfalls beobachtet. In den gezeigten Bildern aus der Simulation (Abbildung 4.15) ist der zeitliche Abstand nicht gleichbleibend, um den Aufbauprozess darstellen zu können. Es wurden keine Versuche mit 140 km/h durchgeführt, sodass kein Vergleich gezogen werden kann. Hierbei zeigen sich in der Simulation jedoch numerische Instabilitäten und die Simulation ist nach zwei Sekunden berechneter Zeit abgestürzt, wodurch das auf dem Spiegelglas landende Wasservolumen deutlich geringer ist.

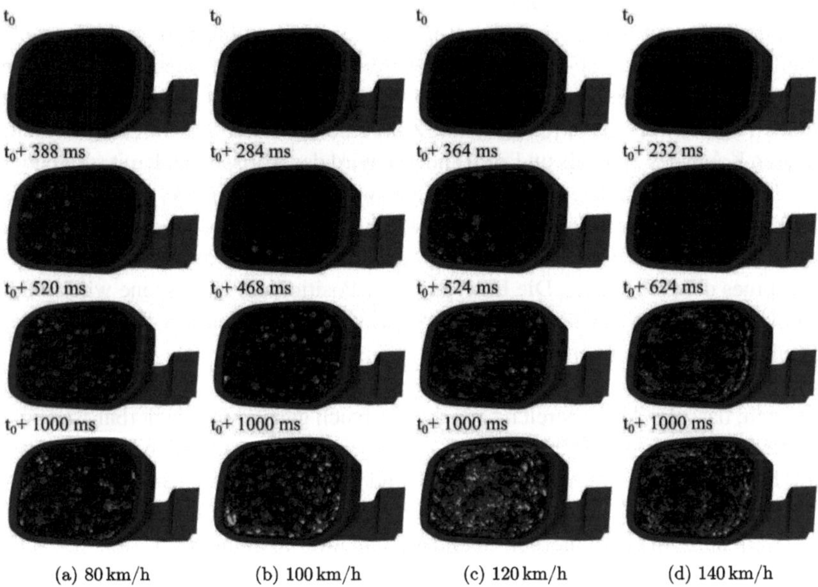

Abb. 4.15 Spiegelglasverschmutzung der VOF-Simulation in vier aufeinanderfolgenden Zeitschritten für unterschiedliche Luftgeschwindigkeiten

Bei in dieser Arbeit nicht gezeigte A/B-Vergleichen, welche den Einfluss des Spiegelgehäuses auf den Verschmutzungsgrad des Spiegelglases darstellen, konnte derselbe Einfluss im Windkanal reproduziert werden. Somit zeigen die Simulationsergebnisse in einem A/B-Vergleich den Einfluss von verschiedenen Parametern (z. B. Spiegelgeometrie) auf die Spiegelglasverschmutzung.

Zusammenfassend lässt sich sagen, dass die Ergebnisse der VOF-Simulationen in Bezug auf den Abrissprozess, den Abrissbereich und das physikalische Verhalten der Tropfengrößen erfolgversprechender Übereinstimmung mit den Versuchen zeigen und die Realität gut reproduzieren. Es gibt kleine Unterschiede, welche vor allem auf die Auflösung und die nicht bekannte Injektionsposition und den Massenstrom aus dem Versuch zurückgeführt werden können.

Die hier gezeigte Methode ist sinnvoll zum Abbilden der Abrissprozesse am Spiegel. Aufgrund der nötigen weiteren Verfeinerung des Netzes ist der Rechenaufwand sehr hoch. Daher wird im nächsten Kapitel ein Simulationsansatz vorgestellt, welcher weniger rechenintensiv ist.

5 Lagrange-Simulationen des Gesamtfahrzeuges

Die Simulationsergebnisse aus dem vorangegangenen Kapitel haben schon gute Ergebnisse erzeugt, jedoch ist dieses Verfahren aufgrund der hohen Rechenleistung nicht problemlos in der Fahrzeugentwicklung einsetzbar. Daher sind in diesem Kapitel Simulationen auf Basis des Lagrange-Ansatzes für die Nachbildung des Tropfenfluges (siehe Abschnitt 2.1.3) genutzt. Der Vorteil dieses Ansatzes ist die Unabhängigkeit der Tropfensimulation von dem Berechnungsnetz. Somit können die Berechnungsnetze von den Standard-Aerodynamik-Simulationen übernommen werden, welche über die letzten Jahre optimiert worden sind. Gleichzeitig kann die Rechenzeit im Vergleich zu den VOF-Simulationen deutlich reduziert werden. Im Folgenden wird auf den Simulationsaufbau eingegangen, zusätzlich werden die durchgeführten Parameterstudien dargestellt und die erarbeiteten Ergebnisse werden mit den Versuchsergebnissen aus dem Windkanal verglichen.

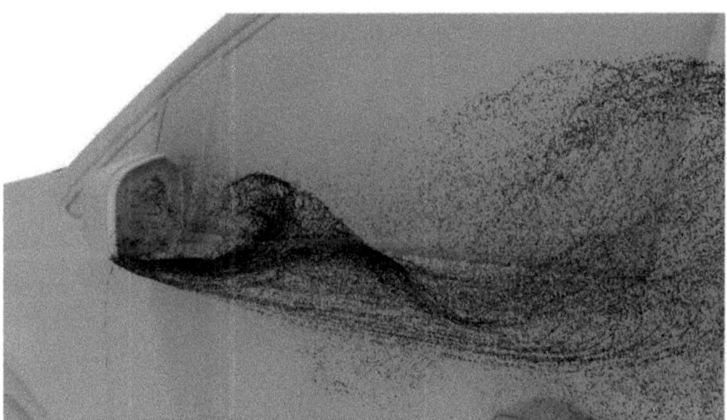

Abb. 5.1 Tropfenfeld hinter dem Spiegel in der Lagrange-Simulation

L. Kille, *Numerische Untersuchung der Fremdverschmutzung im Bereich der Seitenscheibe und des Außenspiegels bei leichten Nutzfahrzeugen*, AutoUni – Schriftenreihe 177, https://doi.org/10.1007/978-3-658-48922-9_5

In Abbildung 5.1 ist das Tropfenfeld hinter dem Außenspiegel mit Lagrange-Partikeln beispielhaft für einen Zeitschritt dargestellt.

5.1 Simulationsaufbau

Wie in Abbildung 4.1 gezeigt und in Abschnitt 4.1 erklärt, wird auch bei den Lagrange-Simulationen in StarCCM+® die Windkammer mit denselben Randbedingungen simuliert. Der Lufteinlass wird mit einem Geschwindigkeitseinlass, der Luftauslass mit einem Druckauslass simuliert. Die Wände und das Fahrzeug werden mit Symmetrie- bzw. Wandrandbedingungen (slip und no-slip) mit einbezogen. Der große Unterschied zu den VOF-Simulationen ist die Einbringung des Wassers in die Simulation. In der vorliegenden Arbeit werden die Tropfen direkt durch Kegelinjektoren, deren Funktionsweise in Abbildung 5.2 dargestellt ist, in das Simulationsgebiet eingebracht. Bei dieser Art von Injektoren wird ausgehend von einem Injektionszentrum und einer Flugrichtung ein Kegel mit einem Winkel α_I definiert, in welchem die Tropfen eingebracht werden können. Eine Parameterstudie wird zur Festlegung des Injektionswinkels durchgeführt. Die Tropfen besitzen eine vordefinierte Geschwindigkeit, welche hier mit 0,05 m/s angegeben ist. Durch diesen geringen Wert wird der Abriss in der Simulation nachgestellt und die Tropfen werden von der sie umgebenden Luftströmung beschleunigt. Der Flugwinkel der Tropfen wird statistisch innerhalb des Kegels variiert, sodass die Tropfen in verschiedene Richtungen fliegen können, welches dem Bild am Spiegel entspricht (siehe Abschnitt 3.2.1). Der Durchmesser der Partikel in der Simulation basiert auf den Messungen aus dem Windkanal am Gesamtfahrzeug aus Abschnitt 3.2.1. Hierbei wird eine Größenverteilung genutzt, welche aus einer Mittelung aller Geschwindigkeiten in

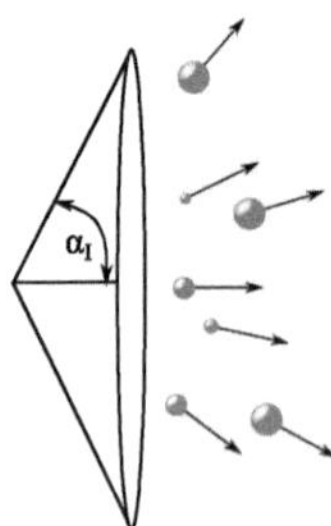

Abb. 5.2 Prinzipskizze eines Kegelinjektors zur Einbringung von Tropfen in eine Lagrange-Simulation

den hinteren Messebenen (Messebene 3 und 6) besteht. Alle Parameter der Partikelinjektion (Position, Winkel, Größe ...) basieren auf den zuvor durchgeführten Versuchen (Abschnitt 3.2). Die Positionierung der Injektoren und der Einfluss der Positionen auf die Verschmutzung ist in Abschnitt 5.2 genauer erläutert.

Das Verhältnis zwischen Partikeln und Parceln (zusammengefasste Partikel mit gleichen physikalischen Eigenschaften) ist so gewählt worden, dass das Verschmutzungsverhalten der Seitenscheibe und des Seitenspiegels aus den Gesamtfahrzeugversuchen mit Sprühgestell vor dem Fahrzeug nachgebildet werden kann. Ein Parcel entspricht dem Volumen von 1000 Partikeln (aerodynamisches Verhalten ist von der repräsentativen Masse unbeeinflusst). Das Volumen der eingebrachten Parcel ist im Vergleich zu den Versuchen deutlich höher, um die Untersuchungszeit im Windkanal von drei Minuten in drei Sekunden simulierter Zeit in der Simulation nachzubilden. Der Zeitschritt in der Simulation beträgt eine Millisekunde mit fünf inneren Iterationen pro Zeitschritt. Um die Rechenzeit in der Simulation zu reduzieren, werden die Lagrange-Tropfen auf einen bestimmten Bereich reduziert. Verlassen die Tropfen den definierten Bereich, werden diese aus der Simulation gelöscht. Die Bereiche, in denen sich die Partikel befinden dürfen, werden in Abhängigkeit von dem Versuchsaufbau erstellt. Bei der Simulation des Tropfenfluges ab dem Spiegel wird lediglich ein Bereich der Dimension 1,3 m x 0,8 m x 0,7 m genutzt, welcher vom Fuße der A-Säule bis zur B-Säule reicht. Die Box schließt im oberen Bereich mit der Dachkante ab und reicht leicht in die Fahrzeugmitte, sodass die A-Säule ebenfalls in der Box integriert ist. Für die Simulation des Sprühgestells vor dem Fahrzeug muss eine deutlich größere Box genutzt werden, um den Partikelflug vom Sprühgestell zum Fahrzeug zu realisieren. Somit wird die Größe der Box auf 6 m x 2 m x 2 m erhöht.

Bei dem Aufprallen eines Tropfens auf eine Oberfläche wird das Bai-Gosman Modell [66, 67] genutzt, um die auftretenden Aufprallmechanismen (siehe Abbildung 2.2) vorherzusagen. Wenn die Tropfen auf der Oberfläche haften, werden diese auf den unterschiedlichen Oberflächen differenziert behandelt. Bei den zu untersuchenden Oberflächen (Seitenscheibe und Spiegelglas) gehen die Tropfen in einen Flüssigkeitsfilm über. Das bedeutet, dass das Volumen eines Tropfens in eine Oberflächenzelle übergeht, in der der Tropfen landet. Aufgrund der großen Fläche der Zellen auf der Oberfläche im Vergleich zu dem Volumen des Tropfens entstehen sehr kleine Schichtdicken des Flüssigkeitsfilms. Somit entstehen keine zur Realität vergleichbaren Schichtdicken, jedoch kann das Verschmutzungsverhalten trotzdem mit der Realität verglichen werden. Hingegen werden die Tropfen auf den Flächen, welche nicht direkt von Interesse sind, aus der Simulation gelöscht.

5.2 Parameterstudien zur Spiegelglas- und Seitenscheibenverschmutzung

Im folgenden Abschnitt wird der Einfluss verschiedener Parameter auf die Spiegelglas- und Seitenscheibenverschmutzung in der Simulation untersucht. Die Randbedingung des Luftgeschwindigkeitseinlasses wird in drei Schritten zwischen 80 km/s und 120 km/s variiert. Die Tropfen werden an unterschiedlichen Positionen in die Luftströmung eingebracht. Des Weiteren wird der Injektionswinkel der Lagrange-Injektoren variiert und der sekundäre Tropfenzerfall in der Luftströmung.

Zur Auswertung der Spiegelglas- und Seitenscheibenverschmutzung werden vier fortlaufende Bilder aus der Simulation herausgeschrieben, welche die Höhe des Flüssigkeitsfilmes auf der Oberfläche darstellen. Ziel der Simulation ist es nicht, die realen Schichtdicken zu berechnen, sondern ein qualitativer Vergleich zwischen dem resultierenden Verschmutzungsverhalten für unterschiedliche Spiegelgeometrien und Geschwindigkeiten. Die Farbgebung der verwendeten Skala ist analog zu den Farben der fluoreszierenden Flüssigkeit der Standard-Windkanal-Verschmutzungsversuche, um einen Vergleich zwischen Simulation und Versuch zu erleichtern.

5.2.1 Einfluss der Injektionsposition und Luftgeschwindigkeit

Für die Untersuchung des Einflusses der Injektionsposition wird diese im ersten Schritt in Abhängigkeit von der Geschwindigkeit gewählt. Die Highspeed-Videos aus den Windkanalversuchen dienen als Vergleichsgrundlage zur Identifikation der Abrissbereiche. Die Injektoren der Lagrange-Partikel sind analog zu denen im Versuch beobachteten Abrissbereichen (siehe Abbildung 3.9) bei unterschiedlichen Luftgeschwindigkeiten positioniert und besitzen einen Injektionswinkel von $\alpha_I = 10°$. Im zweiten Schritt wird eine geschwindigkeitsunabhängige Injektionsposition an der äußeren unteren Kante des Außenspiegels untersucht.

In Abbildungen 5.4a bis 5.4c sind die Verschmutzungsverläufe für die unterschiedlichen Geschwindigkeiten bei einer geschwindigkeitsabhängigen Injektion dargestellt. Die Injektionsfläche wandert kontinuierlich von der Mitte der unteren Kante an den linken Rand der unteren Kante. Betrachtet man den zeitlichen Verlauf der Spiegelglasverschmutzung, so beginnt die Verschmutzung immer im unteren mittig/äußeren Bereich des Spiegelglases und konzentriert sich auch über die gesamte betrachtete Zeit auf diesen Bereich, sodass bei den letzten Zeitpunkten nicht mehr einzelne Tropfen zu erkennen sind, sondern ein konstanter flächiger

Film. In den oberen rechten Bereich gelangen deutlich weniger Tropfen, sodass dort auch nach den 3 Sekunden simulierter Zeit noch einzelne Tropfen identifiziert werden können.

Bei einer Luftgeschwindigkeit von 80 km/h liegt der Verschmutzungsbereich, der am weitesten in das Spiegelglas reicht, oberhalb der Injektionsposition. Mit steigender Geschwindigkeit wandert dieser Bereich weiter an den äußeren linken Bereich des Spiegelglases.

Betrachtet man das auf das Spiegelglas gelangende Wasservolumen (Abbildung 5.3), so ist eine Abnahme des Volumens mit steigender Geschwindigkeit zu beobachten. Dies ist darauf zurückzuführen, dass das Wasser mit steigender Geschwindigkeit weiter außen am Spiegel eingebracht wird und dort durch die steigende Strömungsgeschwindigkeit stärker beschleunigt wird. Somit können die Tropfen dem Spiegelnachlauf schwer folgen und gelangen nicht auf das Spiegelglas. Durch die höheren Geschwindigkeiten im Spiegelnachlauf gelangen die Tropfen jedoch mit steigender Luftgeschwindigkeit auch stärker in den oberen Bereich des Spiegelglases (Vergleich Abbildungen 5.5a und 5.5b, linke Kante).

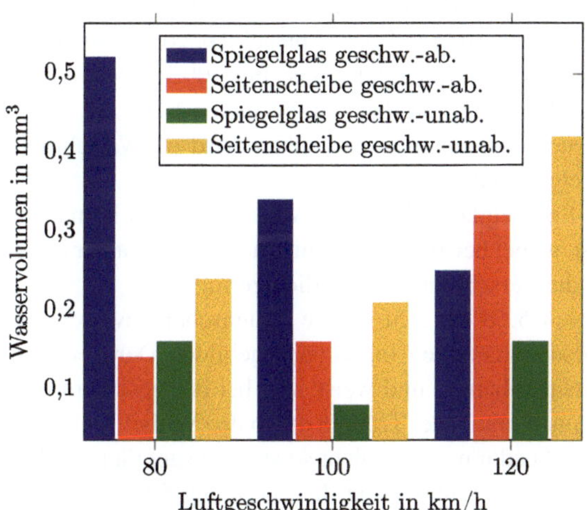

Abb. 5.3 Wasservolumen von auf der Seitenscheibe und dem Außenspiegel auftreffenden Tropfen bei geschwindigkeitsabhängiger und -unabhängiger Injektionsposition mit einem Injektionswinkel von 10°

In Abbildungen 5.5a bis 5.5c ist analog der Zeitverlauf der Seitenscheibenverschmutzung für unterschiedliche Geschwindigkeiten bei einer geschwindigkeitsabhängigen Injektionsposition dargestellt. Die Form der Verschmutzung (Verschmutzungskeil; siehe Abbildung 1.3b) ist unabhängig von der Geschwindigkeit. Bei steigenden Geschwindigkeiten landen lediglich einzelne Tropfen außerhalb der Form.

Durch die Strömungszustände auf der Scheibenoberfläche wird die Form in zwei Bereiche unterteilt. Am Spiegelfuß reißen Wirbel ab, welche sich über die Oberfläche der Seitenscheibe ausbreiten. Durch diese Wirbel entsteht ein Bereich in dem Verschmutzungskeil, in welchem weniger Tropfen auf der Oberfläche haften (markiert in Abbildung 5.5a). Somit entsteht im vorderen unteren Bereich der Seitenscheibe ein Bereich kurz hinter dem Spiegelfuß, in welchem sich durch die geringen Wandschubspannungen die Tropfen ansammeln können.

Im hinteren Bereich des Verschmutzungskeils sammeln sich mit steigender Geschwindigkeit eine höhere Anzahl an Tropfen. Dies führt zu einer Erhöhung des auf die Seitenscheibe treffenden Wasservolumens (siehe Abbildung 5.3).

In Abbildungen 5.4d bis 5.4f ist die Spiegelglasverschmutzung mit einer geschwindigkeitsunabhängigen Tropfeninjektion für die drei Geschwindigkeiten von 80 km/h bis 120 km/h dargestellt. Bei einer Luftgeschwindigkeit von 80 km/h baut sich die Verschmutzung auf dem Spiegelglas vor allem von unten links ausgehend über das gesamte Spiegelglas aus. Bei 100 km/h und 120 km/h geht die Spiegelglasverschmutzung von der unteren linken Ecke aus und breitet sich vor allem an der Unterkante aus und erst später wird die Verschmutzung über dem gesamten Spiegelglas stärker.

Das auf das Spiegelglas gelangende Wasservolumen ist nahezu geschwindigkeitsunabhängig, wobei bei 100 km/h deutlich weniger Wasser auf das Glas gelangt und somit auch die Verschmutzung deutlich geringer ist.

In Abbildungen 5.5d bis 5.5f ist die Seitenscheibenverschmutzung bei einer geschwindigkeitsunabhängigen Injektion abgebildet. Der Verschmutzungskeil ist geschwindigkeitsunabhängig und weist, wie bei der geschwindigkeitsabhängigen Injektion, eine Ausdünnung der Tropfen durch den Wirbel, welcher vom Spiegelfuß ausgeht, auf. Die Ausdünnung ist nicht so stark ausgeprägt wie bei der geschwindigkeitsabhängigen Tropfeninjektion. In Abbildung 5.6 sind die Wandschubspannungen auf der Seitenscheibe dargestellt. Auf der Oberfläche sind zwei abgerissene Wirbel zu sehen, welche in dem Bereich der Ausdünnung zu finden sind.

Eine geschwindigkeitsunabhängige Tropfeninjektion kann im Fahrzeugentwicklungsprozess unabhängig von Highspeed-Aufnahmen oder komplexen VOF-Berechnungen das Verschmutzungsverhalten hinter einem Außenspiegel grob vorherzusagen. Aufgrund der Unterschiede im Aufbauverhalten der Verschmutzung

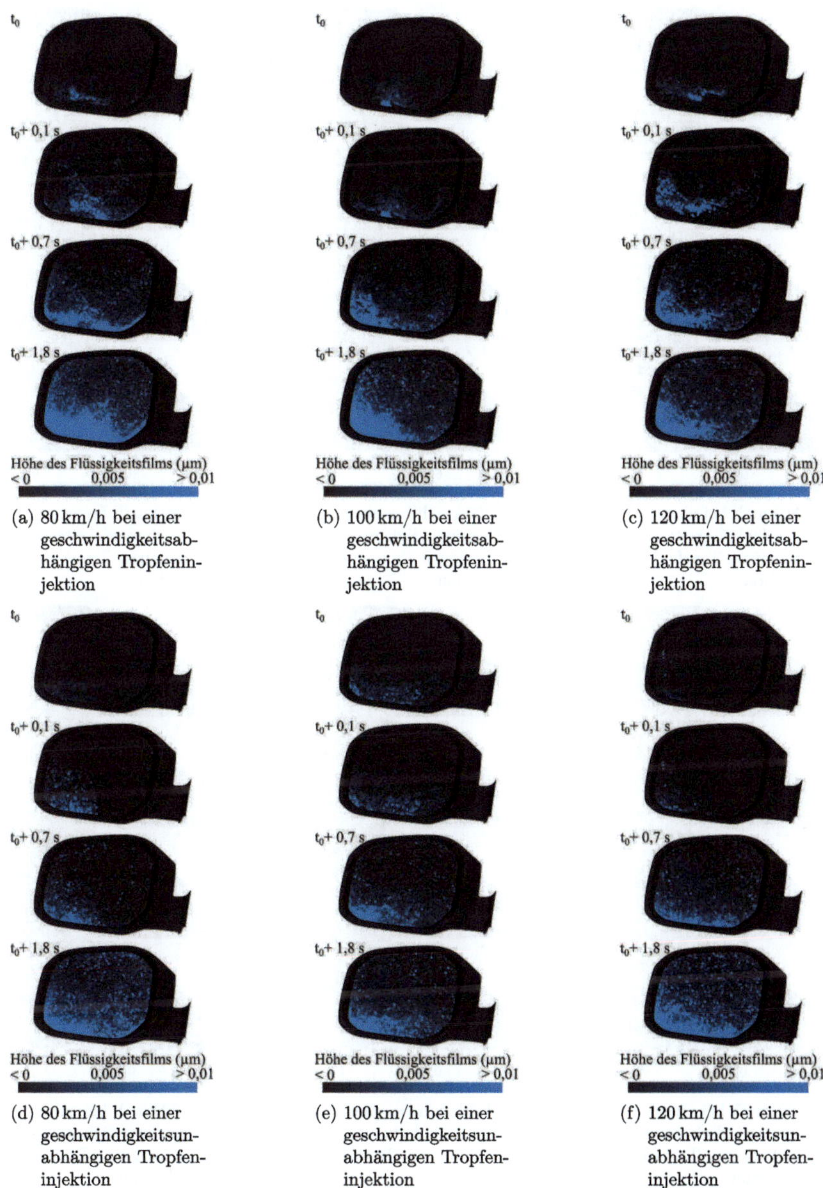

(a) 80 km/h bei einer geschwindigkeitsabhängigen Tropfeninjektion

(b) 100 km/h bei einer geschwindigkeitsabhängigen Tropfeninjektion

(c) 120 km/h bei einer geschwindigkeitsabhängigen Tropfeninjektion

(d) 80 km/h bei einer geschwindigkeitsunabhängigen Tropfeninjektion

(e) 100 km/h bei einer geschwindigkeitsunabhängigen Tropfeninjektion

(f) 120 km/h bei einer geschwindigkeitsunabhängigen Tropfeninjektion

Abb. 5.4 Spiegelglasverschmutzung in vier aufeinanderfolgenden Zeitpunkten mit verschiedenen Injektionsmodellen und Luftgeschwindigkeiten bei einem Injektionswinkel von $\alpha_I = 10°$ (Lagrange-Simulation)

(a) 80 km/h bei einer geschwindigkeitsabhängigen Tropfeninjektion

(b) 100 km/h bei einer geschwindigkeitsabhängigen Tropfeninjektion

(c) 120 km/h bei einer geschwindigkeitsabhängigen Tropfeninjektion

(d) 80 km/h bei einer geschwindigkeitsunabhängigen Tropfeninjektion

(e) 100 km/h bei einer geschwindigkeitsunabhängigen Tropfeninjektion

(f) 120 km/h bei einer geschwindigkeitsunabhängigen Tropfeninjektion

Abb. 5.5 Seitenscheibenverschmutzung in vier aufeinanderfolgenden Zeitpunkten mit verschiedenen Injektionsmodellen und Luftgeschwindigkeiten bei einem Injektionswinkel von $\alpha_I = 10°$ (Lagrange-Simulation)

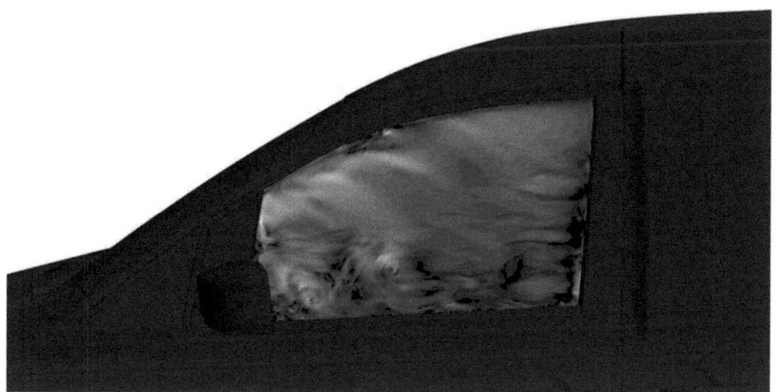

Abb. 5.6 Gemittelte Wandschubspannungen auf der Seitenscheibe

und den daraus resultierenden Verschmutzungsbildern wird für die folgenden Abschnitte jedoch die geschwindigkeitsabhängige Injektion genutzt.

5.2.2 Einfluss des Injektionswinkel

In Abbildung 5.8 ist die Spiegelglas- und Seitenscheibenverschmutzung bei 120 km/h mit drei Injektionswinkeln von 30°, 60° und 90° und einer geschwindigkeitsabhängigen Injektionsposition dargestellt. Ein Kegelwinkel von 60° basiert auf den Versuchsergebnissen aus Abschnitt 3.2.3, bei denen ein Winkel zwischen 0° und 60° mit größter Wahrscheinlichkeit auftritt (siehe Abbildung 3.17b). Es wird deutlich, dass die Entwicklung der Spiegelglasverschmutzung (Abbildungen 5.8a bis 5.8c) unabhängig vom Injektionswinkel von unten nach oben anwächst, wobei in der linken unteren Ecke die Dichte an auftreffenden Tropfen am höchsten ist. Bei einem Injektionswinkel von 60° wandert diese Ansammlung auf dem Spiegel weiter in Richtung des Fahrzeuges (Y-Fahrzeugkoordinate ↑).

Betrachtet man die Werte aus Abbildung 5.7 zeigt sich eindeutig, dass das Wasservolumen auf dem Seitenspiegel mit steigendem Injektionswinkel abnimmt. Wobei eine Ausnahme der Wert bei 10° ist, welcher auf dem Niveau von 90° liegt. Hierbei werden die Lagrange-Tropfen gerichtet in die Strömung eingebracht und besitzen somit einen großen Geschwindigkeitsanteil in X-Richtung und können so leichter aus dem Spiegelnachlauf heraus gelangen.

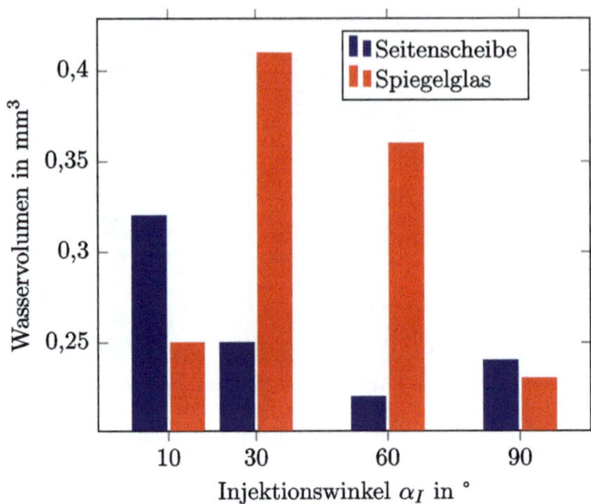

Abb. 5.7 Wasservolumen von auf der Seitenscheibe und dem Außenspiegel auftreffenden Tropfen bei unterschiedlichen Injektionswinkeln für 120 km/h

In Abbildungen 5.8d bis 5.8f ist die Seitenscheibenverschmutzung dargestellt, bei der ebenfalls nur leichte Unterschiede zwischen den Injektionswinkeln beobachtet werden können. So treffen bei einem Injektionswinkel von 30° vor allem im vorderen Bereich, in welchem sich die Spiegelfußwirbel über die Seitenscheibe ausbreiten, mehr Tropfen auf, wohingegen bei 90° die Anzahl an auftreffenden Tropfen im vorderen Scheibenbereich leicht reduziert wird.

Betrachtet man das auf die Seitenscheibe gelangende Wasservolumen (Abbildung 5.7), so sieht man eine Abnahme des Volumens mit steigendem Injektionswinkel bis 60°, danach steigt das Gesamtvolumen wieder leicht.

Zusammenfassend lässt sich sagen, dass der Injektionswinkel auf den zeitlichen Verlauf der Verschmutzung keinen Einfluss hat. Das auf das Spiegelglas und die Seitenscheibe gelangende Volumen unterscheidet sich dagegen deutlich. Daher wird für eine repräsentative Simulation der im Experiment ermittelte Injektionswinkel von 60° genutzt.

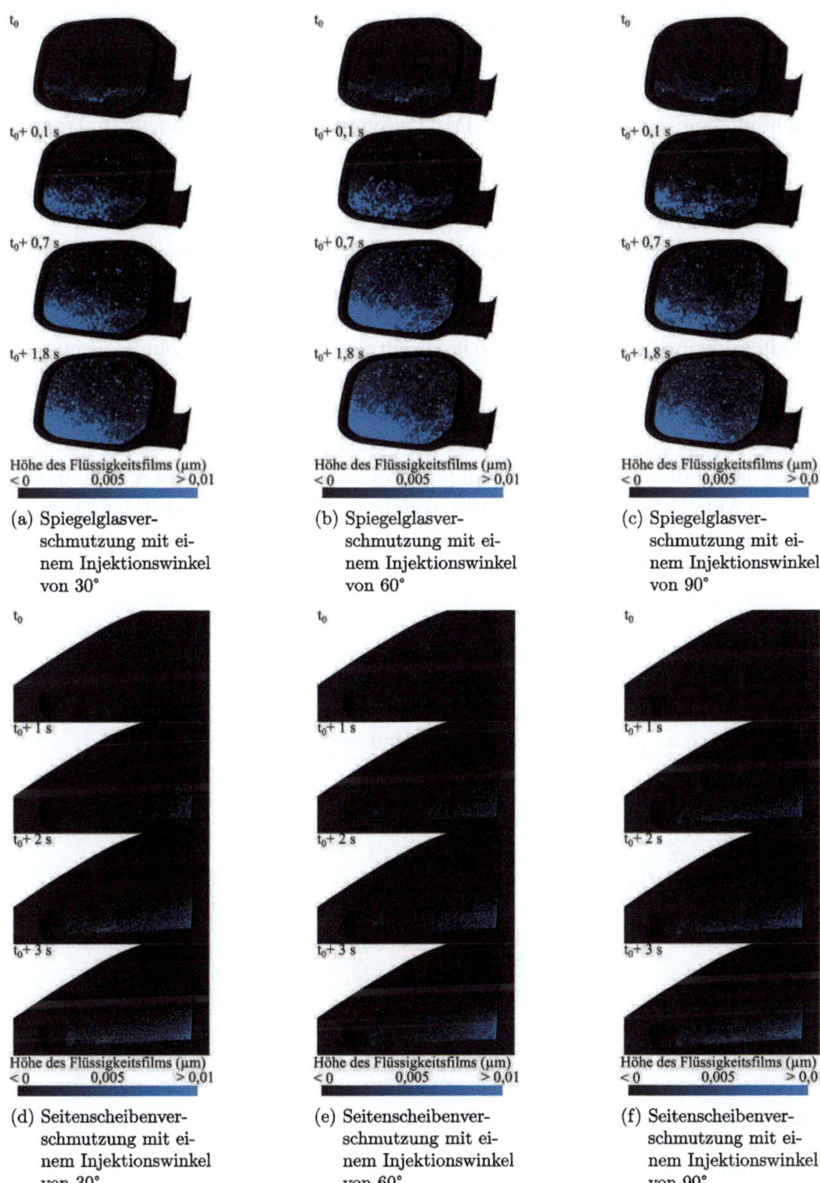

(a) Spiegelglasverschmutzung mit einem Injektionswinkel von 30°

(b) Spiegelglasverschmutzung mit einem Injektionswinkel von 60°

(c) Spiegelglasverschmutzung mit einem Injektionswinkel von 90°

(d) Seitenscheibenverschmutzung mit einem Injektionswinkel von 30°

(e) Seitenscheibenverschmutzung mit einem Injektionswinkel von 60°

(f) Seitenscheibenverschmutzung mit einem Injektionswinkel von 90°

Abb. 5.8 Verschmutzung in vier aufeinanderfolgenden Zeitpunkten mit unterschiedlichen Injektionswinkeln bei einer Luftgeschwindigkeit von 120 km/h (Lagrange-Simulation)

5.2.3 Sekundärer Tropfenzerfall

Im folgenden Abschnitt soll der Einfluss des sekundären Tropfenzerfalls auf die Verschmutzung analysiert werden. Der Durchmesser der eingebrachten Tropfen basiert auf der Mittelung aller Tropfendurchmesser in Messebenen 3 und 6 aus den Windkanalversuchen (siehe Abbildung 3.8). Somit wird schon ein Anteil an sekundären Zerfallsprozessen in der Mittelung betrachtet.

In Abbildung 5.9 ist das Wasservolumen der auf das Spiegelglas und die Seitenscheibe auftreffenden Tropfen im Vergleich zu der Simulation mit Tropfenzerfall (Abschnitt 5.2.4) aufsummiert dargestellt. Betrachtet man das Wasservolumen auf der Seitenscheibe (blau und grün), so lässt sich eine Zunahme des Volumens mit steigender Strömungsgeschwindigkeit der Luft feststellen. Dies kann darauf zurückgeführt werden, dass die Tropfen bei höheren Geschwindigkeiten stärker beschleunigt werden und auf die Seitenscheibe gelangen können. Die Zunahme des Wasservolumens ist mit dem sekundären Tropfenzerfall stärker als ohne diesen, was in dem größeren Anteil kleinerer Tropfen liegt, welche der Strömung besser folgen können und somit stärker abgelenkt werden.

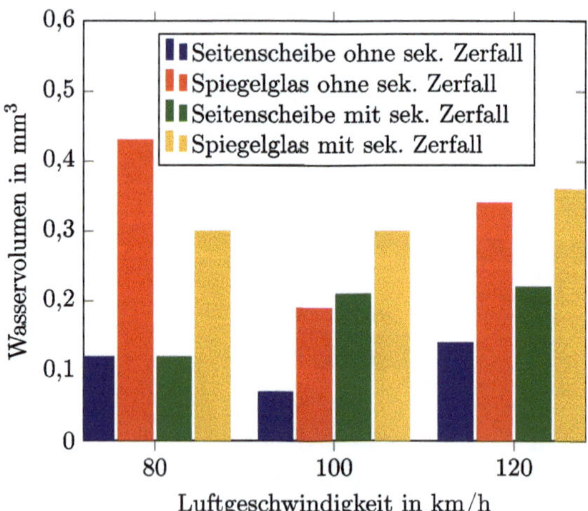

Abb. 5.9 Wasservolumen von auf der Seitenscheibe und dem Außenspiegel auftreffenden Tropfen mit und ohne sekundären Tropfenzerfall bei unterschiedlichen Luftgeschwindigkeiten und einem Injektionswinkel von 60° bei einer geschwindigkeitsabhängigen Injektion

Vergleicht man hingegen das auf das Spiegelglas auftreffende Wasser (rot und gelb), so ist zu sehen, dass ohne den Tropfenzerfall das Wasservolumen mit zunehmender Luftströmungsgeschwindigkeit zuerst abnimmt und dann zunimmt, wohingegen es mit sekundärem Tropfenzerfall kontinuierlich zunimmt. Dies ist darauf zurückzuführen, dass ohne den sekundären Tropfenzerfall die Tropfen, welche den Spiegelnachlauf verlassen und somit in ein Gebiet mit höherer Luftströmungsgeschwindigkeit gelangen, lediglich beschleunigt werden und durch die resultierend ballistische Flugbahn aus dem Betrachtungsraum getragen werden. Hingegen zerfallen in der Simulation mit sekundärem Tropfenzerfall die Tropfen bei dem Übergang des Spiegelnachlaufs in die Hauptströmung. Die entstehenden Tropfen gelangen zum Teil zurück in den Spiegelnachlauf, wo sie durch das geringere Volumen der Strömung besser folgen können. Somit werden diese in die Richtung des Spiegelglases getragen und das auftreffende Wasservolumen steigt mit dem sekundären Tropfenzerfall in beiden Fällen an.

In Abbildungen 5.10a bis 5.10c ist die Spiegelglasverschmutzung für unterschiedliche Geschwindigkeiten ohne sekundären Tropfenzerfall dargestellt. Hierbei wird deutlich, dass die Verschmutzung wie zuvor von unten links nach oben rechts anwächst. Bei 100 km/h wird die geringste Verschmutzung auf dem Spiegelglas beobachtet, was auch in dem Wasservolumen Diagramm Abbildung 5.9 sichtbar ist. Mit steigender Geschwindigkeit gelangen deutlich größere Tropfen auch in den oberen rechten Bereich, was durch die hellere Farbe sichtbar wird.

In Abbildungen 5.10d bis 5.10f ist die Seitenscheibenverschmutzung ohne sekundären Tropfenzerfall visualisiert. Bei 80 km/h kann beobachtet werden, dass sich vor allem im vorderen Bereich der Seitenscheibe eine Ansammlung vieler Tropfen befindet. Diese geht in etwa bis zu dem Bereich, in dem die Spiegelfußwirbel über die Seitenscheibe laufen. Die Anhäufung im vorderen Bereich kann auf den weiter innen liegenden Abrissbereich im Vergleich zu den höheren Geschwindigkeiten zurückgeführt werden.

Wie schon am Spiegelglas beobachtet, ist auch die Seitenscheibenverschmutzung bei einer Geschwindigkeit von 100 km/h am geringsten. Dies kann darauf zurückgeführt werden, dass für die Verschmutzung bei 100 km/h vor allem der sekundäre Tropfenzerfall eine große Rolle spielt und durch die fehlenden Zerfallsprozesse eine geringere Verschmutzung auftritt. Mit einer Erhöhung der Luftgeschwindigkeit auf 120 km/h nimmt die Verschmutzung deutlich zu, wobei die Tropfen vor allem im hinteren Bereich der Seitenscheibe auftreffen. Im Vergleich zu 80 km/h und 100 km/h können größere Tropfen beobachtet werden.

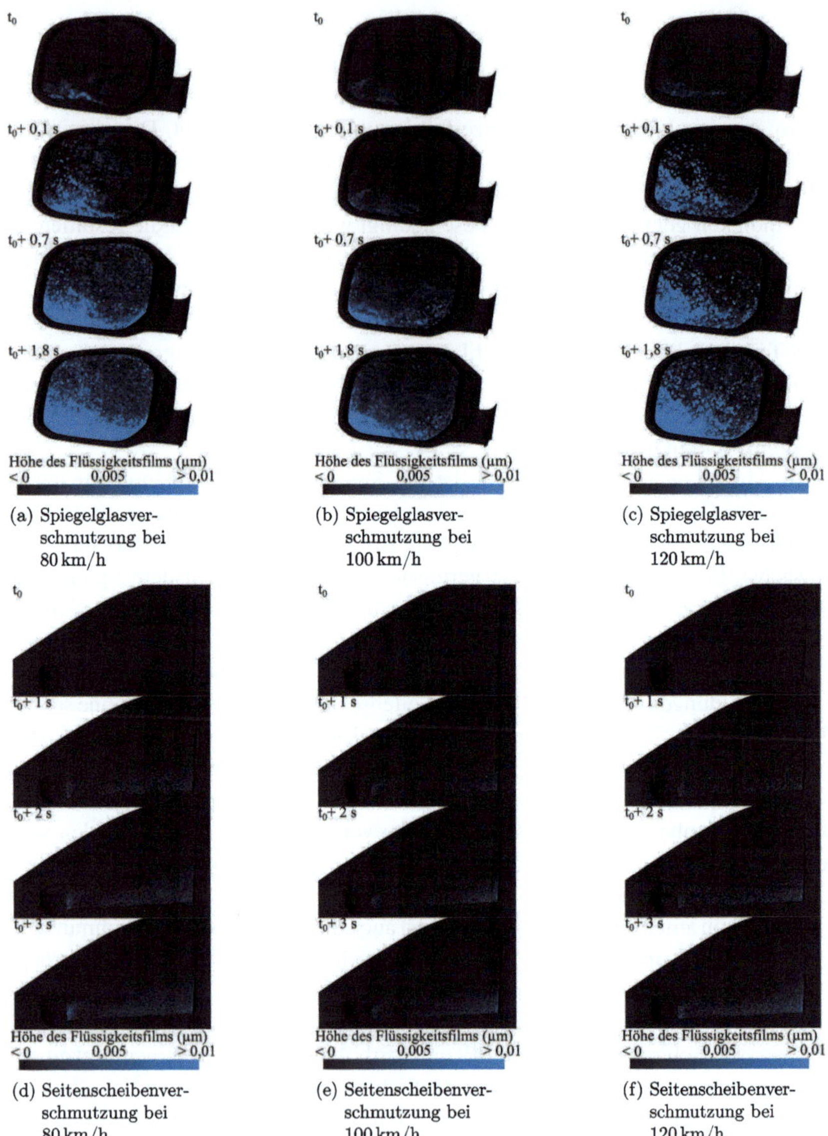

Abb. 5.10 Verschmutzung in vier aufeinanderfolgenden Zeitpunkten mit einem Injektionswinkel von 60° bei unterschiedlichen Luftgeschwindigkeiten ohne sekundären Zerfall (Lagrange-Simulation)

5.2.4 Geschwindigkeitseinfluss

Im folgenden Abschnitt ist die aus den vorangegangenen Parameteruntersuchung resultierende Simulation dargestellt. Hierfür wird die geschwindigkeitsabhängige Injektionsposition genutzt, um den Einfluss der Injektionsposition passend zu den Versuchen abzubilden. Ebenfalls wird ein Injektionswinkel von 60° genutzt, um die aus den Versuchen resultierenden Flugrichtungen der Tropfen (siehe Abbildung 3.17b) möglichst gut nachzubilden. Und der sekundäre Tropfenzerfall wird mithilfe des TAB-Modells simuliert, um das entstehende Tropfenfeld möglichst realistisch abzubilden. Resultierend aus diesen Parametern ergeben sich die auftreffenden Wasservolumina auf der Seitenscheibe und dem Seitenspiegel aus Abbildung 5.9. Mit zunehmender Strömungsgeschwindigkeit nimmt sowohl das Wasservolumen auf der Seitenscheibe als auch auf dem Seitenspiegel zu. Dies kann auf die weiter zerfallenden Tropfen zurückgeführt werden, welche der Strömung besser folgen können und somit durch den Spiegelnachlauf sowohl nach innen in Richtung der Seitenscheibe abgelenkt werden als auch im Spiegelnachlauf ihre Flugrichtung ändern und gegen die Hauptluftströmungsrichtung in negative Fahrzeug X-Richtung auf das Spiegelglas fliegen können. In den Abbildungen 5.11a bis 5.11c ist die Spiegelglasverschmutzung für diese Simulationen in Abhängigkeit von der Strömungsgeschwindigkeit dargestellt. Bei 80 km/h wächst die Verschmutzung aus dem linken unteren Bereich an (Abbildung 5.11a t_0), wobei sich oberhalb des Injektionsbereiches das Wasser am stärksten ansammelt. Über die Simulationszeit wächst die Verschmutzung über den gesamten unteren Bereich an (Abbildung 5.11a $t_0 +$ 0,1 s, $t_0 +$ 0,7 s). Die Dichte der Verschmutzung im oberen rechten Bereich ist auch zum Schluss der Simulation noch relativ gering (Abbildung 5.11a $t_0 +$ 1,8 s).

Mit steigender Geschwindigkeit zu 100 km/h wandert der zu Beginn verschmutzte Bereich leicht nach außen in Richtung des Injektionsbereiches bei 100 km/h (Abbildung 5.11b t_0), wobei an der äußeren linken Spiegelseite der stark verschmutzte Bereich (hellblau) deutlich höher wandert im Vergleich zu 80 km/h (Abbildung 5.11b $t_0 +$ 0,1 s, $t_0 +$ 0,7 s, $t_0 +$ 1,8 s). Am Ende des Betrachtungszeitraumes ist auf dem gesamten Spiegelglas ein größerer Anteil der Oberfläche verschmutzt. Die Ausdünnung der Verschmutzung im oberen rechten Bereich kann nicht beobachtet werden. Des Weiteren gelangen bei 100 km/h deutlich größere Tropfen auch in den oberen Bereich. Dies wird vor allem in der Mitte sichtbar, wo einzelne sehr hellblaue Bereiche identifiziert werden können (Abbildung 5.11b $t_0 +$ 1,8 s).

Bei einer weiteren Erhöhung der Geschwindigkeit auf 120 km/h kann zu Beginn keine verstärkte Ansammlung der Verschmutzung im Injektionsbereich beobachtet werden (Abbildung 5.11c erster Zeitpunkt). Hingegen gibt es eine konstante Verschmutzung über die gesamte Breite des Spiegels. Im zweiten Zeitpunkt kann eine leicht verstärkte Verschmutzung im Injektionsbereich beobachtet werden (Abbildung 5.11c $t_0 +$ 0,1 s), welche über die Dauer der Simulation reduziert wird (Abbildung 5.11c $t_0 +$ 0,7 s). Die Ansammlung an der linken Kante des Spiegels ist geringer als bei 100 km/h (Abbildung 5.11c $t_0 +$ 1,8 s). Hingegen gelangen bei 120 km/h deutlich mehr große Tropfen verteilt über das gesamte Spiegelglas.

In Abbildung 5.12 sind die Tropfengrößen der auf das Spiegelglas gelangenden Tropfen dargestellt. Es ist deutlich zu sehen, dass sich im unteren Drittel des Spiegelglases sehr viele Tropfen ansammeln, welche einen Durchmesser von 0,1 mm bis 0,2 mm (grün) besitzen. Die kleinsten Tropfen mit einem Durchmesser unter 0,1 mm (rot) sind gleichmäßig auf dem Spiegelglas verteilt, wobei an der unteren Spiegelglaskante ein schmaler Streifen zu finden ist, in dem deutlich weniger kleine Tropfen ermittelt werden können. Die großen Tropfen mit einem Durchmesser über 0,2 mm (blau) sind ebenfalls gleichmäßig auf dem Spiegelglas verteilt, wobei eine höhere Dichte in der unteren Hälfte des Spiegelglases zu sehen ist, was durch den stärkeren Einfluss der Gewichtskraft auf die Flugbahn erklärt werden kann.

In den Abbildungen 5.11d bis 5.11f ist der Verlauf der Seitenscheibenverschmutzung für diese Simulationen in Abhängigkeit von der Strömungsgeschwindigkeit dargestellt.

Mit einer Luftgeschwindigkeit von 80 km/h bildet sich ein Verschmutzungskeil aus, welcher im Bereich des Spiegelfußwirbels leicht ausgedünnt ist. Im Laufe der Zeit nimmt die Verschmutzung vor allem vor dem Wirbelbereich und in der rechten unteren Ecke stärker zu (Blauton wird heller), eine Veränderung der Form des Keils kann nicht beobachtet werden. Der Verschmutzungskeilwinkel bleibt konstant bei $\beta_K = 21°$.

Mit einer Erhöhung der Luftgeschwindigkeit auf 100 km/h erhöht sich das auf die Seitenscheibe gelangende Wasser (siehe Abbildung 5.9), welches in Abbildung 5.11e durch einen helleren Blauton sichtbar wird. Ebenfalls ist eine Veränderung im Zeitverlauf der Seitenscheibenverschmutzung zu beobachten. Im zweiten Zeitpunkt ($t_0 +$ 1 s) ist im Vergleich zu 80 km/h deutlich weniger Wasser im vorderen Drittel der Seitenscheibe. Im dritten Zeitpunkt ($t_0 +$ 2 s) ist eine deutliche Zunahme der Verschmutzung im vordersten Bereich vor dem Spiegelwirbel zu beobachten, welche im zweiten Zeitpunkt ($t_0 +$ 1 s) geringer ausgeprägt war. Des Weiteren spreizt sich der Verschmutzungskeil mit voranschreitender Zeit deutlich weiter auf. Zwischen Zeitpunkt drei und vier ($t_0 +$ 2 s, $t_0 +$ 3 s) nimmt die Verschmutzung noch einmal zu, wobei die Geometrie des Keiles nahezu unverändert bleibt. Der Winkel

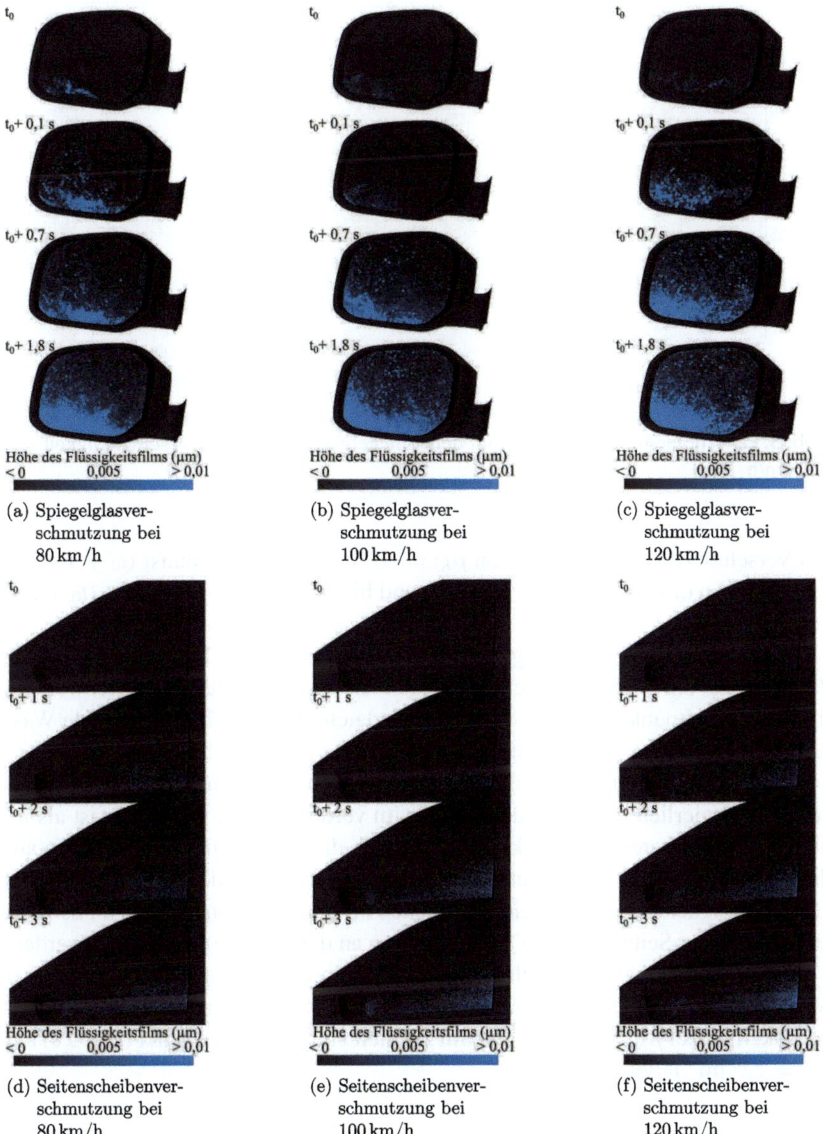

(a) Spiegelglasverschmutzung bei 80 km/h

(b) Spiegelglasverschmutzung bei 100 km/h

(c) Spiegelglasverschmutzung bei 120 km/h

(d) Seitenscheibenverschmutzung bei 80 km/h

(e) Seitenscheibenverschmutzung bei 100 km/h

(f) Seitenscheibenverschmutzung bei 120 km/h

Abb. 5.11 Verschmutzung in vier aufeinanderfolgenden Zeitpunkten mit einem Injektionswinkel von 60° bei unterschiedlichen Luftgeschwindigkeiten (Lagrange-Simulation)

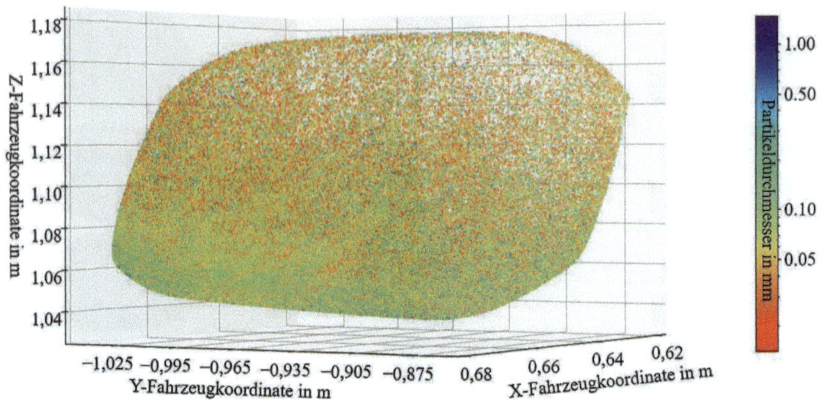

Abb. 5.12 Tropfengrößenverteilung auf dem Spiegelglas bei einer Luftgeschwindigkeit von 120 km/h

des Verschmutzungskeils steigt von $\beta_K = 20°$ im zweiten Zeitpunkt ($t_0 + 1$ s) auf $\beta_K = 23°$ im dritten Zeitpunkt ($t_0 + 2$ s) und bleibt im vierten Zeitpunkt ($t_0 + 3$ s) konstant.

Mit einer weiteren Erhöhung der Luftgeschwindigkeit auf 120 km/h kann keine Zunahme der auf die Seitenscheibe gelangenden Wassermenge beobachtet werden. Im zweiten Zeitpunkt ($t_0 + 1$ s) gelangt im Vergleich zu 100 km/h deutlich mehr Wasser in den Bereich vor dem Spiegelwirbel. Dahinter verteilt sich die Verschmutzung konstant im Verschmutzungskeil. Mit voranschreitender Zeit nimmt die Verschmutzung kontinuierlich zu, wobei der Anstieg im vorderen Bereich geringer ist als im hinteren. Im hinteren Bereich konzentriert sich die Verschmutzung vor allem auf die untere Hälfte des Verschmutzungskeils. Im Vergleich zu den vorangegangenen Geschwindigkeiten kann hier eine deutliche Ansammlung von Tropfen an der hinteren Kante der Seitenscheibe (Türeinhausung an der B-Säule) beobachtet werden.

Die Aufspreizung des Verschmutzungskeils kann auch bei 120 km/h beobachtet werden, bildet sich jedoch nicht so stark aus wie bei 100 km/h. Der Verschmutzungskeilwinkel β_K wächst von 21° im zweiten und dritten Zeitpunkt ($t_0 + 2$ s) auf $\beta_K = 22°$ im vierten an.

5.2.5 Injektionsposition am Spiegelfuß und der Innenseite des Spiegels

Zum Abschluss der Parameteruntersuchungen in der Lagrange-Simulation wird noch der Einfluss von zuvor nicht untersuchten Abrissbereichen dargestellt. Diese umfassen den Tropfenabriss vom Spiegelfuß und der Innenseite des Spiegelgehäuses (siehe Abbildung 5.13). In den Windkanaluntersuchungen (Abschnitt 3.2) ist lediglich der Tropfenabriss an der unteren äußeren Kante des Spiegels untersucht worden und es sind keine Untersuchungen der Aufteilung des Wassers auf die unterschiedlichen Abrissbereiche des Spiegels durchgeführt worden. Daher ist die Mengenverteilung des auf den Spiegel auftreffenden Wassers zwischen den einzelnen Abrissbereichen nicht bekannt.

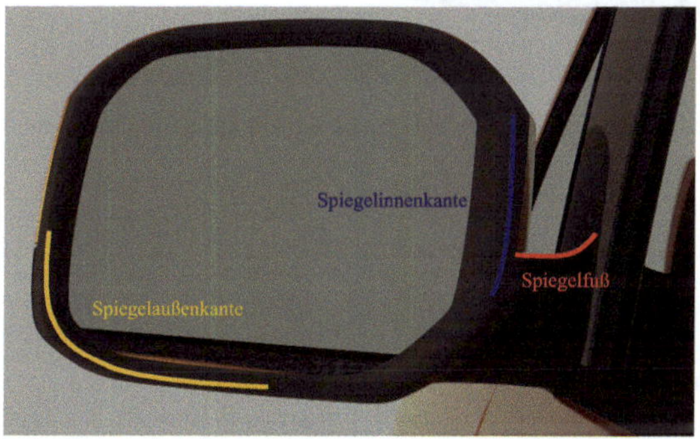

Abb. 5.13 Alternative Injektionspositionen am Spiegelgehäuse

Um den Einfluss der einzelnen Bereiche überschlägig untersuchen zu können, wird die projizierte frontale Fläche der jeweiligen Bereiche miteinander verglichen und der Volumenstrom über den Flächenanteil verrechnet. Die Trennung der Abrissbereiche zwischen der Außenseite und der Innenseite des Spiegels wird anhand der Wandschubspannung in Y-Richtung vorgenommen (Abbildung 5.14). Alle Bereiche, in denen die Wandschubspannung positiv ist (Abbildung 5.14 weiße Bereiche), werden für die Berechnung der Innenseite genutzt und alle Bereiche, bei denen die Wandschubspannung negativ ist (Abbildung 5.14 schwarze Bereiche), werden der Flächenberechnung der Außenseite beigefügt. Somit ergeben sich die in Tabelle 5.1 aufgelisteten Flächen. Durch die Anpassung der Anzahl der Injektoren und der Anzahl der eingebrachten Parcel werden die Flächenverhältnisse der einzelnen Injektionsflächen angepasst.

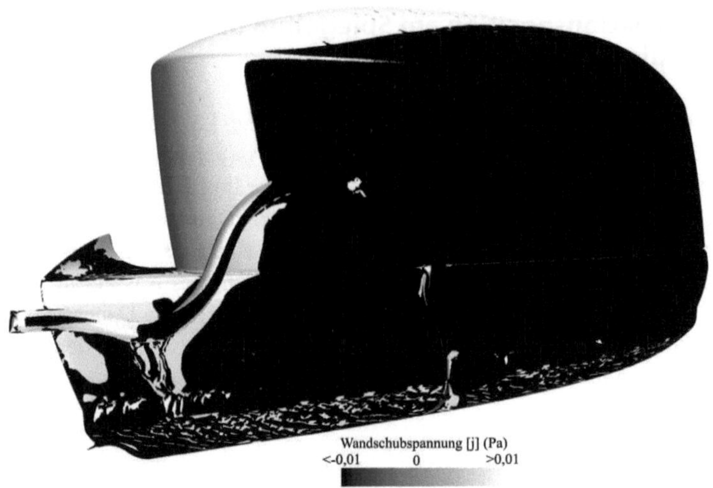

Abb. 5.14 Wandschubspannung am Außenspiegel in Fahrzeugkoordinate Y

Tab. 5.1 Projizierte Frontalflächen der einzelnen relevanten Spiegelflächen für die Tropfenabrissbereiche

Abrissbereich	Fläche
Spiegelaußenkante	18263 mm^2
Spiegelfuß	7240 mm^2
Spiegelinnenkante	2781 mm^2

In Abbildung 5.15 sind die Spiegelglas- und Seitenscheibenverschmutzung für die zwei weiteren Injektionspositionen an der Innenkante des Spiegels (Abbildungen 5.15a und 5.15b) und des Spiegelfußes (Abbildungen 5.15c und 5.15d) dargestellt.

Bei der Injektion am Spiegelfuß sind fünf Injektoren gleichmäßig über die Oberkante des Spiegelfußes verteilt. Die Spiegelglasverschmutzung geht von der Innenseite des Spiegelglases aus und breitet sich gleichermaßen horizontal auf der gesamten Höhe aus. Die größte Verschmutzung befindet sich auf der rechten Hälfte des Spiegelglases.

Die Seitenscheibenverschmutzung ist im Vergleich zu der Injektion an der Unterkante des Spiegelgehäuses (Abbildung 5.11c) deutlich stärker. Die Kontur der Verschmutzung wird durch den Tropfenflug bestimmt. Wenn die Tropfen an der Kante

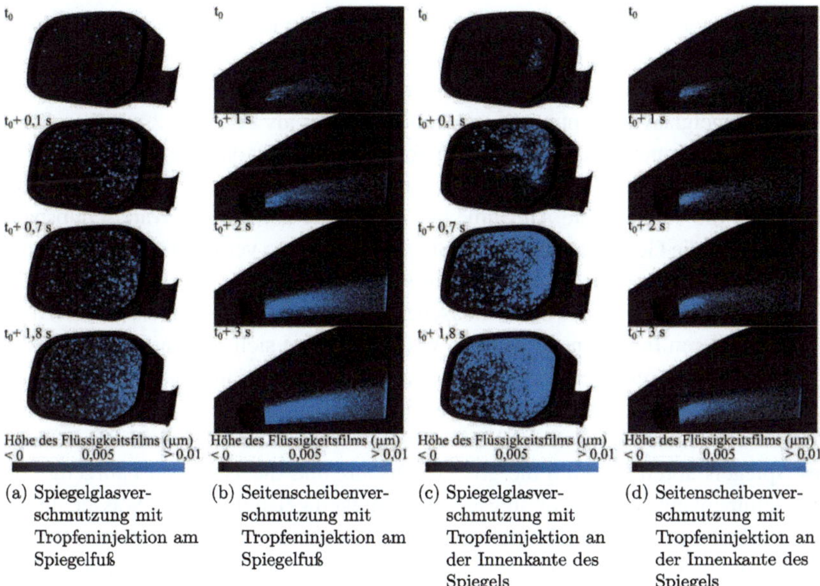

(a) Spiegelglasverschmutzung mit Tropfeninjektion am Spiegelfuß

(b) Seitenscheibenverschmutzung mit Tropfeninjektion am Spiegelfuß

(c) Spiegelglasverschmutzung mit Tropfeninjektion an der Innenkante des Spiegels

(d) Seitenscheibenverschmutzung mit Tropfeninjektion an der Innenkante des Spiegels

Abb. 5.15 Verschmutzung in vier aufeinanderfolgenden Zeitpunkten mit alternativen Injektionspositionen bei 120 km/h (Lagrange-Simulation)

abreißen, folgen diese der Strömung und besitzen abhängig von der umgebenden Strömungsgeschwindigkeit ebenfalls eine höhere oder geringer Tropfengeschwindigkeit. Im Bereich der geringeren Luftgeschwindigkeiten, welche durch den Nachlauf des Spiegelfußes resultieren, landen die Tropfen vor allem im vorderen Bereich. Beim Abriss der Tropfen an der Unterkante des Spiegels kann in diesem Bereich ebenfalls eine Anhäufung an auftreffenden Tropfen beobachtet werden, allerdings ist dieser Bereich dann stark von den am Spiegelfuß abreißenden Wirbeln ausgedünnt. Diese Ausdünnung durch Wirbel kann nicht beobachtet werden. Durch die höhere Strömungsgeschwindigkeit, welche unterhalb des Spiegelfußnachlaufgebiets vorliegt, besitzt die Verschmutzung einen etwa $\beta_K = 10°$ großen Keil mit einer geringeren Seitenscheibenverschmutzung als in den zuvor gezeigten Untersuchungen.

Bei der Tropfeninjektion auf der Innenseite des Spiegelgehäuses sind elf Injektoren über die gesamte Höhe der Innenkante verteilt.

Die Spiegelglasverschmutzung geht von der oberen rechten Kante aus und breitet sich an den Außenkanten entlang über das Spiegelglas aus. Die rechte Seite des Spiegelglases wird hier vor allem sehr stark mit Wasser beaufschlagt. Die resultierende Spiegelglasverschmutzung ist deutlich stärker als bei allen zuvor gezeigten Injektionspositionen. Dies kann auf den Volumenstrom für das Wasser im Vergleich zu den anderen Volumenströmen zurückgeführt werden, welcher zu hoch gewählt ist. Durch die vereinfachte Annahme der Aufteilung anhand der Wandschubspannungen wird die Gewichtskraft an der Spiegelhinterkante vernachlässigt und erhöht somit das Wasservolumen auf der Innenseite des Spiegels.

Die Verschmutzung auf der Seitenscheibe ist auf einem vergleichbaren Niveau mit den anderen Injektionspositionen. Wie zuvor zeigt sich der starke Einfluss der Strömung auf die resultierende Verschmutzung. Durch den ähnlichen Abrissbereich wie am Spiegelfuß bildet sich ebenfalls eine Verschmutzung, welche im vorderen Bereich der Seitenscheibe deutlich stärker ist, als wenn das Wasser an der Unterkante des Spiegels abreißt. Durch die größere Distanz und die zwischen Fahrzeug und Spiegelinnenkante hohe Strömungsgeschwindigkeit gelangt weniger Wasser auf die Seitenscheibe als bei dem Tropfenabriss am Spiegelfuß. Demzufolge entsteht ein deutlich kleinerer Bereich mit starker Verschmutzung. Die Form der Verschmutzung ist bei der Injektion am Spiegelfuß und an der Innenkante des Spiegels vergleichbar.

5.2.6 Direkte Verschmutzung durch das Sprühgestell

Für die letzte Untersuchung werden sechs Injektoren drei Meter vor dem Fahrzeug auf der Höhe des Außenspiegels positioniert, um ein Sprühgestell im Windkanal nachzuempfinden. Die Tropfendurchmesser werden bei der Untersuchung variiert. Das erste Tropfendurchmesser Feld resultiert aus Strohbücker [2] und spiegelt die Tropfen, welche an einem rotierenden Reifen abreißen, wider und besitzt eine maximale Anzahl bei 0,2 mm. Zum zweiten wurden die in dieser Arbeit gemessenen Tropfengrößenverteilungen genutzt. Das Simulationsmodell ist so angepasst, dass die Tropfen, wenn sie auf einer Oberfläche außer der Seitenscheibe oder dem Spiegelglas aufkommen, gelöscht werden. Nach dem untersuchten Zeitraum zeigten sich auf den Spiegelgläsern in beiden Fällen keine Tropfen. Auf die Seitenscheibe gelangen keine Tropfen bzw. bei der Tropfengrößenverteilung nach Strohbücker nur eine sehr geringe Anzahl an Tropfen ($N_{\mathrm{Tr}} < 10$). Dies kann auf die Tropfengrößen zurückgeführt werden. Die in dieser Arbeit ermittelten Tropfen können durch den kleinen Durchmesser der Strömung gut folgen und gelangen somit nicht auf das Spiegelglas. Bei Strohbücker können einzelne größere Tropfen auf die Seitenscheibe gelangen.

Insgesamt kann hier zusammengefasst werden, dass bei den Windkanalversuchen die Tropfen aus dem Sprühgestell nicht direkt auf der Seitenscheibe und dem Seitenspiegel landen, sondern zuvor auf einer Oberfläche aufkommen und ihre Flugbahn ändern oder als Wasserfilm über die Oberfläche transportiert werden.

5.3 Vergleiche zwischen den Simulationen und dem Versuch

Im folgenden Abschnitt werden die Ergebnisse der Simulation der Lagrange-Tropfen mit den Ergebnissen der VOF-Simulation und denen der Windkanalversuche mit Sprühgestell verglichen, hierbei wird der Fokus auf die Seitenscheiben und Spiegelglasverschmutzung gelegt.

Betrachtet man die Spiegelglasverschmutzung der drei Untersuchungen (siehe Abbildungen 1.9, 4.15a bis 4.15c und 5.11a bis 5.11c), so ist bei 80 km/h zu sehen, dass sich die Verschmutzung bei den Simulationen und den Windkanalversuchen vor allem von der unteren äußeren Ecke (Abrissbereich der Tropfen) über das Spiegelglas bis zur oberen inneren Ecke des Spiegelglases ausweitet. Die resultierende Verschmutzung bei der VOF-Simulation ist deutlich geringer als bei den Versuchen und den Lagrange-Simulationen, was auf die deutlich größeren Tropfen und die geringere Anzahl dieser bei der VOF-Simulation zurückzuführen ist. Sowohl bei der Lagrange-Simulation als auch bei den Windkanalergebnissen kann auf dem Spiegelglas oberhalb des Tropfenabrissbereichs eine stärkere Verschmutzung identifiziert werden (siehe Abbildung 5.16). Was sich in den Versuchen durch herunterlaufendes Wasser auf dem Spiegelglas und in der Simulation durch eine höhere Schichtdicke darstellt. Das Herunterlaufen des Wassers auf dem Spiegelglas ist durch das geringere Wasservolumen und die dadurch reduzierte Schichtdicke des Wasserfilms in der Lagrange-Simulation nicht abgebildet.

Dieses Verhalten kann ebenfalls bei 100 km/h und 120 km/h beobachtet werden. Bei den erhöhten Geschwindigkeiten kann ein Unterschied zwischen den Simulationen und den Windkanalversuchen mit Sprühgestell beobachtet werden. Im inneren Bereich des Spiegelglases, welcher dem Fahrzeug zugewandt ist, tritt im Versuch eine deutliche Erhöhung der Verschmutzung auf, welche sowohl in der VOF-Simulation als auch der Lagrange-Simulation nicht beobachtet werden kann. Dies kann auf den Unterschied im Versuchsaufbau zwischen den Simulationen und dem Versuch zurückgeführt werden. Bei dem Versuch wird ein Sprühgestell vor dem Fahrzeug genutzt, sodass alle durch die Fremdverschmutzung (resultierend aus der Gischt anderer Verkehrsteilnehmender) auftretenden

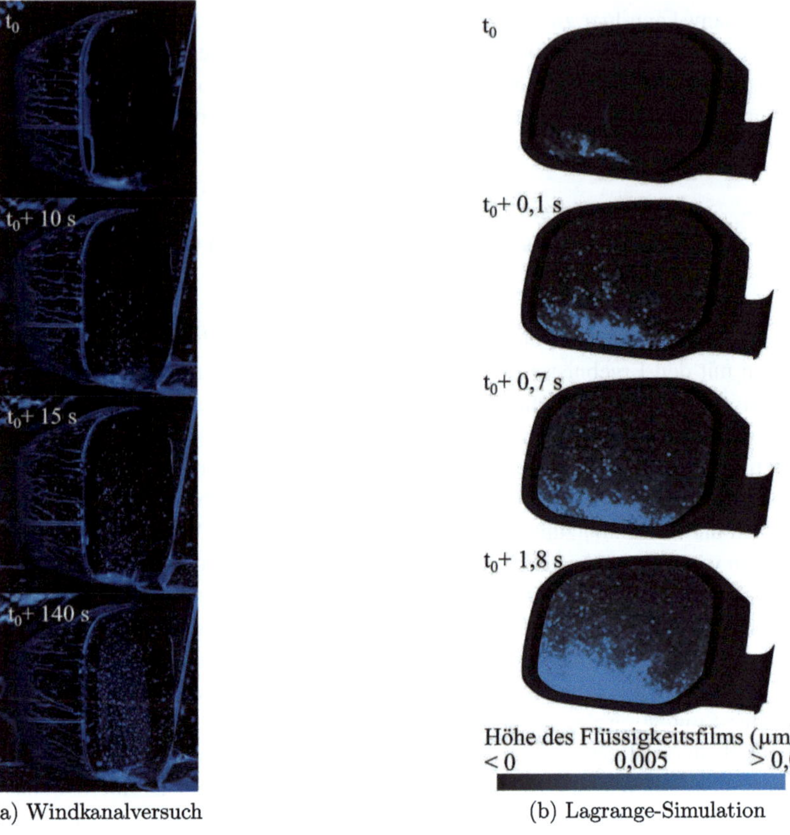

(a) Windkanalversuch (b) Lagrange-Simulation

Abb. 5.16 Vergleich von vier aufeinanderfolgende Zeitpunkten der Spiegelglasverschmutzung im Versuch und in der Simulation bei 80 km/h

Verschmutzungsphänomene abgebildet werden, wohingegen die Simulationen lediglich die Verschmutzung durch den Tropfenabriss an der Unterkante des Spiegels abbilden. Somit sind Verschmutzungsphänomene, welche auf dem Tropfenabriss am Spiegelfuß und der Innenkante des Spiegels basieren, nicht mit abgebildet. Vergleicht man die in Abbildungen 5.15a und 5.15c auftretenden Verschmutzungsbereiche mit einer hohen Schichtdicke mit den in Abbildung 1.9 auftretenden Bereichen, in denen Wasserläufer auf dem Spiegelglas auftreten, so stimmen diese

Bereiche überein. Somit kann das Wasser der Läufer vom Innenbereich des Spiegels (Spiegelfuß und Innenkante) resultieren.

Im zweiten Schritt werden die Seitenscheibenverschmutzung der Lagrange-Simulation und der Sprühgestell-Windkanalergebnisse miteinander verglichen (siehe Abbildungen 1.10 und 5.11d). In beiden Ergebnissen kann die verstärkte Verschmutzung vor dem Spiegelfußwirbel beobachtet werden, wobei die Verschmutzung bei höheren Geschwindigkeiten im Versuch nicht nur auf die abreißenden Tropfen zurückgeführt werden kann, sondern auch auf Wasser, welches aus dem Spiegeldreieck auf die Seitenscheibe läuft. Wie schon bei der Spiegelglasverschmutzung sind im Versuch deutlich mehr Verschmutzungsphänomene, wie Wasser aus dem A-Säulenüberlauf, zu beobachten, somit ist die Identifikation des Verschmutzungskeilwinkels β_K nur schwer möglich. Durch eine Häufigkeitsverteilung der Verschmutzung auf der Seitenscheibe, welche im Versuch über eine Mittelung aller aufgenommenen Bilder bestimmt wird, ergeben sich für die drei Geschwindigkeiten Winkel von $\beta_K = 19°$ bei 80 km/h, $\beta_K = 20°$ bei 100 km/h und $\beta_K = 22°$ bei 120 km/h. Diese Werte sind nahezu identisch zu denen aus der Simulationen, wo der Winkel mit $\beta_K = 21°$, $\beta_K = 23°$ und $\beta_K = 22°$ gemessen wurde.

Zusammenfassend lässt sich sagen, dass die Ergebnisse für die Spiegelglasverschmutzung aus den Simulationen und dem Versuch deutliche Gemeinsamkeiten haben und vor allem der Entstehungsverlauf der Verschmutzung in der Simulation gut abgebildet ist. Ebenfalls weist die Ausbildung des Verschmutzungskeils zwischen Simulation und Experiment starke Gemeinsamkeiten auf, wobei der Vergleich durch die Vielzahl der auftretenden Verschmutzungsphänomene im Versuch deutlich schwerer fällt.

6 Zusammenfassung, Schlussfolgerungen und Ausblick

Ziel dieser Arbeit war die Entwicklung einer Simulationsmethode zur virtuellen Abbildung der Seitenscheiben- und Spiegelglasverschmutzung. Hierbei wurde zwischen dem VOF-Ansatz und dem Lagrange-Ansatz unterschieden. Aufgrund der fehlenden Literatur zu den Tropfenbildungen und den entstehenden Tropfengrößen wurden Versuche durchgeführt, welche ebenfalls als Validierungsbasis der Simulation dienten.

6.1 Zusammenfassung

Die Tropfenbildung und die Verschmutzung wurden sowohl numerisch als auch simulativ untersucht. Die experimentelle Untersuchung teilte sich in drei Teile auf. Erstens die Standard-Windkanalversuche, bei denen eine Gischtfahrt hinter einem vorausfahrenden Fahrzeug untersucht wurde. Der Fokus der Untersuchung war die Gewinnung von Vergleichsergebnissen der Fremdverschmutzung am Gesamtfahrzeug. Zweitens wurde ein Windkanalversuch mit einer lokalen Wasseraufbringung direkt auf das Spiegelgehäuse durchgeführt, um gesondert die Tropfenabrissprozesse am Spiegel zu untersuchen. Drittens wurde zur vereinfachten Untersuchung von Einflussparametern auf den Tropfenabriss (z. B. Abrisskantenradius, Luftgeschwindigkeit, Volumenstrom …) ein Versuch mit einer generischen Abrisskante durchgeführt. Um in der Zukunft den Aufwand von Windkanalversuchen zu reduzieren, wurden die Versuche mit der lokalen Wasserinjektion auf dem Spiegel mit einer 3D Simulationsmethode (VOF) nachgebildet. Da diese Simulationsmethode sehr rechenaufwendig war, wurde zusätzlich eine Lagrange-Simulation durchgeführt, in der die Wasserphase als Strömungspartikel simuliert wurde.

L. Kille, *Numerische Untersuchung der Fremdverschmutzung im Bereich der Seitenscheibe und des Außenspiegels bei leichten Nutzfahrzeugen*, AutoUni – Schriftenreihe 177, https://doi.org/10.1007/978-3-658-48922-9_6

Die Tropfenbildung am Spiegelgehäuse kann in ihre physikalischen Phänomene unterteilt werden. Hierbei gelangt das Wasser als Regen- oder Gischttropfen auf dem Außenspiegel. Bei dem Auftreffen können verschiedene Aufprallmechanismen vorherrschen und das Wasser bleibt entweder auf der Oberfläche oder wird zurück in die Luftströmung reflektiert. Auf der Spiegeloberfläche verläuft das Wasser gravitationsbedingt nach unten und durch die Luftströmung nach außen und an die Hinterkante des Spiegels. Hier sammelt sich das Wasser in einem Pool. Dieser Pool wird durch die Luftströmung beeinflusst, bis sich einzelne Tropfen bilden, welche direkt auf das Spiegelglas fliegen können oder vom Spiegelnachlauf abgeleitet werden und auf das Spiegelglas oder die Seitenscheibe gelangen können. In der Verweilzeit in der Luftströmung können die abgerissenen Tropfen durch einen sekundären Zerfallsprozess geteilt werden. Der Fokus dieser Arbeit lag auf den Abrissprozessen, den Zerfallsprozessen und der daraus resultierenden Verschmutzung.

6.2 Schlussfolgerung

Die Standard-Windkanalversuche wurden genutzt, um an einem Volkswagen Caddy (4. Generation, gebaut bis 2020) die Verschmutzung zu visualisieren. Die verschmutzte Fläche und nicht die Schichthöhe der Verschmutzung waren hierbei das ausschlaggebende Kriterium. Bei der Untersuchung des Seitenspiegels konnte gezeigt werden, dass die Verschmutzung auf dem Spiegelglas in dem Bereich begann, in dem an der Unterkante die Wasseransammlung vorhanden war. Mit zunehmender Zeit verteilte sich die Verschmutzung statistisch über dem gesamten Spiegelglas. Für die kleinsten untersuchten Geschwindigkeiten von 80 km/h zeigte sich, dass der obere innere Bereich des Spiegelglases geringer verschmutzt als bei höheren Geschwindigkeiten. Bei dem Vergleich der untersuchten Geschwindigkeiten zeigte sich bei einem konstanten Wasservolumenstrom mit steigender Luftgeschwindigkeit eine stärkere Rinnsalbildung durch das gesteigerte, auf dem Spiegelglas landende Wasservolumen. Bei der Betrachtung der Seitenscheibe wurde gezeigt, dass die Verschmutzung ausgehend vom Spiegel primär bei niedrigen Geschwindigkeiten sichtbar war und bei höheren Geschwindigkeiten von der Verschmutzung aus der A-Säule überlagert wurde.

Bei der Untersuchung des Tropfenabrisses mit lokaler Wasserinjektion auf dem Spiegelgehäuse wurden spezifisch die Abriss- und Zerfallsprozesse am Außenspiegel und die daraus resultierenden Tropfengrößen an demselben Volkswagen Caddy untersucht. Der Abriss des Wassers fand mit steigender Strömungsgeschwindigkeit weiter außen am Spiegelgehäuse statt. Die physikalischen Prozesse des Tropfenabrisses sind die folgenden:

- Ligamentenzerfall
- Laminarer Lamellenzerfall mit einem resultierenden Ligament
- Laminarer Lamellenzerfall mit zwei resultierenden Ligamenten
- Turbulenter Lamellenzerfall

Der Ligamentenzerfall war der dominierende Zerfallsprozess für Geschwindigkeiten unter 100 km/h. Der Wasserpool an der Unterseite des Spiegels wurde durch die Luftströmung gestreckt, bis sich axialsymmetrische Einschnürungen bildeten, die das Ligament in eine Reihe von Tropfen zerfallen ließ. In den Untersuchungen besaßen die Ligamenten-Tropfen und der Head-Tropfen dieselbe Größe. Ab einer Geschwindigkeit von 100 km/h war der dominierende Abrissprozess der Lamellenzerfall. Es bildete sich ein dünner, breiter Wasserfilm an der Kante, welcher durch die Luftströmung gestreckt wurde, bis im Inneren des Filmes Löcher entstanden und die Lamelle zerfiel. Zwei Phänomene konnten beobachtet werden. Zum einen konnten sich die Ränder der Lamelle in der Mitte zusammenziehen und ein Ligament ausbilden. Zum anderen blieben die Ränder unabhängig voneinander stehen und es entstanden zwei Ligamente. Ein seltener beobachteter Prozess bei 140 km/h war der turbulente Lamellenzerfall, welcher dem laminaren Lamellenzerfall ähnelt, jedoch deutlich instationärer ablief. Nach der Einbringung in die Luft wurden an den Tropfen vier verschieden sekundäre Zerfallsprozesse beobachtet:

- Schwingungszerfall
- Blasenzerfall
- Keulenzerfall
- Scheibenzerfall

Alle Zerfallsprozesse traten unabhängig von der Anströmgeschwindigkeit auf, wobei sich der Anteil der Zerfallsprozesse unterschied. Der Schwingungszerfall, welcher unabhängig von der Geschwindigkeit aufgetreten war, konnte nur selten und nur bei großen Tropfen beobachtet werden. Dies begannen schon durch den Abrissprozess zu schwingen. Diese Schwingung steigerten sich, bis der Tropfen zu mehreren kleinen Tropfen zerfiel. Bei 80 km/h zeigte sich vor allem der Blasenzerfall. Aus dem Tropfen bildete sich eine Blase, welche in zwei Schritten zerfiel. Als erstes zerfiel der dünne Film der Blase und hinterließ den dickeren äußeren Ring, der im Anschluss zerfiel. Aus diesen zwei Zerfallsstufen entstanden zwei charakteristische Tropfengrößen. Mit Steigerung der Geschwindigkeit nahm der Anteil des

Blasenzerfalls ab und der des Keulenzerfalls zu. Dieser Zerfall war dem Blasenzerfall ähnlich, zeigte hingegen eine zusätzliche Keule in der Mitte der Blase (Tropfen hat eine Pilzform), welche noch nach dem Ring zerfiel. Der letzte Zerfallsmechanismus war der Scheibenzerfall, welcher vor allem bei 140 km/h auftrat. Aus dem Tropfen formte sich eine Scheibe, aus deren Rand kontinuierlich Tropfen abrissen, bis der Tropfen nicht weiter zerfallen konnte.

Bei der Betrachtung der Tropfengrößen wurde gezeigt, dass der charakteristische Tropfendurchmesser D_{30} mit zunehmendem Abstand zur Abrisskante und zunehmender Geschwindigkeit kleiner wird. Bei den Tropfendurchmessern konnten zwei Hauptpeaks ermittelt werden bei 35 µm und 55 µm. Diese wurden auf den Abriss und den sekundären Tropfenzerfall zurückgeführt. Die Anzahl der gemessenen Tropfen nahm mit zunehmendem Tropfendurchmesser (> 55 µm) kontinuierlich ab. In der Abrissregion von den höheren Geschwindigkeiten (außen am Spiegel, Messebenen 1–3) konnte gezeigt werden, dass die Tropfenanzahl proportional zur Luftgeschwindigkeit war.

- $D_{30} \sim \frac{1}{\text{Abstand zur Abrisskante}}$
- $D_{30} \sim \frac{1}{\text{Luftgeschwindigkeit}}$
- $N_{\text{Tropfen}} \sim \text{Luftgeschwindigkeit}$
- $N_{\text{Tropfen}} \sim \frac{1}{\text{Tropfendurchmesser}}$

Die ermittelten Abrisspositionen stimmten mit den Standard-Windkanalversuchen grob überein. Jedoch zeigten sich im Standard-Versuch noch Abrisse an anderen Positionen am Spiegelgehäuse, welche bei der lokalen und gerichteten Einbringung des Wassers auf den Spiegel nicht nachgebildet worden sind.

Bei der Parameteruntersuchung der generischen Abrisskante wurden ebenfalls Tropfenbildungsprozesse und Tropfendurchmesser untersucht. Bei der Tropfenentstehung wurden lediglich zwei Varianten des Ligamentenzerfalls beobachtet. Der Standard-Ligamentenzerfall und der Ligamenten-Blasenzerfall. Der Ligamenten-Blasenzerfall unterteilte sich in zwei Schritte. Zum ersten das Aufreißen des Head-Tropfens (Blasenzerfall) und als zweites in den Ligamentenzerfall. Hierbei zeigten sich in Abhängigkeit des Abrisskantenradius zwei Phänomene. Bei einem Radius unter 5 mm zeigte sich eine scharf definierte Abrissposition der Luftströmung von der Platte und somit auch beim Wasser. Mit einem Plattenradius über 5 mm konnte die Luftströmung der Krümmung teilweise folgen und somit riss das Wasser an einer vertikal höheren Position ab. Bei den sekundären Zerfallsprozessen konnten physikalisch keine Unterschiede zu den Fahrzeugversuchen gesehen werden. Die Anzahl an Zerfallsprozessen war jedoch deutlich geringer. Es wurde gezeigt, dass der charakteristische Tropfendurchmesser mit steigender Oberflächenspannung stieg. Des

Weiteren wurde bei der Platte dieselbe Abhängigkeit von der Luftgeschwindigkeit und dem Abstand zur Abrisskante gemessen. Zusätzlich wurde ermittelt, dass der D_{30} mit zunehmendem Plattenradius abnimmt. Im Vergleich zu den Fahrzeugversuchen zeigte sich bei den Plattenversuchen lediglich ein deutlicher Peak in der Anzahl an Tropfen bei 65 µm. Dies wurde auf die fehlenden sekundären Zerfallsprozesse zurückgeführt. Bei der Betrachtung unterschiedlicher Flüssigkeiten hatte sich bei der Reinigungsflüssigkeit im Vergleich zu den wasserähnlichen Flüssigkeiten eine deutlich höhere Anzahl an kleinen Tropfen gezeigt, dies wurde auf die deutlich kleinere Oberflächenspannung zurückgeführt. Dies zeigte, dass die Abrissversuche an einer generischen Abrisskante mit denen aus dem Windkanal vergleichbar waren, jedoch durch die geringere Luftgeschwindigkeit und vor allem durch die fehlende Aufweitung des Wasserstrahls an der Kante auch ihre Grenzen hatte.

- $h_{Abriss} \sim$ Plattenradius
- $h_{Abriss} \sim$ Luftgeschwindigkeit
- $D_{30} \sim \sigma$
- $D_{30} \sim \frac{1}{\text{Plattenradius}}$

Die Windkanalversuche mit lokaler Injektion des Wassers auf das Spiegelgehäuse sind in einer 3D-VOF-Simulation nachgebildet worden. Ziel war die Untersuchung des Verlaufens des Wassers und der Tropfenabriss am Außenspiegel in der Simulation. Zusammengefasst gesagt, konnten mit der VOF-Simulation die Verschmutzung auf dem Seitenspiegel und die Abrissprozesse am Spiegelgehäuse nachgebildet und A-B-Vergleiche erfolgreich durchgeführt werden. Mit einer zukünftigen Steigerung der Rechenleistung, einer Verbesserung der adaptiven Vernetzung sowie eines adaptiven Zeitschrittes werden demnächst die Tropfenabrisse noch detaillierter simuliert werden können.

In der Simulation wurden ebenfalls die Abrissprozesse untersucht und folgende Prozesse konnten identifiziert werden:

- Abtropfen
- Ligamentenzerfall
- Laminarer Lamellenzerfall

In den Versuchen konnte der Abtropfprozess nicht beobachtet werden, der turbulente Lamellenzerfall war in der Simulation nicht präsent. Dies war vor allem darauf zurückzuführen, dass das Volumennetz trotz der großen Anzahl an Zellen die sehr dünnen Schichtdicken bei den Lamellenzerfallsprozessen nicht sauber abbilden konnte. Der sekundäre Tropfenzerfall konnte in der Simulation aufgrund der

Netzgröße nur bei wenigen großen Tropfen beobachtet werden. Bei der Untersuchung des Abrissbereichs zeigten sich zwei Gemeinsamkeiten. Zum einen wanderte dieser mit steigender Luftgeschwindigkeit am Spiegel nach außen, zum anderen wurde der Bereich kleiner mit Ausnahme bei 140 km/h. Die Tropfengröße zeigten ebenfalls gute Übereinstimmungen im Verhalten zwischen Simulation und Versuch. Die Anzahl an gemessenen Tropfen nahm zur Messgrenze hin zu und war proportional zur Luftgeschwindigkeit. Somit zeigte sich bei 140 km/h die größte Anzahl an Tropfen. Der zweite Peak an Tropfen konnte in der Simulation durch die fehlenden Zerfallsprozesse nicht abgebildet werden. Des Weiteren waren die Größenordnungen der Tropfendurchmesser unterschiedlich. Im Versuch war der minimale Durchmesser bei 30 µm und in der Simulation bei 300 µm, was ebenfalls auf die Netzauflösung zurückzuführen war. Bei dem Vergleich der Spiegelglasverschmutzung konnte gezeigt werden, dass mit zunehmender Luftgeschwindigkeit die Verschmutzungsgeschwindigkeit und das Tropfenvolumen auf dem Spiegelglas zunahm. In den Untersuchungen bei 80 km/h konnte in beiden Fällen gezeigt werden, dass die Verschmutzung im Bereich des Tropfenabrisses begann und sich über das Spiegelglas ausweitete. Dieses Verhalten konnte in der Simulation für höhere Geschwindigkeiten ebenfalls beobachtet werden. In der Visualisierung des Versuches kann dieses Verhalten durch den gleichbleibenden zeitlichen Abstand zwischen den Zeitschritten nicht dargestellt werden, in Videoaufnahmen ist das Verhalten aber deutlich zu identifizieren.

Somit können in Zukunft VOF-Simulationen zur Abbildung des Abrissbereiches und der physikalischen Tropfenabrissprozesse genutzt werden.

Bei der Analyse der Verschmutzung mit den Lagrange-Simulationen wurden die Tropfengrößenverteilungen aus den Windkanalversuchen genutzt und an der Unterkante des Außenspiegels in die Simulation eingebracht. Der Aufbau der Verschmutzung (startend über dem Abrissbereich) konnte in der Simulation gut nachgebildet werden. Lediglich die Verschmutzung des inneren Bereiches des Spiegels wurde nicht optimal nachgebildet. Dies konnte auf die fehlende Injektion von Wasser auf der Innenkante des Spiegelgehäuses (zwischen Spiegel und Karosserie) zurückgeführt werden und sollte in Zukunft zusätzlich in die Simulation integriert werden. Bei dem Vergleich der Seitenscheibenverschmutzung zwischen Windkanalversuchen und Lagrange-Simulation stellte sich die Herausforderung dar, dass in der Simulation lediglich der Verschmutzungskeil abgebildet wurde. Dieser war in den Versuchsergebnissen nur schwer nachzuvollziehen. Die identifizierten Bereiche stimmten gut überein.

Demzufolge können die Lagrange-Simulationen in Zukunft für die Simulation der Seitenscheiben- und Spiegelverschmutzung genutzt werden, da der Rechenaufwand im Vergleich zu den VOF-Simulationen deutlich geringer war und die Ergebnisse gut mit denen aus dem Windkanal übereinstimmen.

6.3 Ausblick

Wie in den zuvor gezeigten Untersuchungen des Tropfenabrisses haben auch die Abrisspositionen der in dieser Arbeit nicht näher untersuchten Tropfenabrissbereiche (Spiegelfuß, Spiegelinnenkante) einen großen Einfluss auf die resultierende Spiegelglas- und Seitenscheibenverschmutzung. Dieser Einfluss sollte in zukünftigen Untersuchungen bestimmt werden. Bei diesen Untersuchungen können sowohl 3D-VOF Simulationen als auch Experimente im Windkanal helfen. Von Interesse sind hier vor allem die Bestimmung der Volumenverhältnisse der einzelnen Abrissbereiche zueinander und die resultierenden Tropfengrößen. Eine Veränderung der Tropfenabrissprozesse und der sekundären Zerfallsprozesse ist nicht zu erwarten, da die Strömungsverhältnisse der Luft und des Wassers ähnlich sind. Des Weiteren wurden Punkte wie variable Anströmgeschwindigkeiten nicht beleuchtet. Eine Veränderung der Geschwindigkeit kann durch unterschiedliche Einflüsse wie eine Beschleunigung des Fahrzeuges oder Änderungen in der Luftströmung entstehen.

In der Simulation sollte vor allem das Augenmerk auf die realistische Ermittlung des Tropfenfeldes mittels der VOF-Simulation gelegt werden. Dieses kann als Input für eine Lagrange-Simulation dienen, um schon zu einem frühen Zeitpunkt in der Fahrzeugentwicklung die geometrische Anpassung des Außenspiegels im Hinblick auf die resultierende Seitenscheiben und Spiegelverschmutzung zu optimieren.

Um die Parameteruntersuchungen an der Platte in zukünftige Versuche zu verbessern, sollte die Anströmung der Platte verändert werden, sodass eine Queranströmung und vor allem eine höhere Geschwindigkeit an der Platte realisiert werden können. Des Weiteren sollte der Wasserfilm auf der Unterseite der Platte verbreitert werden, um einen realistischeren Tropfenabriss darzustellen.

Zusammenfassen lässt sich sagen, dass in dieser Arbeit zwei funktionierende Simulationsmethoden für die Abbildung der von dem Seitenspiegel resultierenden Spiegelglas- und Seitenscheibenverschmutzung erarbeitet worden sind. Hierbei können zusätzliche Untersuchungen die Simulationsmethoden in Zukunft noch weiter verbessern. Somit können feinere Rechennetze den Abrissprozess genauer darstellen oder weitere Injektionspunkte am Spiegelgehäuse die resultierende Spiegelglas- und Seitenscheibenverschmutzung noch realitätsnäher abbilden. In zukünftigen Fahrzeugprojekten wird die VOF-Simulation genutzt, um das Verlaufen des Wassers am Außenspiegel vorherzusagen und das Spiegelgehäuse so anzupassen, dass die resultierende Spiegelglas- und Seitenscheibenverschmutzung basierend auf der Lagrange-Simulation reduziert wird.

Literatur

1. J. Potthoff. „Untersuchung der Verschmutzung von Kraftfahrzeugen im Windkanal“. In: *VDI- Jahrestagung „Fahrzeugtechnik“*. Hrsg. von VDI-Gesellschaft. 1974, S. 1–20.
2. Veith Strohbücker. „Untersuchung des Tropfenaufwirbelvorganges im Rahmen einer Gesamtfahrzeug-Eigenverschmutzungssimulation in Versuch und Simulation“. Dissertation. Wiesbaden: Helmut-Schmidt-Universität/Universität der Bundeswehr Hamburg, 2021. ISBN 978-3-658-35407-7.
3. Toshiaki Kozu und Kenji Nakamura. „Rainfall Parameter Estimation from Dual-Radar Measurements Combining Reflectivity Profile and Path-integrated Attenuation“. In: *Journal of Atmospheric and Oceanic Technology* 8.2 (1991), S. 259–270. ISSN: 0739-0572. https://doi.org/10.1175/1520-0426(1991)008<0259:RPEFDR>2.0.CO;2.
4. Emmanuel Villermaux und Benjamin Bossa. „Single-drop fragmentation determines size distribution of raindrops“. In: *Nature Physics* 5.9 (2009), S. 697–702. ISSN: 1745-2473. https://doi.org/10.1038/NPHYS1340.
5. Thomas Hagemeier, Michael Hartmann und Dominique Thévenin. „Practice of vehicle soiling investigations: A review“. In: *International Journal of Multiphase Flow*. 2011, S. 860–875. https://doi.org/10.1016/j.ijmultiphaseflow.2011.05.002.
6. J.-P. Bouchet, P. Delpech und P. Palier. „Wind tunnel simulation of road vehicle in driving rain of variable intensity.“ In: *5th MIRA international conference on vehicle aerodynamics*. Warwick, 2004, S. 1–10.
7. Adrian P. Gaylard, Kerry Kirwan und Duncan A. Lockerby. „Surface contamination of cars: A review“. In: *Proceedings of the Institution of Mechanical Engineers, Part D: Journal of Automobile Engineering* 231.9 (2017), S. 1160–1176. ISSN: 0954-4070. https://doi.org/10.1177/0954407017695141.
8. Michael Ade und Alexander Mößner. „Funktion, Sicherheit und Komfort“. In: *Hucho – Aerodynamik des Automobils: Strömungsmechanik, Fahrdynamik, Thermomanagement, Akustik, Entwicklungswerkzeuge*. Hrsg. von Thomas Schütz. Wiesbaden: Springer Fachmedien Wiesbaden, 2023, S. 523–584. ISBN 978-3-658-35833-4. https://doi.org/10.1007/978-3-658-35833-4_7.
9. Kenneth J. Karbon und Stephen E. Longman. „Automobile Exterior Water Flow Analysis Using CFD and Wind Tunnel Visualization“. In: SAE Technical Paper Series. SAE International, 1998, S. 49–55. https://doi.org/10.4271/980035.

L. Kille, *Numerische Untersuchung der Fremdverschmutzung im Bereich der Seitenscheibe und des Außenspiegels bei leichten Nutzfahrzeugen*, AutoUni – Schriftenreihe 177, https://doi.org/10.1007/978-3-658-48922-9

10. Nicolas Kruse und Kuo-Huey Chen. „Exterior Water Management Using a Custom Euler-Lagrange Simulation Approach". In: SAE Technical Paper Series. SAE International, 2007, S. 31–42. https://doi.org/10.4271/2007-01-0101.
11. Adrian P. Gaylard, Michael Fagg, Mark Bannister, Bradley Duncan, Joaquin Ivan Gargoloff und Jonathan Jilesen. „Modelling A-Pillar Water Overflow: Developing CFD and Experimental Methods". In: *SAE International Journal of Passenger Cars – Mechanical Systems* 5.2 (2012), S. 789–800. ISSN: 1946-4002. https://doi.org/10.4271/2012-01-0588.
12. Jonathan Jilesen, Adrian Gaylard, Iwo Spruss, Timo Kuthada und Jochen Wiedemann. „Advances in Modelling A-Pillar Water Overflow". In: SAE Technical Paper Series. SAE International, 2015, S. 1–9. https://doi.org/10.4271/2015-01-1549.
13. Jonathan Jilesen, Ales Alajbegovic und Brad Duncan. „Soiling and rain simulation for ground transport vehicles". In: Bd. 7. European-Japanese Two-Phase Flow Group Meeting. Zermatt, 2015, S. 1–10.
14. Jonathan Jilesen, Adrian Gaylard und Jose Escobar. „Numerical Investigation of Features Affecting Rear and Side Body Soiling". In: *SAE International Journal of Passenger Cars – Mechanical Systems* 10.1 (2017), S. 299–308. ISSN: 1946-4002. https://doi.org/10.4271/2017-01-1543.
15. Jonathan Jilesen, Adrian Gaylard, Tom Linden und Ales Alajbegovic. „Update on APillar Overflow Simulation". In: SAE Technical Paper Series. SAE International, 2018, S. 1–7. https://doi.org/10.4271/2018-01-0717.
16. Jonathan Jilesen, Adrian Gaylard und Tom Linden. „Numerical Investigation of Wiper Drawback". In: SAE Technical Paper Series. SAE International, 2019, S. 1–8. https://doi.org/10.4271/2019-01-0640.
17. Devaraj Dasarathan, Jonathan Jilesen, David Croteau und Ray Ayala. „CFD Water Management Design for a Passenger Coach with Correlation". In: SAE Technical Paper Series. SAE International, 2016, S. 1–8. https://doi.org/10.4271/2016-01-8155.
18. Adrian P. Gaylard, Anton Kabanovs, Jonathan Jilesen, Kerry Kirwan und Duncan A. Lockerby. „Simulation of rear surface contamination for a simple bluff body". In: *Journal of Wind Engineering and Industrial Aerodynamics* 165 (2017), S. 13–22. ISSN: 01676105. https://doi.org/10.1016/j.jweia.2017.02.019.
19. Anton Kabanovs, Max Varney, Andrew Garmory, Martin Passmore und Adrian Gaylard. „Experimental and Computational Study of Vehicle Surface Contamination on a Generic Bluff Body". In: SAE Technical Paper Series. SAE International, 2016, S. 1–13. https://doi.org/10.4271/2016-01-1604.
20. Anton Kabanovs, Andrew Garmory, Martin Passmore und Adrian Gaylard. „Computational simulations of unsteady flow field and spray impingement on a simplified automotive geometry". In: *Journal of Wind Engineering and Industrial Aerodynamics* 171(2017), S. 178–195. ISSN: 01676105. https://doi.org/10.1016/j.jweia.2017.09.015.
21. Anton Kabanovs, Graham Hodgson, Andrew Garmory, Martin Passmore und Adrian Gaylard. „A Parametric Study of Automotive Rear End Geometries on Rear Soiling". In: SAE International Journal of Passenger Cars – Mechanical Systems 10.2 (2017), S. 553–562. ISSN: 1946-4002. https://doi.org/10.4271/2017-01-1511.
22. Anton Kabanovs, Andrew Garmory, Martin Passmore und Adrian Gaylard. „Modelling the Effect of Spray Breakup, Coalescence, and Evaporation on Vehicle Surface Contamination Dynamics". In: *SAE International Journal of Passenger Cars – Mechanical Systems* 11.5 (2018), S. 463–475. ISSN: 1946-4002. https://doi.org/10.4271/2018-01-0705.

23. Veith Strohbücker, Reinhold Niesner und Franz Joos. „Simulation method for vehicle tire water spraying behavior“. In: *18. Internationales Stuttgarter Symposium*. Hrsg. von Michael Bargende, Hans-Christian Reuss und Jochen Wiedemann. Wiesbaden: Springer Fachmedien Wiesbaden, 2018, S. 1393–1409. ISBN 978-3-658-21194-3. https://doi.org/10.1007/978-3-658-21194-3_109.
24. Veith Strohbücker, Reinhold Niesner, Domenik Schramm, Timo Kuthada und Franz Joos. „Experimental Investigation of the Droplet Field of a Rotating Vehicle Tyre“. In: SAE Technical Paper Series. SAE International, 2019, S. 1–15. https://doi.org/10.4271/2019-01-5068.
25. Daniel Demel, Johannes Feldmann, Thomas Schütz und Cameron Tropea. „Simulation der Regenwasserführung für eine bessere Sicht“. In: *ATZ – Automobiltechnische Zeitschrift* 121.12 (2019), S. 52–55. ISSN: 0001-2785. https://doi.org/10.1007/s35148-019-0144-6.
26. Daniel Demel. „Ein Beitrag zur Simulation der Sichtfreihaltung an Personenkraftwagen“. de. Dissertation. Darmstadt: Technische Universität Darmstadt, 2021. https://doi.org/10.26083/tuprints-00017616.
27. Cameron Tropea, Johannes Feldmann, Daniel Rettenmaier, Patrick M. Seiler, Michael Ade und Daniel Demel. „External water management: A predictive challenge“. In: *19. Internationales Stuttgarter Symposium*. Hrsg. von Michael Bargende, Hans-Christian Reuss, Andreas Wagner und Jochen Wiedemann. Wiesbaden: Springer Fachmedien Wiesbaden, 2019, S. 398–411. ISBN 978-3-658-25939-6. https://doi.org/10.1007/978-3-658-25939-6_35.
28. D. S. Tsepov, N. S. Solomatin, A. V. Zotov und D. A. Rastorguev. „Formation analysis of soiling for side windows and the rear view mirrors of vehicle“. In: *IOP Conference Series: Materials Science and Engineering* 632.1 (2019), S. 1–12. ISSN: 1757-8981. https://doi.org/10.1088/1757-899X/632/1/012068.
29. Michael Ade. „Development of a Numerical Methodology for Water Management Simulations of Passenger Cars“. en. Dissertation. Darmstadt: Technische Universität Darmstadt, 2019.
30. Tobias Tivert, Andreas Borg, J. Marimón und Lars Davidson. „Wind-driven rivulet over an edge with break-up“. In: *Proceedings of the ICMF 2007, 6th International Conference on Multiphase Flow*. Hrsg. von Martin Sommerfeld. Leipzig, 2007, S. 1–9. ISBN: 9783860109137.
31. Tobias Tivert. „Computational study of rivulets using volume of fluid“. Masterarbeit. Göteborg: Chalmers University of Technology, 2009.
32. Thomas Schütz, Hrsg. *Hucho – Aerodynamik des Automobils: Strömungsmechanik, Wärmetechnik, Fahrdynamik, Komfort*. 6. Auflage. ATZ / MTZ-Fachbuch. Wiesbaden: Springer Vieweg, 2013. ISBN: 978-3-8348-2316-8. https://doi.org/10.1007/978-3-8348-2316-8.
33. Thomas Hagemeier. „Experimental and numerical investigation of vehicle soiling processes“. Dissertation. Otto von Guericke University Magdeburg, 2012. https://doi.org/10.25673/3901.
34. Hannes Vollmer. „Neue Methoden zur Analyse der Benetzung von Pkw-Seitenscheiben“. Dissertation. Universität Stuttgart, 2017. https://doi.org/10.1007/978-3-658-22488-2.

35. Felix Schilling, Timo Kuthada, Adrian Gaylard, Jochen Wiedemann und Andreas Wagner. „Advances in Experimental Vehicle Soiling Tests“. In: *SAE International Journal of Advances and Current Practices in Mobility* 2.5 (2020), S. 2596–2603. ISSN: 2641-9645. https://doi.org/10.4271/2020-01-0681.
36. Nils Widdecke, Timo Kuthada und Jochen Wiedemann. „Moderne Verfahrensweisen zur Untersuchung der Fahrzeugverschmutzung“. In: *Haus der Technik.* Tagung Fahrzeug Aerodynamik (2001), S. 1–12.
37. Iwo Spruss, David Schröck, Timo Kuthada und Jochen Wiedemann. „Aerodynamik als Problemlösung des Nässefadings“. In: *ATZ – Automobiltechnische Zeitschrift* 112.10 (2010), S. 730–734. ISSN: 0001-2785. https://doi.org/10.1007/BF03222199.
38. Iwo Spruss, Timo Kuthada, Jochen. Wiedemann et al. „Validierung eines Fluid-Film Models für die Kraftfahrzeug-Verschmutzungssimulation in CFD“. In: *Haus der Technik.* 10. Tagung Fahrzeug Aerodynamik (2012).
39. Iwo Spruss. „Ein Beitrag zur Untersuchung der Kraftfahrzeugverschmutzung in Experiment und Simulation“. Dissertation. Universität Stuttgart, 2015. https://doi.org/10.1007/978-3-658-13029-9.
40. Mark Bannister. „Drag and Dirt Deposition Mechanisms of External Rear View Mirrors and Techniques Used for Optimisation“. In: SAE Technical Paper Series. SAE International, 2000, S. 1–16. https://doi.org/10.4271/2000-01-0486.
41. Fadila Maroteaux, D. Llory, Jean-François. Le Coz und Chaouki Habchi. „Liquid Film Atomization on Wall Edges – Separation Criterion and Droplets Formation Model“. In: *Journal of Fluids Engineering* 124.3 (2002), S. 565–575. ISSN: 0098-2202. https://doi.org/10.1115/1.1493811.
42. Kyle R. Koederitz und James A. Drallmeier. „Film Atomization from Valve Surfaces During Cold Start“. In: *SAE Transactions* 108 (1999), S. 873–881. ISSN: 0096736X,25771531.
43. Tobias Tivert und Lars Davidson. „Experimental study of water transport on a generic mirror“. In: *7th International Conference on Multiphase Flow, ICMF 2010:* 2010, S. 661–668.
44. Thomas Hagemeier, Róbert Bordás, Péter Bencs, Bernd Wunderlich und Dominique Thévenin. „Determination of droplet size and velocity distributions in a two-phase wind tunnel.“ In: *13th International Symposium on Flow Visualization.* 2008, S. 1–10.
45. Thomas Hagemeier und Dominique Thévenin. „Interaction of droplets and liquid films.“ In: *12th Workshop on Two-Phase Flow Predictions.* 2010, S. 1–11.
46. Lars Opfer, Ilia V. Roisman und Cameron Tropea. „Aerodynamic Fragmentation of Drops: Dynamics of the Liquid Bag“. In: *International Conference on Liquid Atomization and Spray Systems* 12 (2012), S. 1–8.
47. Thomas Landwehr, Timo Kuthada und Jochen Wiedemann. „Methodical Investigation of Vehicle Side Glass Soiling Phenomena“. In: *Progress in Vehicle Aerodynamics and Thermal Management.* Hrsg. von Jochen Wiedemann. Springer International Publishing, 2018, S. 238–251. ISBN: 978-3-319-67822-1. https://doi.org/10.1007/978-3-319-67822-1_16.
48. Thomas Landwehr. „Neue Methoden zur Untersuchung der Sichtfreihaltung an Kraftfahrzeugen“. Dissertation. Wiesbaden: Universität Stuttgart, 2020. ISBN: 978-3-658-29415-1. https://doi.org/10.1007/978-3-658-29416-8.
49. Sumit Joshi und T. N. C. Anand. „Droplet deformation during secondary breakup: role of liquid properties“. In: *Experiments in Fluids* 63.7 (2022), S. 109–128. ISSN: 1432-1114. https://doi.org/10.1007/s00348-022-03460-3.

50. Joel H. Ferziger und Milovan Perić. *Numerische Strömungsmechanik.* Berlin: Springer, 2008, S. 509. ISBN: 978-3-540-68228-8. https://doi.org/10.1007/978-3-540-68228-8.
51. Ralph C. M. Schröder. „Potentialströmung". In: *Technische Hydraulik.* Hrsg. von Ralph C. M. Schröder. Springer-Lehrbuch. Berlin, Heidelberg: Springer, 1994, S. 53–62. ISBN 978-3-540-57990-8. https://doi.org/10.1007/978-3-662-10236-7_6.
52. Sabine Bschorer und Konrad Költzsch. „Räumliche reibungsfreie Strömungen". In: *Technische Strömungslehre.* Hrsg. von Sabine Bschorer und Konrad Költzsch. Wiesbaden: Springer Fachmedien Wiesbaden, 2021, S. 135–158. ISBN 978-3-658-30406-5. https://doi.org/10.1007/978-3-658-30407-2_4.
53. Stefan Lecheler. *Numerische Strömungsberechnung: Schneller Einstieg durch anschauliche Beispiele.* 2., aktualisierte und erweiterte Auflage. Vieweg+Teubner Verlag / Springer Fachmedien Wiesbaden GmbH, 2011, S. 186. ISBN: 978-3-8348-1568-2. https://doi.org/10.1007/978-3-8348-8181-6.
54. Eckart Laurien und Herbert Oertel. *Numerische Strömungsmechanik: Grundgleichungen und Modelle – Lösungsmethoden – Qualität und Genauigkeit : mit über 530 Wiederholungsund Verständnisfragen.* 6., überarbeitete und erweiterte Auflage. Wiesbaden: Springer Vieweg, 2018, S. 333. ISBN: 978-3-658-21060-1. https://doi.org/10.1007/978-3-658-21060-1.
55. Florian R. Menter. „Two-equation eddy-viscosity turbulence models for engineering applications". In: *AIAA Journal* 32.8 (1994), S. 1598–1605. ISSN: 0001-1452. https://doi.org/10.2514/3.12149.
56. Philippe R. Spalart, Wen-Huei Jou, Michael Strelets und Steven R. Allmaras. „Comments on the Feasibility of LES for Wings, and on a Hybrid RANS/LES Approach". In: Advances in DNS/LES: *Direct numerical simulation and large eddy simulation.* Greyden Press, 1997, S. 137–148. ISBN 1570743657.
57. Philippe R. Spalart und Steven R. Allmaras. „A one-equation turbulence model for aerodynamic flows". In: *30th Aerospace Sciences Meeting and Exhibit.* The American Institute of Aeronautics and Astronautics, 1992, S. 5–21. https://doi.org/10.2514/6.1992-439.
58. Mikhail L. Shur, Philippe R. Spalart, Mikhail Kh. Strelets und Andrey K. Travin. „A hybrid RANS-LES approach with delayed-DES and wall-modelled LES capabilities". In: *International Journal of Heat and Fluid Flow* 29.6 (2008), S. 1638–1649. ISSN: 0142727X. https://doi.org/10.1016/j.ijheatfluidflow.2008.07.001.
59. Cyril W. Hirt und Brian D. Nichols. „Volume of fluid (VOF) method for the dynamics of free boundaries". In: *Journal of Computational Physics* 39.1 (1981), S. 201–225. ISSN: 00219991. https://doi.org/10.1016/0021-9991(81)90145-5.
60. Siemens Digital Industries Software. *Product Manual: Simcenter STAR-CCM+ Version 2022.1.* Siemens Digital Industries Software, 2022.
61. Samir Muzaferija und Milovan Perć. „Computation of free-surface flows using interface-tracking and interface-capturing methods." In: *Nonlinear Water Waves Interaction.* Hrsg. von O. Mahrenholtz und M. Markiewicz. WIT Press, 1999, S. 59–100.
62. Alex B. Liu, Daniel Mather und Rolf D. Reitz. „Modeling the Effects of Drop Drag and Breakup on Fuel Sprays". In: SAE Technical Paper Series. SAE International, 1993, S. 1–15. https://doi.org/10.4271/930072.

63. Peter J. O'Rourke und Anthony A. Amsden. „The Tab Method for Numerical Calculation of Spray Droplet Breakup". In: *SAE 1987 International Fall Fuels and Lubricants Meeting and Exhibition*. SAE Technical Paper Series. SAE International, 1987, S. 1–12. https://doi.org/10.4271/872089.
64. Martin Sommerfeld. „Overview and fundamentals". In: *Theoretical and experimental modelling of particulate flow*. von Karman Institute, 2000, S. 1–63.
65. Geoffrey I. Taylor. „The Shape and Acceleration of a Drop in a High Speed Air Stream". In: *The Scientific Papers of G.I. Taylor*. Hrsg. von G.K. Batchelor. Bd. 3. University Press, Cambridge, 1963, S. 194.
66. Chengxin Bai und A. D. Gosman. „Development of Methodology for Spray Impingement Simulation". In: *SAE Technical Paper Series*. Society of Automotive Engineers und SAE International, 1995, S. 550–568. https://doi.org/10.4271/950283.
67. Chengxin Bai und A. D. Gosman. „Mathematical Modelling of Wall Films Formed by Impinging Sprays". In: SAE Technical Paper Series. SAE International, 1996, S. 782–796. https://doi.org/10.4271/960626.
68. Donald W. Stanton und Christopher J. Rutland. „Multi-Dimensional Modeling of Heat and Mass Transfer of Fuel Films Resulting from Impinging Sprays". In: SAE Technical Paper Series. SAE International, 1998, S. 44–59. https://doi.org/10.4271/980132.
69. Günter Wozniak. „Technische Zerstäuber". In: *Zerstäubungstechnik*. Hrsg. von Günter Wozniak. Berlin, Heidelberg: Springer Berlin Heidelberg, 2003, S. 57–87. ISBN 978-3-642-62509-1. https://doi.org/10.1007/978-3-642-55835-1_5.
70. Martin Pilch und Carl A. Erdman. „Use of breakup time data and velocity history data to predict the maximum size of stable fragments for acceleration-induced breakup of a liquid drop". In: *International Journal of Multiphase Flow* 13.6 (1987), S. 741–757.ISSN: 03019322. https://doi.org/10.1016/0301-9322(87)90063-2.
71. Yi Chen, Edward P. DeMauro, Justin L. Wagner et al. „Aerodynamic Breakup and Secondary Drop Formation for a Liquid Metal Column in a Shock-Induced Cross-Flow". In: *55th AIAA Aerospace Sciences Meeting*. The American Institute of Aeronautics and Astronautics, 2017, S. 1–15. https://doi.org/10.2514/6.2017-1892.
72. Martin Sommerfeld. „L3.1 Bewegung fester Partikel in Gasen und Flüssigkeiten". In: *VDI-Wärmeatlas*. Hrsg. von Peter Stephan, Stephan Kabelac, Matthias Kind, Dieter Mewes, Karlheinz Schaber und Thomas Wetzel. Berlin, Heidelberg: Springer Berlin Heidelberg, 2021, S. 1543–1559. ISBN 978-3-662-52988-1. https://doi.org/10.1007/978-3-662-52989-8_88.
73. Lukas Kille, Veith Strohbücker, Reinhold Niesner, Oliver Sommer und Günter Wozniak. „Experimental Investigation of Droplet Formation and Droplet Sizes Behind a Side Mirror". In: SAE Technical Paper Series. SAE International, 2022, S. 1–14. https://doi.org/10.4271/2022-01-5107.
74. Lukas Kille, Veith Strohbücker, Reinhold Niesner, Oliver Sommer und Günter Wozniak. „Side Mirror Soiling Investigation through the Characterization of Water Droplet Formation and Size behind a Generic Plate". In: SAE Technical Paper Series. SAE International, 2024, S. 1–15. https://doi.org/10.4271/2024-01-5030.
75. AMETEK, Inc. *Data Sheet Phantom®v2011*. AMETEK, Inc., 2014.
76. *Product Manual: ParticleMaster Shadow:* DaVis 10.1. LaVision GmbH, 2020.
77. *ParticleMaster: Intelligent Imaging for Particle and Droplet Characterization*. LaVision GmbH, 2018.

78. Ludger Figura. „Rheologische Eigenschaften". In: *Lebensmittelphysik, Physikalische Kenngrößen – Messung und Anwendung*. Berlin, Heidelberg: Springer Berlin Heidelberg, 2021, S. 139–216. ISBN: 978-3-662-63287-1. https://doi.org/10.1007/978-3-662-63288-8_4.
79. P. Lecomet Du Noüy. „An interfacial tensiometer for universal use". In: *The Journal of general physiology* 7.5 (1925), S. 625–631. ISSN: 0022-1295. https://doi.org/10.1085/jgp.7.5.625.
80. Benjamin Bizjan, Branko Širok, Marko Hoèevar und Alen Orbanic. „Liquid ligament formation dynamics on a spinning wheel". In: *Chemical Engineering Science* 119 (2014), S. 187–198. https://doi.org/10.1016/j.ces.2014.08.031.
81. Daniel R. Guildenbecher, Celienid López-Rivera und Paul E. Sojka. „Secondary atomization". In: *Experiments in Fluids* 46.3 (2009), S. 371–402. ISSN: 0723-4864. https://doi.org/10.1007/s00348-008-0593-2.
82. Dagmar Chor. „Grundsatzuntersuchungen zur Seitenscheibenverschmutzung bei der aktuellen Fahrzeuggeneration und Definition geeigneter Abhilfemaßnahmen". Diplomarbeit. Stuttgart: Universität Stuttgart, 1998.
83. W.-H. Chou und Gerard M. Faeth. „Temporal properties of secondary drop breakup in the bag breakup regime". In: *International Journal of Multiphase Flow* 24.6 (1998), S. 889–912. ISSN: 03019322. https://doi.org/10.1016/S0301-9322(98)00015-9.
84. Jaehoon Han und Grétar Tryggvason. „Secondary breakup of axisymmetric liquid drops. I. Acceleration by a constant body force". In: *Physics of Fluids* 11.12 (1999), S. 3650–3667. ISSN: 1070-6631. https://doi.org/10.1063/1.870229.
85. Jaehoon Han und Grétar Tryggvason. „Secondary breakup of axisymmetric liquid drops. II. Impulsive acceleration". In: *Physics of Fluids* 13.6 (2001), S. 1554–1565. ISSN: 1070-6631. https://doi.org/10.1063/1.1370389.
86. Zhengbai Liu und Rolf D. Reitz. „An analysis of the distortion and breakup mechanisms of high speed liquid drops". In: *International Journal of Multiphase Flow* 23.4 (1997), S. 631–650. ISSN: 0301-9322. https://doi.org/10.1016/S0301-9322(96)00086-9.
87. Theofanius G. Theofanous, Guang J. Li und Truc N. Dinh. „Aerobreakup in Rarefied Supersonic Gas Flows". In: *Journal of Fluids Engineering* 126.4 (2004), S. 516–527. ISSN: 0098-2202. https://doi.org/10.1115/1.1777234.
88. Sachin Khosla und Clifford E. Smith. „Detailed Understanding of Drop Atomization by Gas Crossflow Using the Volume of Fluid Method". In: Bd. 19. Annual Conference on Liquid Atomization and Spray Systems. 2006, S. 1–18.
89. Z. Dai und Gerard. M. Faeth. „Temporal properties of secondary drop breakup in the multimode breakup regime". In: *International Journal of Multiphase Flow* 27.2 (2001), S. 217–236. ISSN: 03019322. https://doi.org/10.1016/S0301-9322(00)00015-X.
90. J. Arthur. Nicholls und A. A. Ranger. „Aerodynamic shattering of liquid drops". In: *AIAA Journal* 7.2 (1969), S. 285–290. ISSN: 0001-1452. https://doi.org/10.2514/3.5087.
91. Arthur H. Lefebvre und Vincent G. McDonell. *Atomization and Sprays*. Boca Raton, London und New York: CRC Press, 2017, S. 300. ISBN: 9781498736251. https://doi.org/10.1201/9781315120911.
92. Hans-Joachim Kretzschmar und Wolfgang Wagner. „D2.1 Thermophysikalische Stoffwerte von Wasser". In: *VDI-Wärmeatlas, Fachlicher Träger VDI-Gesellschaft Verfahrenstechnik und Chemieingenieurwesen*. Hrsg. von Peter Stephan, Stephan Kabelac, Matthias Kind, Dieter Mewes, Karlheinz Schaber und Thomas Wetzel. Springer Berlin Heidelberg, 2021, S. 201–218. ISBN: 978-3-662-52989-8. https://doi.org/10.1007/978-3-662-52989-8_12.

93. Hui Zhao, Hai–Feng Liu, Xiu–Shan Tian, Jian–Liang Xu, Wei–Feng Li und Kuang–Fei Lin. „Influence of atomizer exit area ratio on the breakup morphology of coaxial air and round water jets“. In: *AIChE Journal* 60.6 (2014), S. 2335–2345. ISSN: 0001-1541. https://doi.org/10.1002/aic.14414.
94. Yuliya Troitskaya, Alexander. Kandaurov, Olga Ermakova, Dmitry Kozlov, Daniil Sergeev und Sergej Zilitinkevich. „Bag-breakup fragmentation as the dominant mechanism of sea-spray production in high winds“. In: *Scientific Reports* 7.1 (2017), S. 1614–1618. ISSN: 2045-2322. https://doi.org/10.1038/s41598-017-01673-9.
95. L. -P Hsiang und Gerard M. Faeth. „Drop deformation and breakup due to shock wave and steady disturbances“. In: *International Journal of Multiphase Flow* 21.4 (1995), S. 545–560. ISSN: 03019322. https://doi.org/10.1016/0301-9322(94)00095-2.
96. Roland Schmehl. „Tropfendeformation und Nachzerfall bei der technischen Gemischaufbereitung“. Diplomarbeit. Karlsruhe Institute of Technology, 2003. https://doi.org/10.5445/IR/1000018104.
97. Andy Spitzenberger, Sebastian Neumann, Martin Heinrich und Rüdiger Schwarze. „Particle detection in VOF-simulations with OpenFOAM“. In: *SoftwareX* 11 (2020), S. 1–7. ISSN: 2352-7110. https://doi.org/10.1016/j.softx.2019.100382.

If you have any concerns about our products,
you can contact us on
ProductSafety@springernature.com

In case Publisher is established outside the EU,
the EU authorized representative is:
Springer Nature Customer Service Center GmbH
Europaplatz 3, 69115 Heidelberg, Germany

Printed by Libri Plureos GmbH
in Hamburg, Germany